"工学结合、校企合作"课程改革成果系列教材
电工电子类专业教学用书

电路设计与制版
——Protel DXP 2004

闫 霞 主编

机械工业出版社

本书是职业院校"工学结合、校企合作"课程改革成果系列教材之一，教材以学生的行动能力为出发点；结合机电类专业的就业岗位特点；以"够用、适用、兼顾学生的后续发展"为原则；从职业院校学生理论、技能水平和企业用工需求的实际出发组织内容，参照相关国家职业标准及有关行业的职业技能鉴定规范编写教材内容，以适应电子专业方向人才的培养。本书共分 11 章，全面介绍了 Protel DXP 2004 的工作界面、基本组成、常用工具等基本知识，并结合实例详细讲述了设计电路原理图、生成网络表、创建新元件和元件库及制作印制电路板图的方法和具体步骤，同时介绍了电路的仿真及在 Protel DXP 2004 中利用 VHDL 语言进行 FPGA 设计的基本方法。本书每章末尾配有思考题和练习题，帮助读者巩固和检验每章所学的知识。

本书可作为职业教育院校的电子、通信、自动化和计算机等专业教学用书，亦可作为工程技术人员的学习参考书。

为方便教学，本书配有电子课件，凡购买本书的读者可登录机械工业出版社教材服务网（www.cmpedu.com）进行注册，免费下载，免费注册下载流程见本书最后一页。

图书在版编目（CIP）数据

电路设计与制版：Protel DXP 2004/闫霞主编. —北京：机械工业出版社，2011.4（2023.1 重印）
"工学结合、校企合作"课程改革成果系列教材
电工电子类专业教学用书
ISBN 978 - 7 - 111 - 35445 - 1

Ⅰ.①电… Ⅱ.①闫… Ⅲ.①印刷电路 - 计算机辅助设计 - 应用软件，Protel DXP 2004 - 高等职业教育 - 教材 Ⅳ.①TN410.2

中国版本图书馆 CIP 数据核字（2011）第 149721 号

机械工业出版社（北京市百万庄大街 22 号　邮政编码 100037）
策划编辑：张値胜　　责任编辑：张値胜
版式设计：霍永明　　责任校对：纪　敬
封面设计：路恩中　　责任印制：单爱军
北京虎彩文化传播有限公司印刷
2023 年 1 月第 1 版·第 10 次印刷
184mm×260mm · 17.75 印张 · 437 千字
标准书号：ISBN 978 - 7 - 111 - 35445 - 1
定价：35.00 元

凡购本书，如有缺页、倒页、脱页，由本社发行部调换

电话服务	网络服务
服务咨询热线：010-88379833	机 工 官 网：www.cmpbook.com
读者购书热线：010-88379649	机 工 官 博：weibo.com/cmp1952
	教育服务网：www.cmpedu.com
封底无防伪标均为盗版	金 书 网：www.golden-book.com

前　言

"工学结合、校企合作"是遵循了职业教育发展规律，体现了职业教育特色的技能型人才培养模式。实行工学结合、校企合作是职业教育坚持以就业为导向，有效促进学生就业的需要，是减轻学生负担，优化职业教育资源，扩大职业教育规模的需要。

为了贯彻落实《教育部关于职业院校试行工学结合、校企合作的意见》的精神以及《教育部关于全面提高职业教育教学质量的若干意见》的精神，由机械工业出版社牵头，组织来自全国职业教育院校教学工作一线的骨干教师和学科带头人，通过社会调研，对劳动力市场人才需求分析和进行课题研究，在企业有关人员的积极参与下，结合职业教育机电类专业及工程技术类相关专业的学生的基础情况，参考国家劳动和社会保障部最新颁布实施的《国家职业标准》的要求；开发了职业教育机电类相关专业的"工学结合、校企合作"课程改革系列教材，力争为全面提升职业教育教学质量，为社会培养更多技能型应用人才提供基础保障。

随着科学技术的不断发展，现代电子工业也取得了长足的进步。大规模、超大规模集成电路的应用，使得电路设计及印制电路板的制作日趋精密和复杂，传统的手工操作已很难实现。因此，电路设计自动化——EDA已成为现代电子工业中不可缺少的一项新技术。电路及PCB设计是EDA技术中的一个重要的内容，Protel是目前应用比较广泛的一个软件。

Protel是Protel Technology公司的产品，Protel DXP是这个系列软件中功能较强的一个版本。本书从实用角度出发，结合职业院校电工电子类各专业学生的特点，详细介绍了Protel DXP最重要的两个部分，即原理图和印制电路板的设计方法。在每个知识点的讲解过程中均结合本专业相应的实例，直观易懂且非常实用。每章后的习题便于学生对所学的知识点加以巩固和提高。

本书坚持以能力为本位，重视实践能力的培养。本着"实用、够用"的原则，以培养学生的绘图能力以及解决生产实际问题的能力为目的，合理确定了本书各章节的内容及知识点的难易程度。

全书共分11章。第1章Protel DXP 2004概述，介绍了该软件的组成、特点及运行环境；第2章原理图设计系统，详细讲解了Protel DXP的电路原理图设计系统，包括原理图编辑器的基本功能及原理图的绘制；第3章层次原理图设计，介绍了复杂电路原理图的设计方法；第4章电气规则检查和生成报表，介绍了如何对电路进行电气规则检查及生成各种报表的过程；第5章印制电路板设计基础，介绍了印制电路板的结构、常见元器件的封装形式及PCB编辑器的工作环境；第6章制作印制电路板，详细讲述了制作单面印制电路板的全过程；第7章生成PCB报表文件，介绍了生成PCB报表文件的方法；第8章制作元器件与创建元件库，通过实例讲述了制作原理图元器件的详细过程；第9章制作元器件封装，通过实例讲解了自己创建PCB封装元器件的具体操作；第10章电路的信号仿真和第11章PLD及VHDL语言简介，简单介绍了电路的信号仿真及PLD、VHDL语言的有关知识。

本书由闫霞统稿并任主编，参与编写的有张富华、林杰、陈培增、陈金桐、王少军、张晓峰、梁媛、杨晓林、窦军、刘世新、魏凡、林华、高川、刘魁兰、高凤友。在本书的编写过程中，许多老师提出了宝贵的意见并给予了大力的支持和帮助，书中参考和引用了许多学者和专家的著作及研究成果，在此一一表示深深的感谢。

由于作者的水平有限加之时间仓促，书中错漏和不妥之处恳请广大教师和读者批评指正。

作　者

目 录

前言

第1章 Protel DXP 2004 概述 ... 1
1.1 Protel DXP 2004 的组成及特点 ... 1
1.2 Protel DXP 2004 的运行环境 ... 2
1.3 Protel DXP 2004 的基本操作 ... 4
1.4 Protel DXP 2004 的文件管理 ... 10

第2章 原理图设计系统 ... 16
2.1 原理图的设计步骤 ... 16
2.2 设置原理图编辑器的工作环境 ... 17
2.3 装载元件库 ... 26
2.4 放置元器件 ... 27
2.5 编辑元器件属性 ... 30
2.6 元器件位置的调整 ... 32
2.7 元器件的剪切、复制、粘贴和删除 ... 35
2.8 绘制电路原理图 ... 36
2.9 绘制图形 ... 52

第3章 层次原理图设计 ... 65
3.1 有关层次原理图的概念 ... 65
3.2 层次原理图的设计 ... 66
3.3 层次原理图间的切换 ... 71

第4章 电气规则检查和生成报表 ... 77
4.1 原理图的电气规则检查 ... 77
4.2 创建网络表 ... 80
4.3 生成元器件列表 ... 89
4.4 生成元器件交叉参考表 ... 92
4.5 输出任务配置文件 ... 93

第5章 印制电路板设计基础 ... 95
5.1 印制电路板的基础知识 ... 95
5.2 印制电路板的布线流程 ... 106
5.3 PCB 编辑器 ... 107
5.4 PCB 工作层的管理 ... 109
5.5 印制电路板参数设置 ... 113

第 6 章 制作印制电路板 ... 119
- 6.1 PCB 布线工具和绘图工具介绍 ... 119
- 6.2 印制电路板的设计 ... 127
- 6.3 设计规则检查 ... 155
- 6.4 印制电路板的 3D 效果显示 ... 157
- 6.5 印制电路板的打印输出 ... 157

第 7 章 生成 PCB 报表文件 ... 169
- 7.1 生成 PCB 信息报表 ... 169
- 7.2 生成元器件报表 ... 177
- 7.3 生成网络表状态报表 ... 179

第 8 章 制作元器件与创建元件库 ... 181
- 8.1 元件库编辑器 ... 181
- 8.2 制作元器件 ... 183
- 8.3 创建集成元件库 ... 196

第 9 章 制作元器件封装 ... 205
- 9.1 PCB 元件库编辑器 ... 205
- 9.2 制作元器件封装 ... 206
- 9.3 元器件封装管理 ... 212
- 9.4 创建项目元器件封装库 ... 213

第 10 章 电路的信号仿真 ... 230
- 10.1 电路仿真的基本步骤 ... 230
- 10.2 仿真信号源库 ... 230
- 10.3 仿真元器件 ... 234
- 10.4 仿真传输线 ... 236
- 10.5 仿真元器件工具栏 ... 236
- 10.6 仿真参数设置 ... 237
- 10.7 仿真实例分析 ... 238

第 11 章 PLD 及 VHDL 语言简介 ... 250
- 11.1 PLD 的概念和分类 ... 250
- 11.2 PLD 的设计步骤 ... 250
- 11.3 VHDL 语言简介 ... 251
- 11.4 基于原理图的 FPGA 设计 ... 254

附录 1 常用元器件及元器件生产商 ... 266
附录 2 Miscellaneous Devices. IntLib 库中元器件及其封装 ... 268
附录 3 Miscellaneous Connectors. IntLib 库中元器件及其封装 ... 271
参考文献 ... 274

第 1 章　Protel DXP 2004 概述

Protel DXP 2004 打破了传统设计模式，提供了以项目为中心的设计环境，可实现原理图绘制、电路仿真、PCB 设计、FPGA 设计等多种功能。本章将对 Protel DXP 2004 软件的特点及运行环境等做一简要介绍，使初学者对 Protel DXP 2004 有一个初步的认识。

1.1　Protel DXP 2004 的组成及特点

Protel 软件是目前国内最为流行的电子线路设计工具。Altium 公司于 2002 年推出了 Protel DXP，其增强型平台具有一系列新的印制电路板设计功能，这种电路板设计系统可满足整个印制电路板设计过程中的各种要求。

Protel DXP 与其早期版本 Protel 99 相比，除了具有与 WindowsXP 相似的友好界面外，在功能上也比 Protel 99 更加完善和优化，用户既可以单独完成设计项目，也可以以组的形式共同完成设计项目。

Protel DXP 2004 是目前较为流行的版本，它在 Protel DXP 各个模块的基础上又做了功能性的修正。

1.1.1　Protel DXP 2004 的组成

在 Protel DXP 2004 中可以实现原理图设计、印制电路板设计、无网格布线、电路图混合仿真和 PCB 信号完整性分析等功能。它主要由原理图设计系统（Schematic）、印制电路板设计系统（PCB）、可编程逻辑门阵列设计系统（FPGA）和硬件描述语言设计系统（VHDL）组成。

（1）原理图设计系统　主要用于电路原理图的设计，同时也可用来绘制电路仿真原理图。

（2）印制电路板设计系统　主要用于印制电路板的设计，产生最终的 PCB 文件，直接关系到印制电路板的生产。

（3）可编程逻辑门阵列设计系统　主要用来设计数字电路，相对于原理图设计系统和印制电路板设计系统来说，它是一个比较独立的设计系统。

（4）硬件描述语言设计系统　主要是使用 VHDL 语言开发可编程逻辑器件，并进行仿真分析。

1.1.2　Protel DXP 2004 的特点

Protel DXP 2004 充分发挥了计算机技术的优势，提供了一套完全集成的设计工具，这些工具能够让设计者很容易地从设计概念转换为 PCB 设计实物。Protel DXP 2004 的主要性能和特点如下：

1. 全新一代的 EDA 前端设计工具

Protel DXP 2004 建立在独特的设计浏览器集成平台上。设计浏览器允许 Protel DXP 2004

系统的各个模块交互工作在一起，就像操作单一的模块工具一样，界面统一。

2. 数模混合电路仿真功能

Protel DXP 2004 能够在原理图输入阶段进行信号完整性分析，有效地纠正了设计人员在设计初级阶段的设计缺陷，可极大地提高设计效率。

3. 支持 FPGA 设计

Protel DXP 2004 全面支持 FPGA 设计，用 Protel DXP 2004 的原理图编辑器就可以进行 FPGA 的设计输入，还能实现原理图和 VHDL 混合输入，并提供了强大的 VHDL 仿真和综合功能。

4. PLD 设计

PLD 提供多功能的开发环境。设计输入方式灵活，可以采用原理图输入或用工业标准的 CUPL、VHDL 硬件描述语言进行编程，也可以采用原理图和 VHDL 混合输入方式。可以生成器件编程和测试所需的全部文件，为 CPLD 设计提供了良好的解决方案。

5. 以"规则驱动"为核心，提供强大的 PCB 设计工具

Protel DXP 2004 的 PCB 设计系统为用户提供了一个图形化的人机交互设计平台和一系列完备的设计规则，以及强大且完全可控的参数化设计手段。

6. 先进的自动布线功能

Protel DXP 2004 基于拓扑逻辑路径影射技术的自动布线器，完全摆脱了基于网络、基于形状自动布线技术的正交几何约束。

7. 信号完整性前/后端分析

Protel DXP 2004 包含一组全面的信号完整性设计规则，内容包括网络阻抗、过充、下冲、延迟时间、信号斜率等。标准 DRC 报告给出违背信号完整性设计规则的问题细节，使用信号完整性的分析面板集成 SI 分析工具，可以方便地完成各种信号完整性设置和分析。在 PCB 布线之前进行信号完整性分析，用户可以在原理图阶段发现、解决可能出现的阻抗失配、反射等信号完整性问题。板级信号完整性分析使用户可以在 PCB 加工之前发现和纠正潜在信号完整性问题。

8. PCB 机电一体化设计

Protel DXP 的 View3D 功能可以提供 PCB 版图设计真实的、尺寸精确的 3D 视图，提供 VRML 和 IDF 两种格式输出。可以和机械 CAD 双向接口，并可以用 Web 浏览器直观形象地表示出器件和 PCB 整板结构，使机械与电气的设计有机地结合为一体，真正实现机电一体化设计。

9. 真正实现 PCB 制造的 CAM 系统

智能导入/导出工具能够提供全方位的导入/导出选项，能够导入和导出 ODB++ 文件和 IPC-D356 网络表，真正地将很多 PCB 设计系统的光绘文件转换成 Protel PCB 文件，另外还能够快捷导入和转换其他 CAM 格式的严格的设计信息。

1.2 Protel DXP 2004 的运行环境

1.2.1 Protel DXP 2004 的运行环境

Protel DXP 2004 只支持 Windows 2000 和 Windows XP 系统。在不同的系统中安装 Protel

DXP 2004，对系统的具体要求有所不同。

1. 在 Windows 2000 中安装 Protel DXP 2004 的系统要求

处理器：Pentium PC，500MHz。

内存：128MB。

硬盘：至少 620MB。

显示器：分辨率 1024×768，16bit 色彩。

显存：8MB。

2. 在 Windows XP 中安装 Protel DXP 2004 的系统要求

处理器：Pentium PC，1.2GHz 或者更高。

内存：512MB。

硬盘：至少 620MB。

显示器：分辨率 1280×1024，32bit 色彩。

显存：32MB。

1.2.2 Protel DXP 2004 的安装

安装 Protel DXP 2004 的具体操作步骤如下：

1）进入 Windows 操作系统，运行安装盘中的"setup.exe"应用程序，之后弹出如图 1-1 所示的"安装向导"对话框。

2）单击该对话框中的 Next> 按钮，出现如图 1-2 所示的"许可说明"对话框。在该对话框中选中"I accept the license agreement"选项，然后单击 Next> 按钮，进入下一安装步骤。

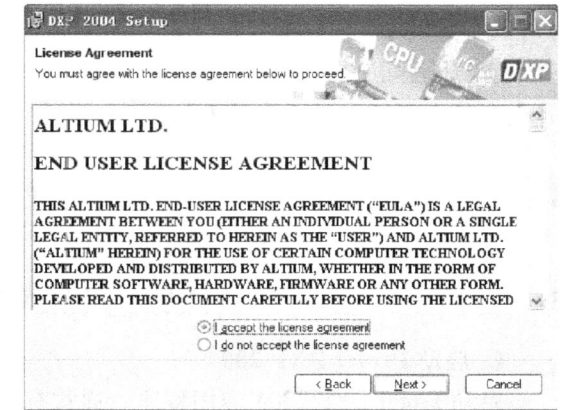

图 1-1 Protel DXP 2004 的"安装向导"对话框   图 1-2 "许可说明"对话框

3）在如图 1-3 所示的"用户信息"对话框中键入用户名称和公司名称，单击  按钮，进入下一安装步骤。

4）在如图 1-4 所示的"安装路径"对话框中选择将要安装的路径。系统默认的安装路径是"C:\Program Files\Altium 2004"。

5）单击 Next> 按钮后，向导会继续引导安装，直到系统安装完成，如图 1-5 所示。

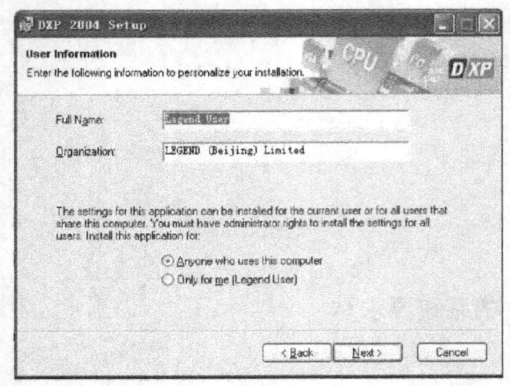 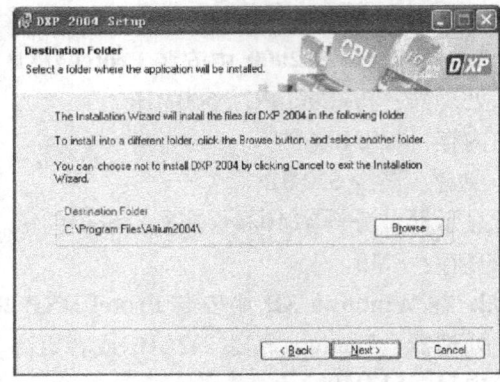

图 1-3 "用户信息"对话框　　　　图 1-4 "安装路径"对话框

图 1-5 Protel DXP 2004 的安装完成界面

所有 Protel DXP 的正版用户都可以从 www.altium.com 下载 SP2 进行 Protel DXP 软件的升级，其中包括多国语言升级包。

1.3　Protel DXP 2004 的基本操作

1.3.1　Protel DXP 2004 的启动和中英文界面切换

1. 启动 Protel DXP 2004

启动 Protel DXP 2004 应用程序，通常有 3 种方法：

1）直接用鼠标左键双击 Windows 桌面上的 "Protel DXP" 快捷图标。
2）选择 "开始/程序/ Altium" 中的 "DXP 2004" 选项。
3）直接打开一个后缀名为 ".PrjPCB" 的项目文件。

启动 Protel DXP 2004 应用程序后，会出现如图 1-6 所示的启动画面和图 1-7 所示的主窗口。

2. 启动 Protel DXP 2004 后的中英文界面切换

Protel DXP 2004 SP2 默认的设计界面语言为英文。由于其支持中文菜单方式，因此可进行中英文界面的切换。具体操作步骤如下：

图1-6 Protel DXP 2004 的启动画面

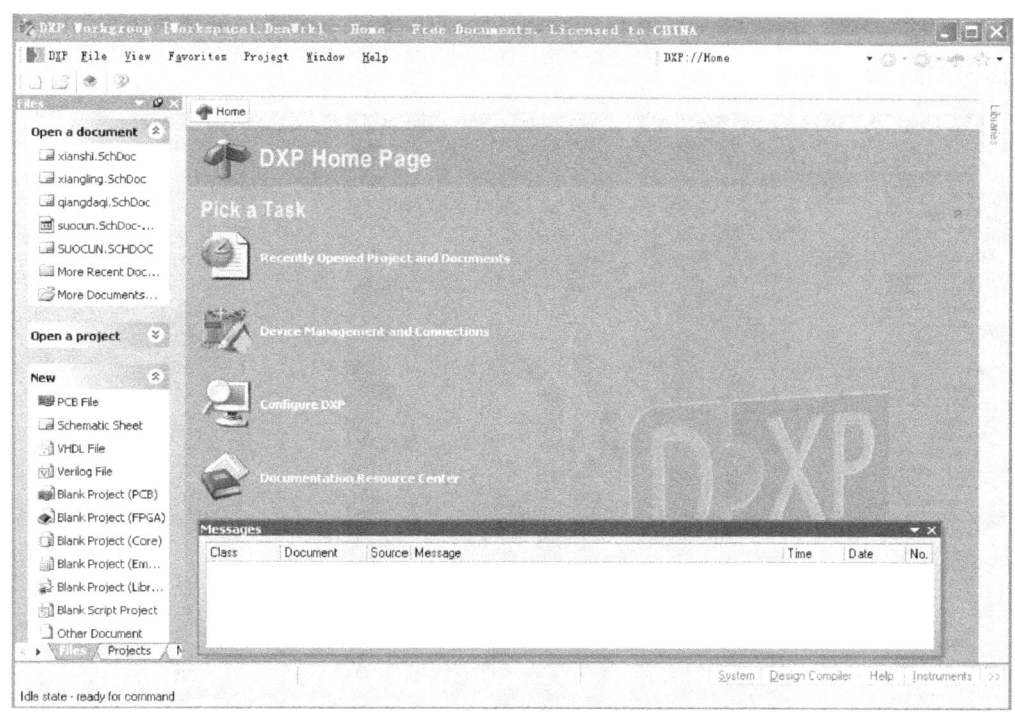

图1-7 Protel DXP 2004 的主窗口

1）在图1-7所示的 Protel DXP 2004 主窗口中执行菜单命令 DXP (X)/Preferences…，出现如图1-8所示的"Preferences"对话框。在该对话框中选中"Localization"选项组中的"Use localized resources"选项。

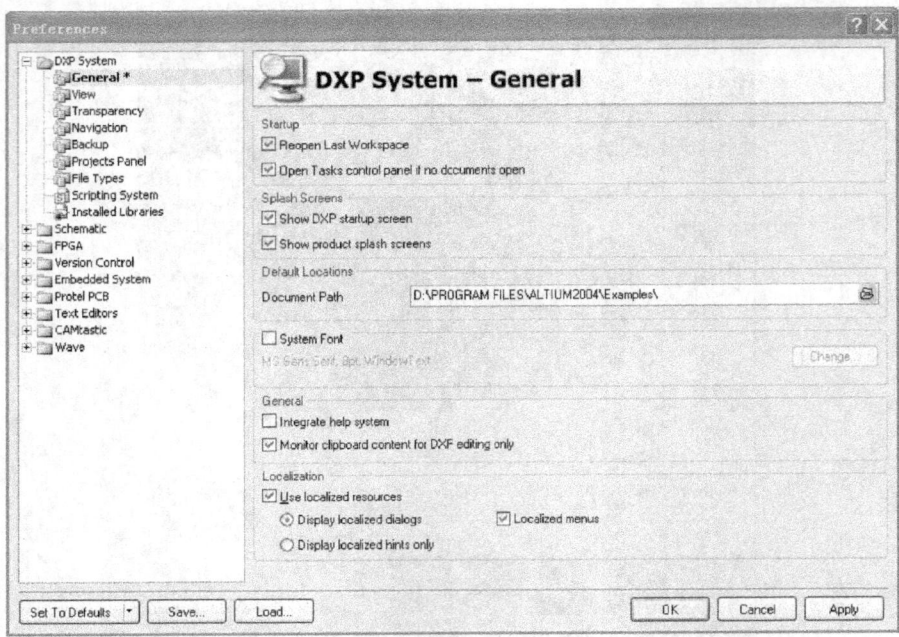

图 1-8 "Preferences" 对话框

2) 单击 OK 按钮后,关闭 Protel DXP 2004 并重新启动后,系统界面就切换成了中文界面,如图 1-9 所示。

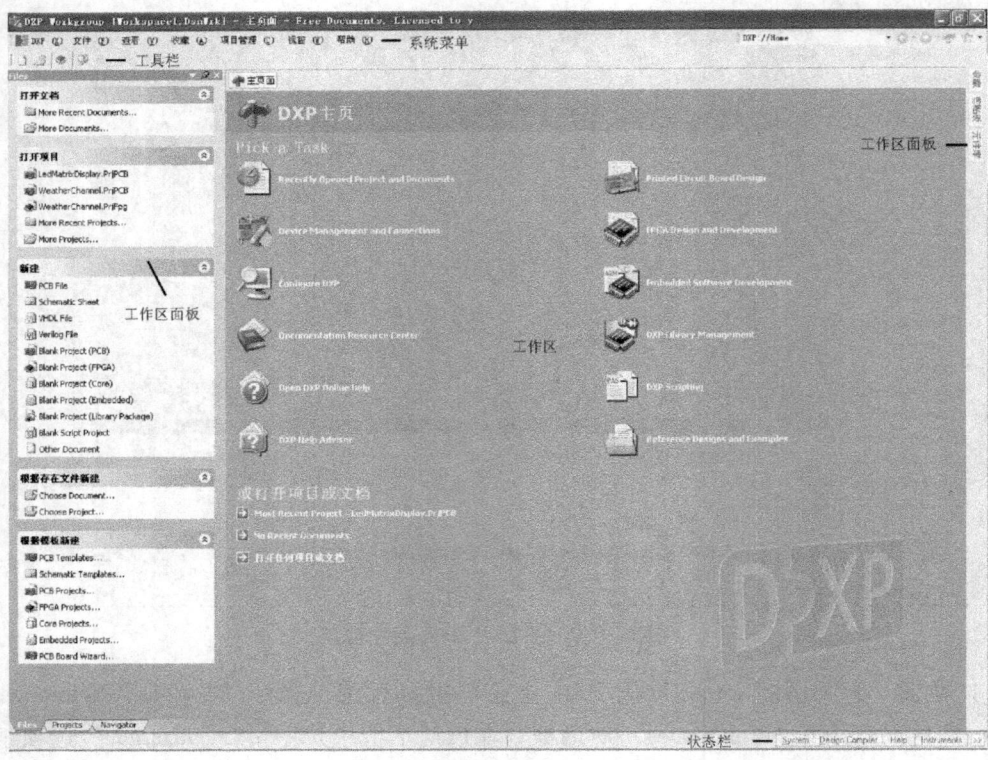

图 1-9 Protel DXP 2004 的中文界面

1.3.2 Protel DXP 2004 的主窗口

启动 Protel DXP 2004 后，将显示如图 1-9 所示的主窗口。该窗口主要由系统菜单、工作区面板、工作区、工具栏和状态栏等组成，其各部分的名称和功能如下：

1. 系统菜单

在系统菜单中可以进行系统参数设置和信息查询等操作。

（1）"DXP"菜单　"DXP"菜单中各选项如图 1-10 所示。

用户自定义：选中该选项后，将打开"Customizing Pick A Task Editor"对话框。在该对话框中，可以对命令和工具栏进行定义。

优先设定：选中该选项后，将打开"优先设定"对话框，如图 1-11 所示。在该对话框中，可以对不同选项卡下的相应参数进行设置。

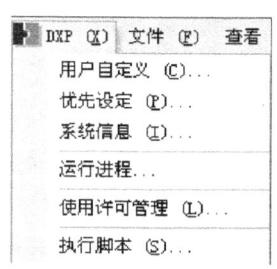

图 1-10　"DXP"菜单

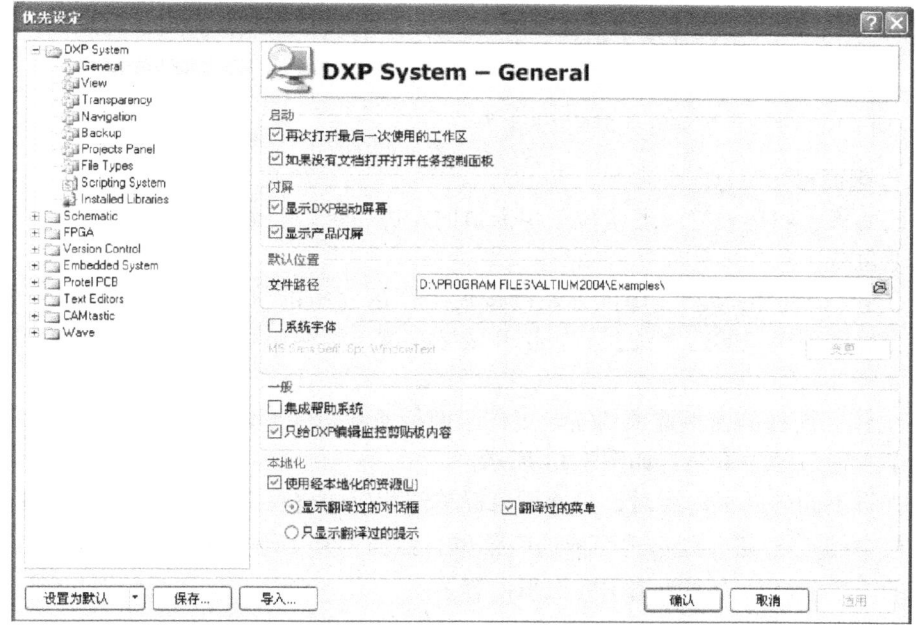

图 1-11　"优先设定"对话框

系统信息：选中该选项后，将打开"EDA 服务器"对话框。在该对话框中可以查看相应的系统信息。

运行进程：选中该选项后，将打开"运行进程"对话框。通过该对话框可以演示相应的操作流程。

（2）"文件"菜单　"文件"菜单主要用于文件的管理，包括文件的新建、打开和保存以及软件的退出等功能。"文件"菜单及其下拉子菜单如图 1-12 所示。

（3）"查看"菜单　用于工具栏、工作面板、状态栏、桌面布局及命令行等的管理，并控制各种可视窗口面板的打开与关闭，如图 1-13 所示。

（4）项目管理菜单　用于对项目的编译分析、版本控制、删除项目文件等的管理和操作。

（5）视窗菜单　主要用于多窗口操作时，对多个窗口的管理。

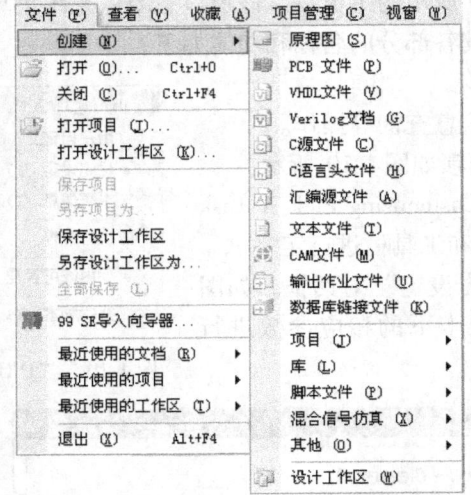

图1-12　"文件"菜单及其下拉子菜单

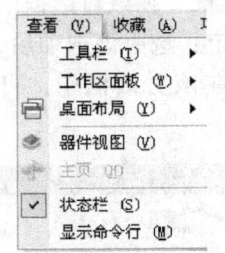

图1-13　"查看"菜单

2. 工作区面板

工作区面板也叫导航栏，通常位于主窗口的左边，可以隐藏或显示，也可以任意地移动到窗口其他位置。

（1）工作区面板的移动　用鼠标左键按住工作区面板的状态栏不放，拖动光标在窗口中移动，当移动到窗口的适当位置后，松开鼠标左键，则移动后的面板将在相应的窗口位置显示。

（2）工作区面板的面板选项切换　工作区面板通常包含Files、Projects和Navigator等选项卡，位于主窗口的左下角，如图1-14所示。

当要查看不同的面板内容时，只要用鼠标单击相应的选项卡即可，也可单击工作区面板上方状态栏中的▼按钮，则出现面板选项菜单，如图1-15所示。鼠标单击选中某个选项后工作面板的内容便转换为当前选中的面板内容。

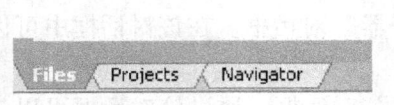

图1-14　工作区面板选项

图1-15　查看面板内容选项

（3）工作区面板的显示或隐藏　当工作区面板显示在窗口的左边时，在面板的状态栏中将显示❏按钮。单击❏按钮，则按钮的形状变为▣，此时，如果把光标移出工作区面板，则工作区面板将自动隐藏在窗口的最左边，如图1-16所示。

如果要关闭某个面板选项，单击该面板中的✕按钮；如果再添加该面板选项，可在窗口下方的状态栏中单击 System 标签，从中选择相应的选项即可。

第 1 章
Protel DXP 2004概述

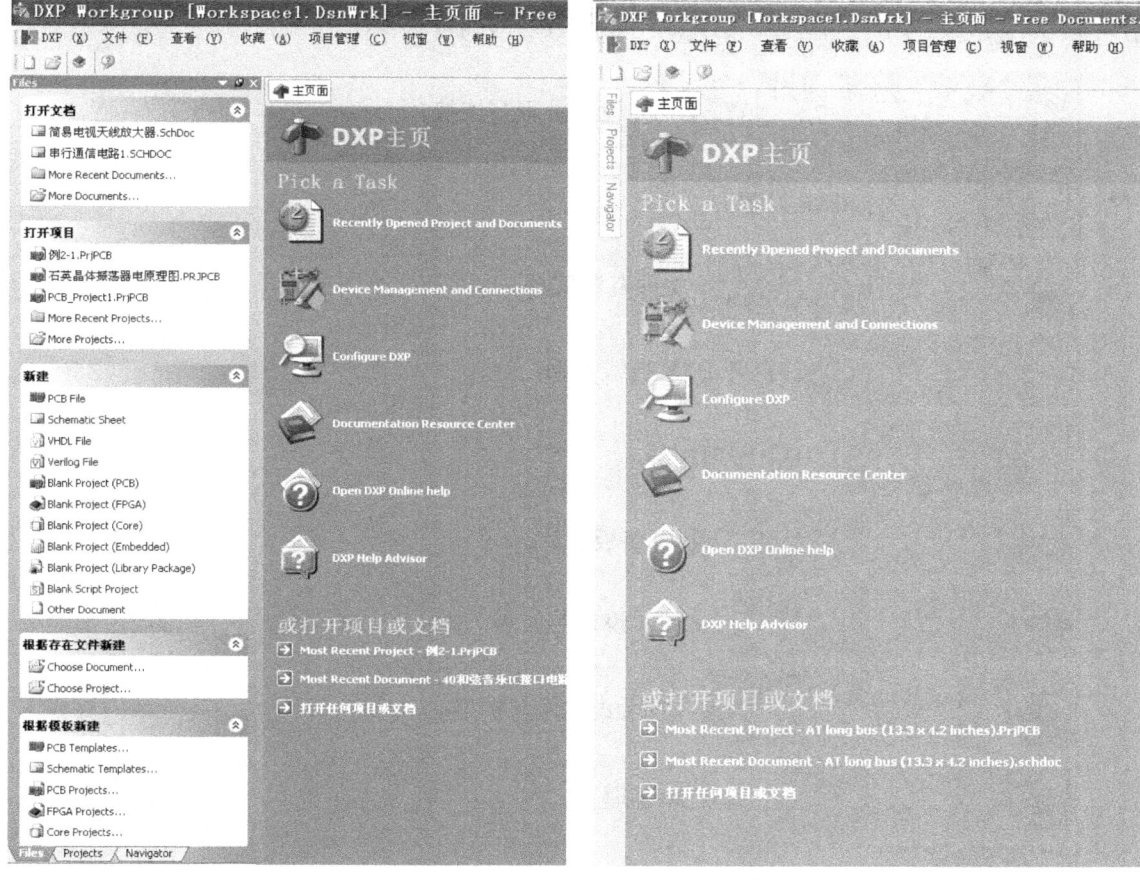

a) 工作区面板显示时的界面　　　　　　　b) 工作区面板隐藏后的界面

图 1-16　工作区面板隐藏前后的界面比较

3. 工具栏和状态栏

（1）工具栏　用于快速的命令操作。工具栏的功能其实是各菜单功能中的一部分，具体如下：

　用于创建新的文件。

　用于打开已存在的文件。

　用于打开帮助文件。

（2）状态栏　状态栏位于窗口底部。选择菜单命令"查看/状态栏"，可以在 Protel DXP 2004 的主窗口底部显示或隐藏状态栏。单击状态栏中的相应选项，可以在工作区面板中显示相应的面板。

4. 工作区

在工作区包含了"Pick a Task"和"打开项目或文档"两组选择区域，每个区域中都有不同的选项，各选项的功能如下：

（1）"Pick a Task"区域

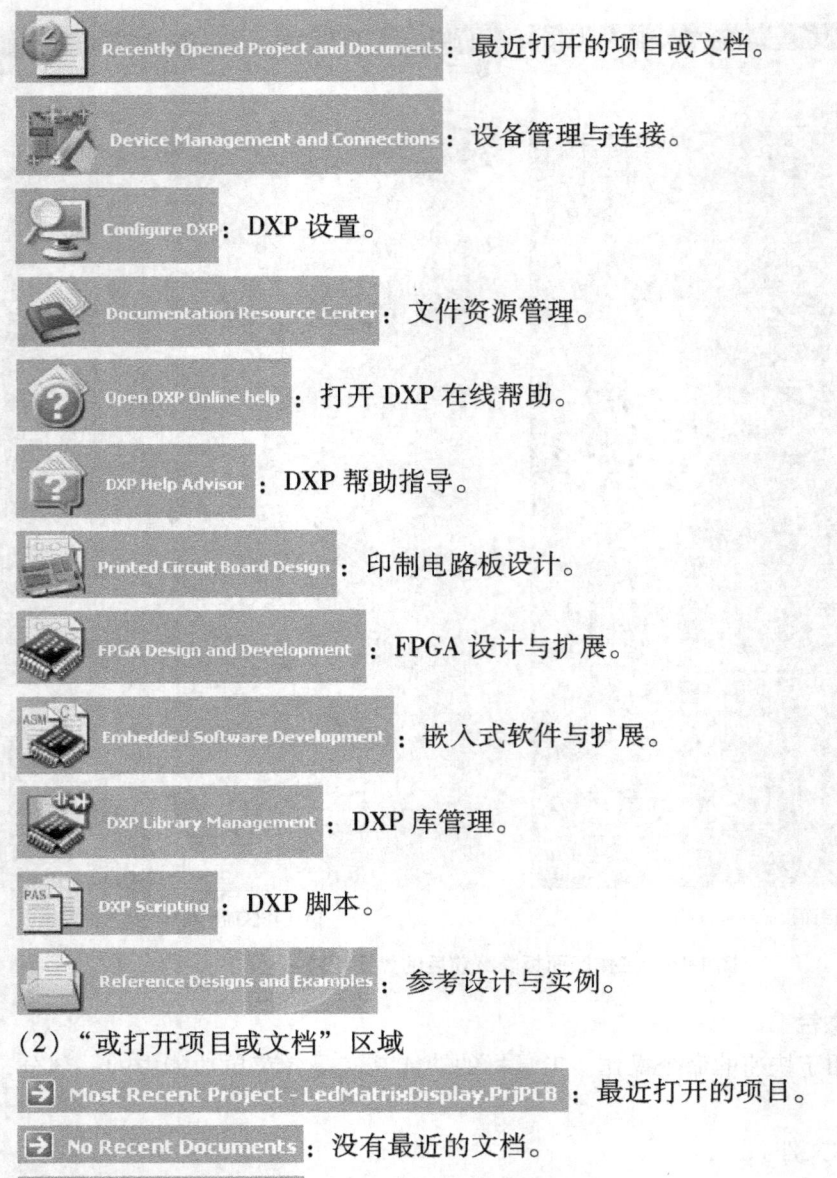

：最近打开的项目或文档。

：设备管理与连接。

：DXP 设置。

：文件资源管理。

：打开 DXP 在线帮助。

：DXP 帮助指导。

：印制电路板设计。

：FPGA 设计与扩展。

：嵌入式软件与扩展。

：DXP 库管理。

：DXP 脚本。

：参考设计与实例。

（2）"或打开项目或文档"区域

：最近打开的项目。

：没有最近的文档。

：打开任何项目和文档。

1.4 Protel DXP 2004 的文件管理

在 Protel 99/SE 中，整个电路图设计项目是以数据库形式存放的，只有通过导出的方法才能得到单个的原理图文件或 PCB 文件。但在 Protel DXP 2004 中不再采用这种存放方式，而是采用目前流行的软件工程中的工程管理的方式存放文件。它把任何一个电路图设计都认为是一个项目工程，它包含有指向各个文档文件的链接和必要的工程管理信息，而其他各个设计文件都放在项目工程文件所在的文件夹中，便于管理和维护。

在 Protel DXP 2004 中，各种设计文件的文件扩展名见表 1-1。

第1章 Protel DXP 2004概述

表1-1 Protel DXP 2004 的设计文件扩展名

设计文件	扩展名
电路原理图文件	.SchDoc
PCB 印制电路板文件	.PcbDoc
原理图元件库文件	.SchLib
PCB 元件库文件	.PcbLib
集成元件库文件	.IntLib
PCB 项目工程文件	.PrjPCB
FPGA 项目工程文件	.PrjFpg

1.4.1 新建和保存项目

在 Protel DXP 2004 中可以先建立一个项目，然后建立该项目中包含的其他文件。

1. 新建项目

在 Protel DXP 2004 的主窗口中，选择菜单命令"文件/创建/项目/PCB 项目"，或单击工具栏中的 按钮，在工作区面板的"Projects"选项卡中选择"Blank Project (PCB)"选项，系统会自动创建一个名为"PCB_Project1.PrjPCB"的空白文件，如图1-17所示。从工作区面板的"Projects"选项卡中也可以看到新建的项目文件和项目下的空白文件夹"No Documents Added"。

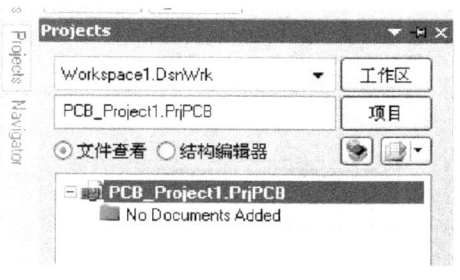

图1-17 工作区面板的"Projects"选项卡

2. 保存项目

保存新建的项目，其具体操作步骤如下：

1）执行菜单命令"文件/保存项目"，弹出"Save［PCB_Project1.PrjPCB］As..."对话框，如图1-18所示。

2）在该对话框的"保存在"文本框中选择项目的保存路径，在"文件名"文本框中键入项目保存的名称，之后单击 保存(S) 按钮，就可以对新建的空白项目按照设置好的项目文件名称和路径进行保存。

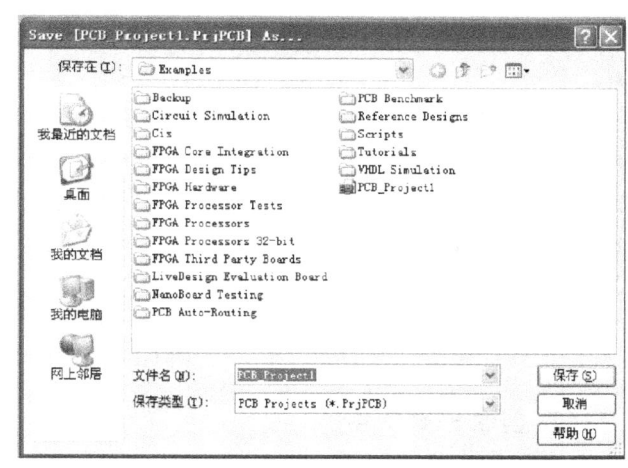

图1-18 "Save［PCB_Project1.PrjPCB］As..."对话框

1.4.2 创建各种设计文档

在系统菜单"文件/创建"下包含有创建各种设计文档的子菜单，如图1-12所示。选择不同的选项即可创建不同的设计文档。

1. 创建原理图文件

具体操作步骤如下：

1）在 Protel DXP 2004 的主窗口中，执行菜单命令"文件/创建/项目/PCB 项目"，创建一个名为"PCB_Project1.PrjPCB"的项目文件。

2）然后执行菜单命令"文件/创建/原理图"，即可在该项目中创建一个名为"Sheet1.SchDoc"的原理图文件，并自动打开该文件进入原理图编辑界面，如图 1-19 所示。也可将光标移到"PCB_Project1.PrjPCB"项目文件名上单击鼠标右键，在弹出的快捷菜单中选择菜单命令"追加新文件到项目中/Schematic"，同样可以在项目中创建一个原理图文件。

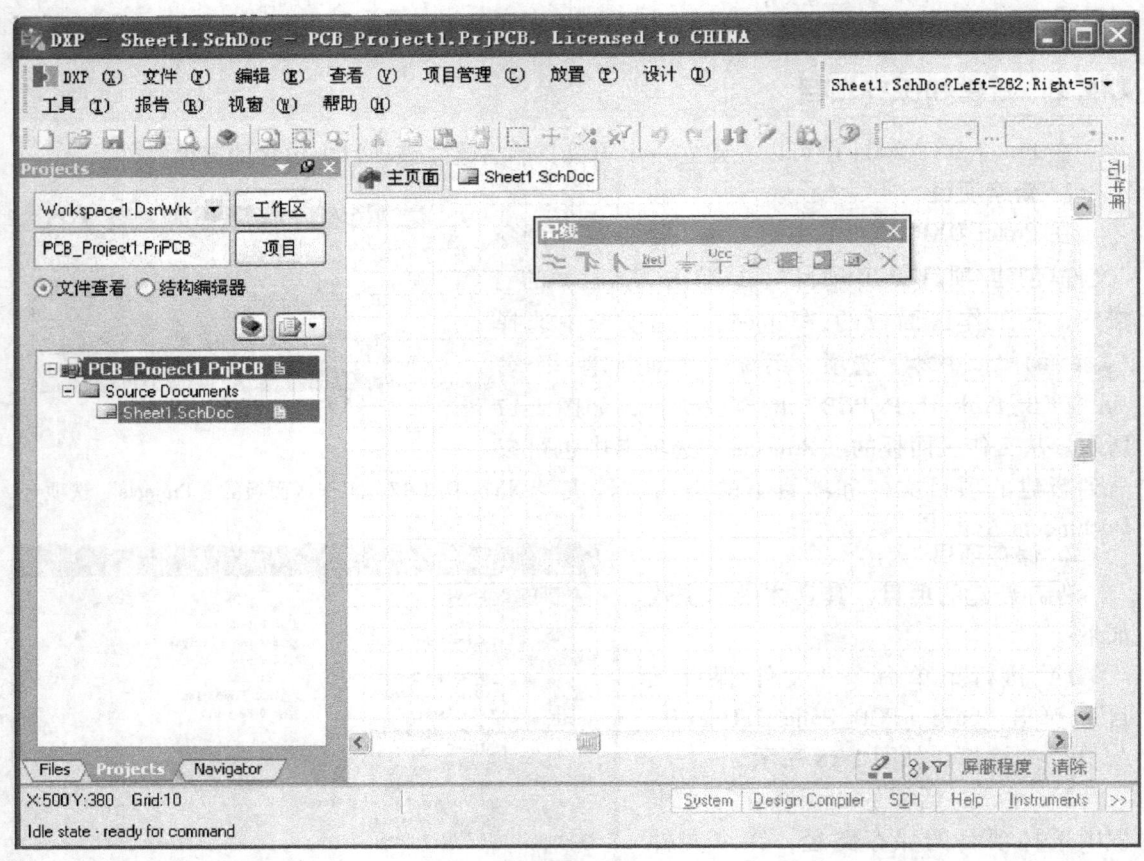

图 1-19 原理图编辑窗口

2. 创建 PCB 文件

具体操作步骤如下：

1）在 Protel DXP 2004 的主窗口中，执行菜单命令"文件/创建/项目/PCB 项目"，创建一个名为"PCB_Project1.PrjPCB"的项目文件。

2）然后执行菜单命令"文件/创建/PCB 文件"，即可在该项目中创建一个名为"PCB1.PcbDoc"的 PCB 文件，并自动打开该文件进入 PCB 编辑窗口。

1.4.3 打开项目和文件

在 Protel DXP 2004 中,可以打开系统自带的项目和文件,也可以打开自己建立的项目和文件。下面我们打开系统自带的项目"4 Port Serial Interface.PrjPCB"和文件"ISA Bus and Address Decoding.SchDoc",具体操作步骤如下:

1) 在 Protel DXP 2004 的主窗口中执行菜单命令"文件/打开",或单击工具栏中的 按钮,弹出"选择打开文档"对话框,如图 1-20 所示。

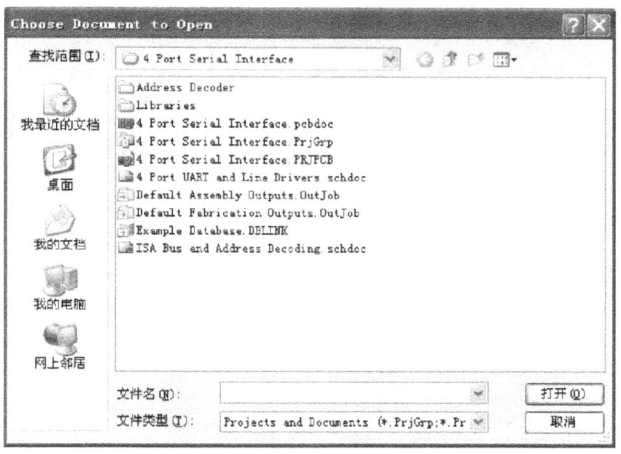

图 1-20 "选择打开文档"对话框

2) 在"查找范围"文本框中选择项目"4 Port Serial Interface.PRJPCB"所在的文件夹"4 Port Serial Interface"。在下拉列表框中选中项目" 4 Port Serial Interface.PRJPCB",然后单击 打开(O) 按钮,即可打开该项目。

3) 打开项目后,系统将自动打开 Projects 面板。在该面板中显示了项目"4 Port Serial Interface.PRJPCB"的名称以及该项目中包含的所有文件,如图 1-21 所示。

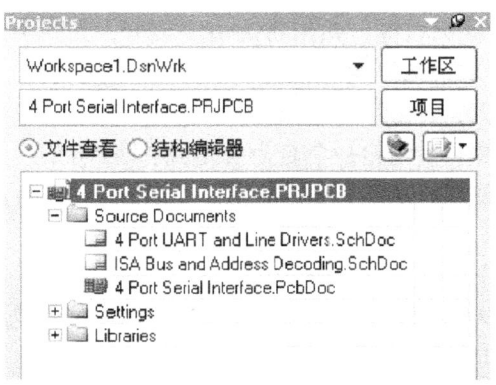

图 1-21 打开项目"4 Port Serial Interface"

4) 在 Projects 面板中双击图标" ISA Bus and Address Decoding.S",即可打开"ISA Bus and Address Decoding.SchDoc"原理图文件,如图 1-22 所示。

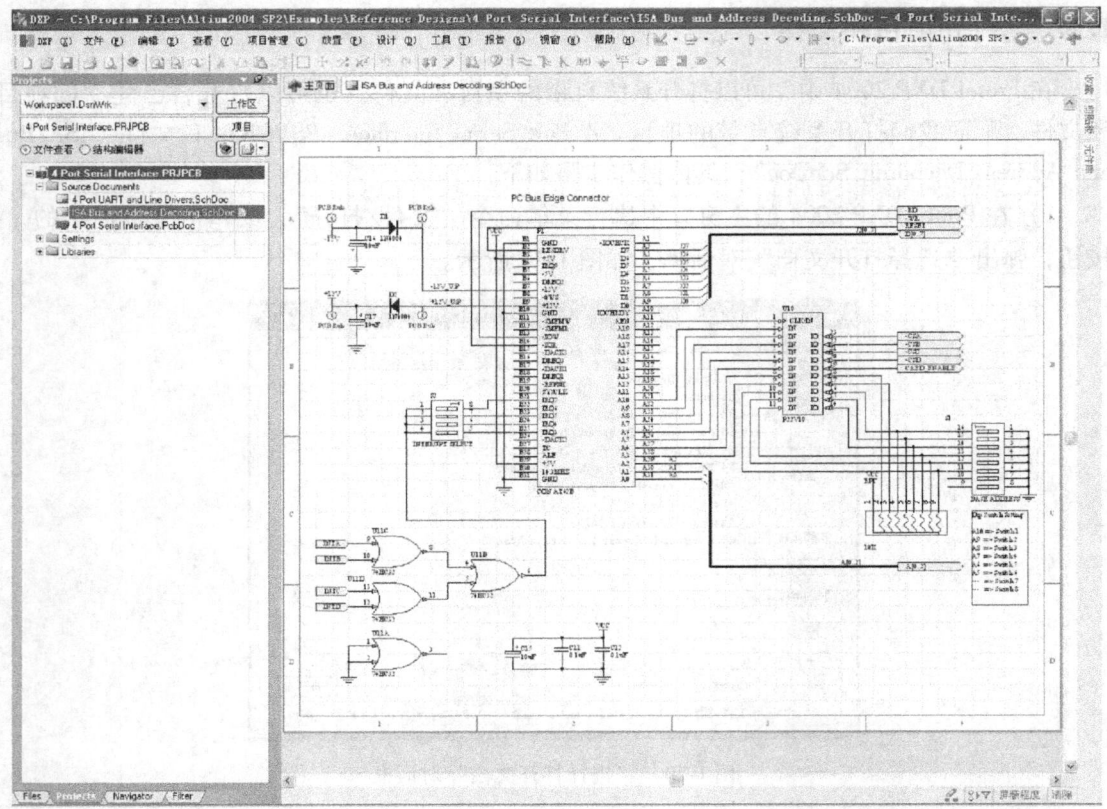

图 1-22　打开"ISA Bus and Address Decoding.SchDoc"原理图文件

1.4.4　删除项目中的文件

若想删除项目中的某一个文件，具体操作步骤如下：

1）将光标移到要删除的文件名（如"PCB_Project2.PrjPCB"项目中的原理图文件"Sheet2.SchDoc"）上单击鼠标右键，弹出右键快捷菜单，如图1-23所示。

2）在快捷菜单中选中"从项目中删除…"后，则该文件"Sheet2.SchDoc"被删除，"Projects"选项卡中不再显示该文件。

【例1-1】　在E盘根目录下创建一个名为"电路图.PrjPCB"的项目文件，并在其中创建一个名为"稳压电源电路.SchDoc"的原理图文件和一个名为"稳压电源电路.PcbDoc"的印制电路板文件。

解：具体操作步骤如下：

1）进入Protel DXP 2004主窗口后执行菜单命令"文件/创建/项目/PCB项目"，创建一个名为"PCB_Project1.PrjPCB"的项目文件。之后执行菜单命令"文件/保存项目"，将保存路径设置为"E:\"，保存项目名为"电路图.PrjPCB"，如图1-24所示。

2）执行菜单命令"文件/创建/原理图"，即可在"电路图.PrjPCB"项目中创建一个名为"Sheet1.SchDoc"的原理图文件，并自动打开该文件进入原理图编辑界面。然后执行菜单命令"文件/保存"，将新建原理图保存为"稳压电源电路.SchDoc"。

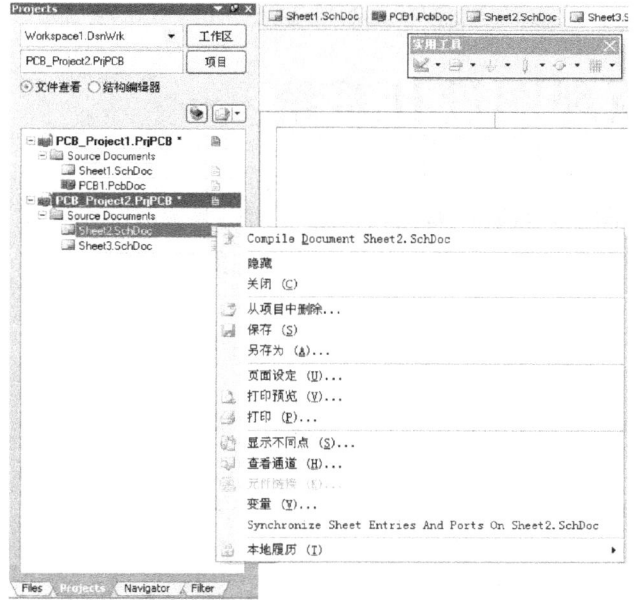

图 1-23　右键快捷菜单

图 1-24　新建项目文件"电路图．PrjPCB"

3）将光标移到"电路图．PrjPCB"项目文件名上单击鼠标右键，在弹出的快捷菜单中选择菜单命令"追加新文件到项目中/PCB"，可以看到在工作区面板的"Projects"选项卡中新建了一个名为"PCB1．PcbDoc"的文件，并自动进入了 PCB 编辑界面。执行菜单命令"文件/保存"，将新建 PCB 文件保存为"稳压电源电路．PcbDoc"。

本 章 小 结

本章简要介绍了 Protel DXP 2004 软件的组成、特点及运行环境，重点讲解了 Protel DXP 2004 的一些基本操作：Protel DXP 2004 的启动、创建新的或打开已有的项目文件及文件的管理等。

通过本章学习，初学者应对 Protel DXP 2004 软件有一个初步的认识，能够完成一些基本操作，如 Protel DXP 2004 的启动、创建项目文件、创建各种设计文档、打开项目和文件、删除文件及文件的保存等。

思 考 题

1. Protel DXP 2004 有哪些特点？
2. Protel DXP 2004 中有哪些文件扩展名？列举一些文件扩展名并说明其用途。

练 习 题

1. 试用三种不同的方式启动 Protel DXP 2004。
2. 在 Protel DXP 2004 的主窗口中，练习工作面板的移动、显示和隐藏等操作。
3. 创建一个项目文件，将其以"技能训练．PrjPCB"为项目文件名保存在 E 盘根目录下，并在"技能训练．PrjPCB"项目中创建一个名为"单片机最小系统原理图．SchDoc"的原理图文件。
4. 在 Protel DXP 2004 的主窗口中，打开系统自带的"Examples"文件夹，任意浏览其中的项目文件。

第 2 章 原理图设计系统

电路设计的第一步便是绘制电路原理图。本章将带读者进入原理图编辑系统的工作环境，通过实例详细讲述运用 Protel DXP 2004 的绘图工具绘制、编辑原理图的全过程。

2.1 原理图的设计步骤

电路原理图设计的正确与否将直接影响到印制电路板的设计，因此，正确设计原理图是最基本的要求；其次，原理图应该布局合理，这样不仅可以尽量避免出错，也便于读图，查找和纠正错误；最后，在满足正确性和布局合理性的前提下力求原理图的美观。

电路原理图的设计过程可按照图 2-1 所示的流程图分为以下几个步骤：

(1) 设置图纸参数　根据实际电路的复杂程度设置所用图纸的格式、尺寸、方向等参数以及与设计有关的信息，为以后的设计工作建立一个合适的工作平面。

(2) 加载元件库　将包含所需元器件的元件库加载到设计系统中，以便用户从中查找和选定所需的元器件。

(3) 放置元器件　根据设计的需要，将所需元器件从元件库中取出并放置到工作平面上。在放置元器件的过程中要对元器件的位置进行调整，并对元器件的序号、封装形式、显示状态等进行定义和设置，为下一步布线打好基础。

(4) 电路图布线　该过程实际上就是一个画图的过程，即对各个部件进行合理的连接，利用 Protel DXP 2004 提供的各种工具、指令进行布线，将工作平面上的元器件用具有电气意义的导线、符号连接起来，从而构成一张完整的原理图。

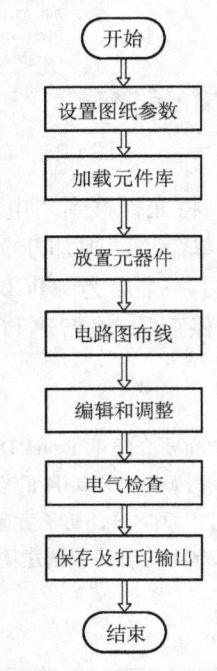

图 2-1　原理图设计流程图

(5) 编辑和调整　布线完成后，还需对原理图做适当的调整和修改，以保证原理图的正确和美观。同时还可以对原理图做进一步的补充和完善，如加入一些文字说明、标注和修饰等。

(6) 电气检查　设计完成后，利用系统提供的电气检查工具对设计进行检查，并根据错误检查报告重新修改原理图。

(7) 保存及打印输出　这部分工作主要是对设计完成的原理图进行保存，包括存盘、打印和输出等，以便在后续的工作中使用。

2.2 设置原理图编辑器的工作环境

2.2.1 原理图编辑器的工作窗口

原理图编辑器的工作窗口如图 2-2 所示。该窗口主要由标题栏、菜单栏、工具栏、导航栏、原理图编辑区、状态栏及命令行组成。

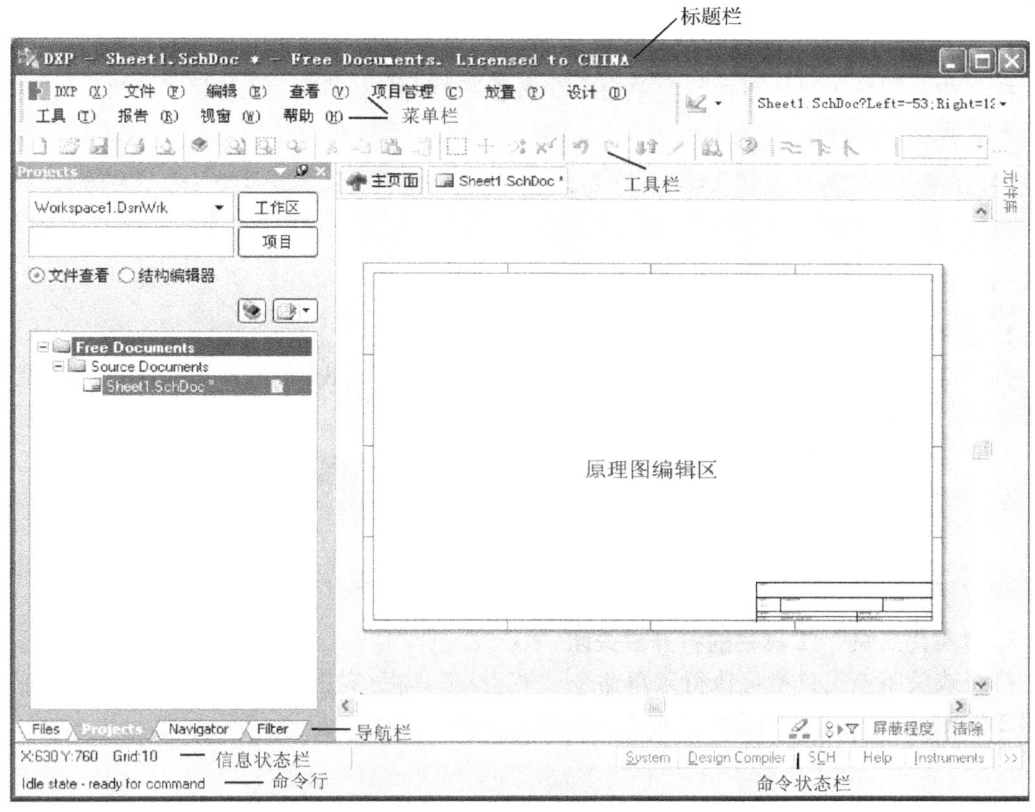

图 2-2 原理图编辑器的工作窗口

1. 标题栏

在原理图编辑器的工作窗口中，标题栏显示了所创建的原理图的名称。系统默认名称为：Sheet1.SchDoc、Sheet2.SchDoc、Sheet3.SchDoc 等。

2. 菜单栏

菜单栏列出了编辑原理图的不同菜单命令。通过菜单栏可以对原理图进行各种编辑操作。

3. 工具栏

工具栏列出了原理图编辑过程中所需的工具按钮。常用的工具栏有"原理图标准"工具栏、"配线"工具栏及"实用工具"工具栏，用户也可以自定义工具栏。

4. 导航栏

导航栏中列出了不同的选项卡，通过不同的选项卡可以方便地对文件进行控制操作。

5. 原理图编辑区

原理图编辑区是原理图编辑器的主要窗口，设计原理图时都要在编辑区进行操作。

6. 状态栏及命令行

状态栏及命令行用于提示当前的工作状态或正在执行的命令。状态栏包括信息状态栏和命令状态栏。其中，命令状态栏中列出了不同的面板控制按钮，利用这些按钮可以显示、编辑特定的和通用的面板。

2.2.2 工具栏的打开与关闭

1. 原理图"标准"工具栏的打开或关闭

打开或关闭该工具栏可执行菜单命令"查看/工具栏/标准"。原理图"标准"工具栏如图 2-3 所示。

图 2-3 原理图"标准"工具栏

2. 原理图"配线"工具栏的打开或关闭

打开或关闭该工具栏可执行菜单命令"查看/工具栏/配线"。原理图"配线"工具栏如图 2-4 所示。

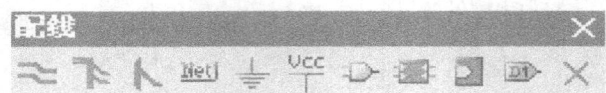

图 2-4 原理图"配线"工具栏

3. "实用工具"工具栏的打开或关闭

打开或关闭该工具栏可执行菜单命令"查看/工具栏/实用工具"。"实用工具"工具栏如图 2-5 所示。

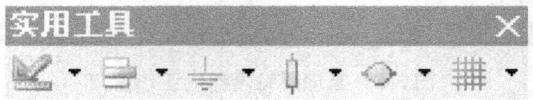

图 2-5 "实用工具"工具栏

4. 命令行及状态栏的打开或关闭

打开或关闭命令行可执行菜单命令"查看/显示命令行"。打开或关闭状态栏可执行菜单命令"查看/状态栏"。命令行及状态栏打开后的屏幕显示如图 2-2 所示。

2.2.3 画面显示操作

在设计过程中，设计人员需要经常查看整张原理图或原理图的某一局部区域，因此要经常改变画面的显示状态，以满足设计的需要。对设计图纸的画面操作通常有放大、缩小或移动。

1. 非命令状态下的放大与缩小

在没有执行任何命令的状态下，可采用下列方法进行放大和缩小。

（1）放大　执行菜单命令"查看/放大"，如图 2-6 所示。每进行一次操作，工作区相应地放大一次。

（2）缩小　执行菜单命令"查看/缩小"，如图 2-6 所示。每进行一次操作，工作区相应地缩小一次。

（3）不同比例显示　"查看"菜单提供了 50%、100%、200%、400% 四种不同的显示比例，如图 2-6 所示。同一命令不能重复执行多次。

（4）显示整个文档　当需要查看整张电路原理图图纸时，可执行菜单命令"查看/显示整个文档"，如图 2-6 所示。

（5）显示全部对象　当需要在工作区中查看电路图上所有对象（不是整张图纸）时，可执行菜单命令"查看/显示全部对象"，如图 2-6 所示。

（6）显示用户选定区域　该方式通过一个矩形框来确定用户选定的区域，并对该区域进行放大。具体操作步骤如下：

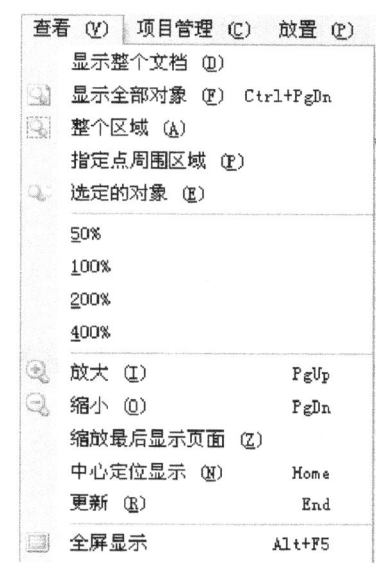

图 2-6　"查看"菜单

1) 执行菜单命令"查看/整个区域"或单击"原理图标准"工具栏中的 按钮，之后光标变成十字形状。

2) 移动十字光标到目标区域，单击鼠标左键确定矩形框的一个顶点，接着拖动鼠标，将光标移到矩形框的对角点位置，再单击鼠标左键确认，即可将选定区域放大显示在整个工作区中。

（7）刷新画面　在滚动画面、移动元器件等操作后，有时会出现画面显示残留的斑点、线段或图形变形等问题，这虽不影响电路的正确性，但不美观。这时，可通过执行菜单命令"显示/更新"来刷新画面。

2. 命令状态下的放大与缩小

当处于命令状态下时，无法用鼠标去执行一般的命令，此时，要进行放大和缩小，必须利用计算机键盘上的功能键来完成。具体操作如下：

（1）放大　按 PageUp 键，绘图区域会以当前光标位置为中心进行放大，该操作可连续进行多次。

（2）缩小　按 PageDown 键，绘图区域会以当前光标位置为中心进行缩小，该操作可连续进行多次。

（3）位移　按 Home 键后，原来光标下的显示位置会移动到工作区的中心位置显示。

（4）刷新　按 End 键，会对显示画面进行刷新从而消除残留斑点或线条变形，恢复正确的画面。

2.2.4　设置图纸参数

在原理图编辑窗口中执行菜单命令"设计/文档选项"，系统将弹出"文档选项"对话框，在该对话框中可对图纸的各项参数进行设置，如图2-7所示。

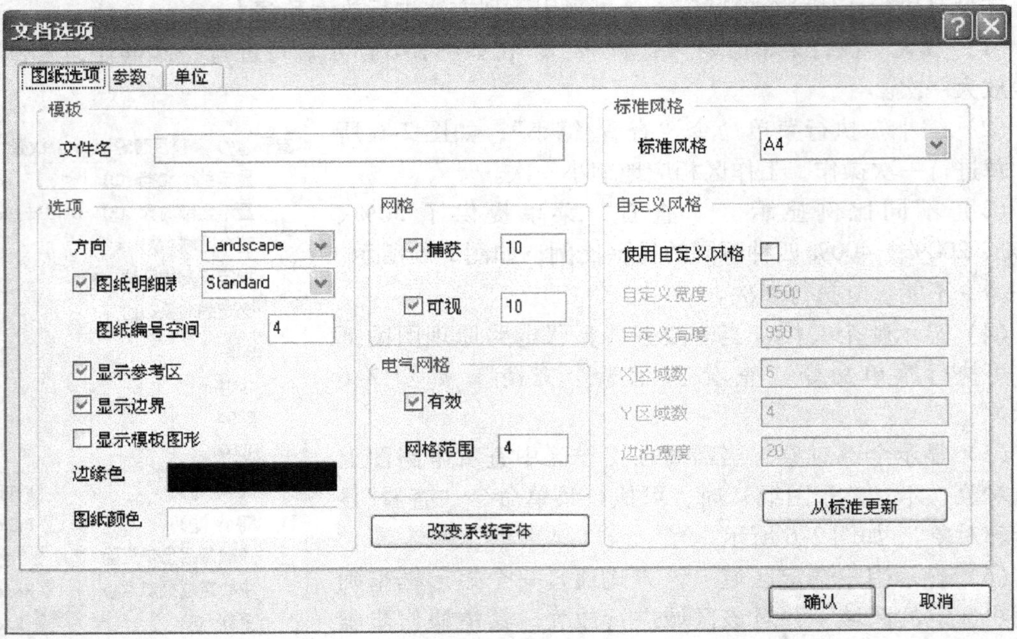

图2-7 "文档选项"对话框

1. "图纸选项"选项卡

该选项卡中包含6个设置区域，各区域中选项的功能如下：

（1）"模板"栏 包括"文件名"文本输入框。文件名：在文件名文本框中可以设置模板文件的名称。

（2）"选项"栏 包括"方向"、"图纸明细表"、"显示参考区"、"显示边界"、"显示模板图形"、"边缘色"和"图纸颜色"等几个可设置部分。

方向：单击方向文本框右侧的 ∨ 按钮，在弹出的下拉列表框中可选择图纸方向。其中"Landscape"表示图纸水平方向放置、"Portrait"表示图纸垂直方向放置。

图纸明细表：选中该复选框后，用鼠标左键单击文本框右侧的 ∨ 按钮，在弹出的下拉列表框中可选择标题栏类型。其中"Standard"表示标准型，"ANSI"表示美国国家标准模式。

显示参考区：选中该复选框后，可以显示参考图纸的边框。

显示边界：选中该复选框后，可以显示图纸的边界。

显示模板图形：选中该复选框后，可以显示图纸模板图形。

边缘色：单击该选项旁的色块，弹出"选择颜色"对话框。在该对话框中可以选择图纸边框的颜色，系统默认颜色为黑色。

图纸颜色：单击该选项旁的色块，可设置工作区的颜色。

（3）"网格"栏 包括"捕获"和"可视"两个可设置部分。

捕获：选中此项设置后，光标在移动过程中将以设定值为移动的基本单位。设定值的单位为 mil，1mil＝1/1000in。例如，设定值为"10"，则十字光标在移动过程中将以10mil为基本单位。

可视：选中此项设置后，图纸上将显示可见栅格。文本框中的数值表示栅格的间距。

（4）"电气网格"栏　包括"有效"和"网格范围"两个可设置部分。

有效：选中该项后，在画导线时，系统会以"网格范围"中设置的值为半径，以光标所在位置为中心，向四周搜索电气节点，如果找到了此范围内最近的节点，光标会自动移至该节点上，并在该节点上显示一个小圆点；如果没有勾选该功能，则无自动寻找节点的功能。

（5）"改变系统字体"按钮　单击"文档选项"对话框中的 改变系统字体 按钮，在出现的如图2-8所示的"字体"对话框中即可更改系统字体。

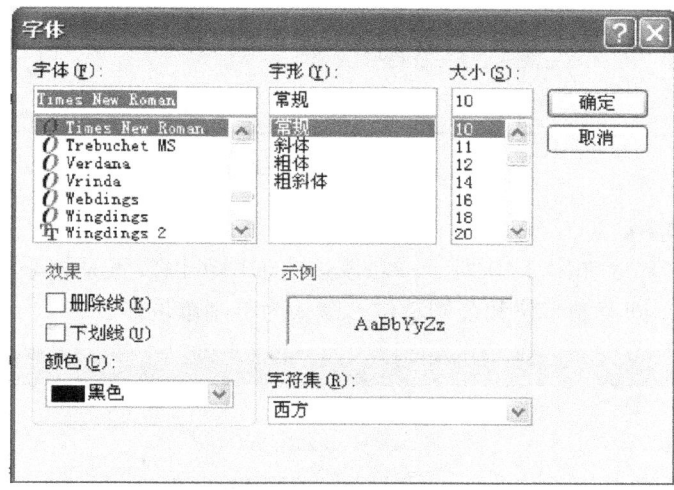

图2-8　"字体"对话框

（6）"标准风格"栏　单击"标准风格"选项旁的 按钮，在弹出的下拉列表框中可选择图纸的格式。

系统提供的标准格式有下列几种：

公制：A0、A1、A2、A3、A4。

英制：A、B、C、D、E。

Orcad 图纸：OrCADA、OrCADB、OrCADC、OrCADD、OrCADE。

其他：Letter、Legal、Tabloid。

（7）"自定义风格"栏　选中"使用自定义风格"复选框后，用户可以定义自己的图纸类型，包括定义图纸的宽度、高度等内容。

2. "参数"选项卡

"参数"选项卡界面如图2-9所示。在该选项卡中可以设置图纸的其他信息，如公司名称、地址、图纸标题、项目编号和版本等。

$1\text{mil} = 25.4 \times 10^{-6} \text{m}$。

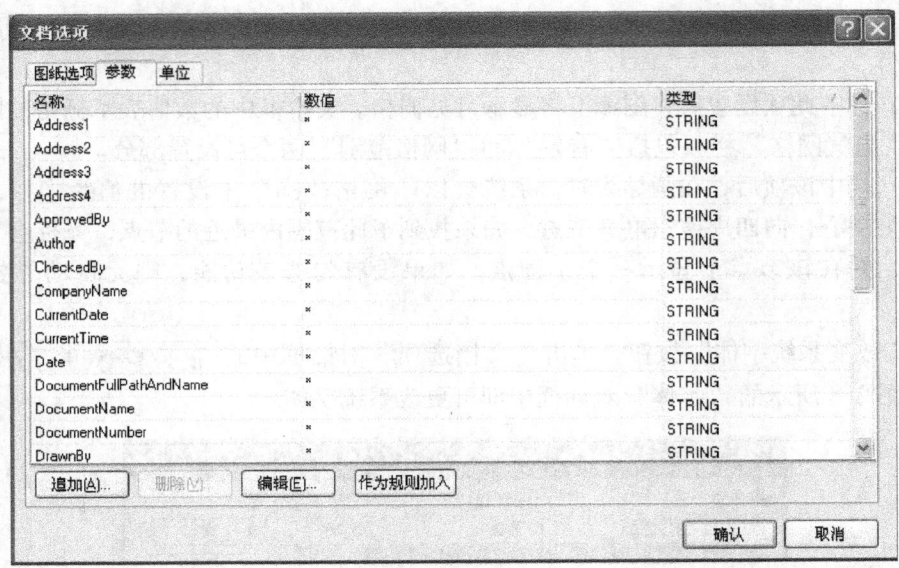

图 2-9 "参数"选项卡

3. "单位"选项卡

"单位"选项卡界面如图 2-10 所示。在该选项卡中可以设置系统采用的单位。DXP 系统提供了两种单位，即英制单位和公制单位。默认为英制单位。

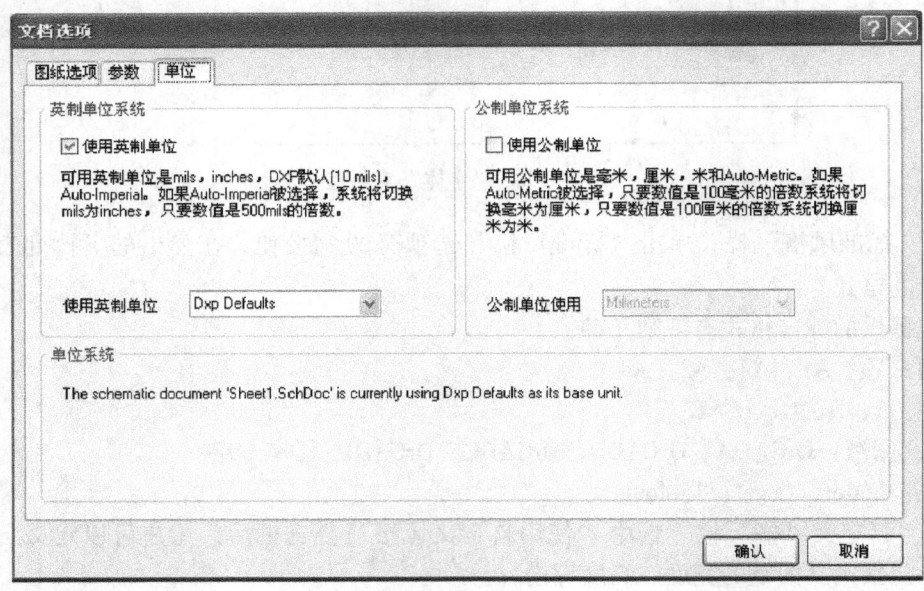

图 2-10 "单位"选项卡

2.2.5 设置工作环境参数

执行菜单命令"工具/原理图优先设定"，弹出"优先设定"对话框，如图 2-11 所示。在该对话框中可对原理图工作环境参数进行设置。

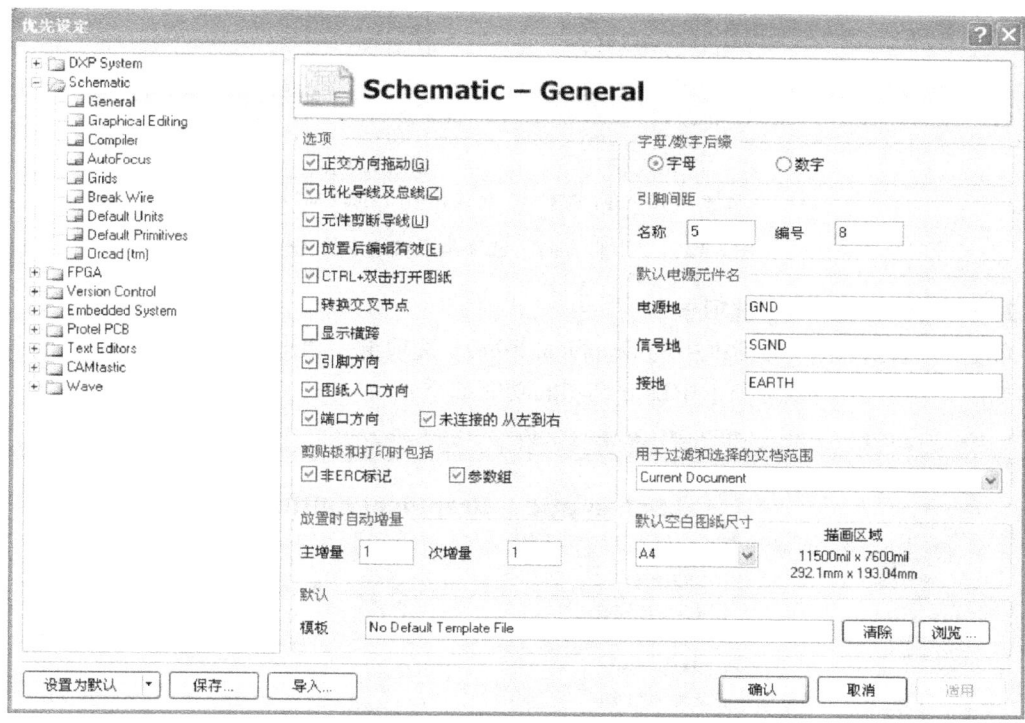

图 2-11 "优先设定"对话框

1. General 选项卡

单击 General 选项卡，弹出该选项卡的界面如图 2-11 所示。该选项卡中的各选项在一般情况下可采用系统的默认设置，其中两个常用的选项功能如下：

（1）"显示横跨"选项　在进行原理图设计时，原理图中大量的连接导线一般会出现横跨的情况。该选项用于设定横跨导线交叉处的显示情况。选中和没有选中"显示横跨"选项时两导线交叉点的不同如图 2-12 所示。

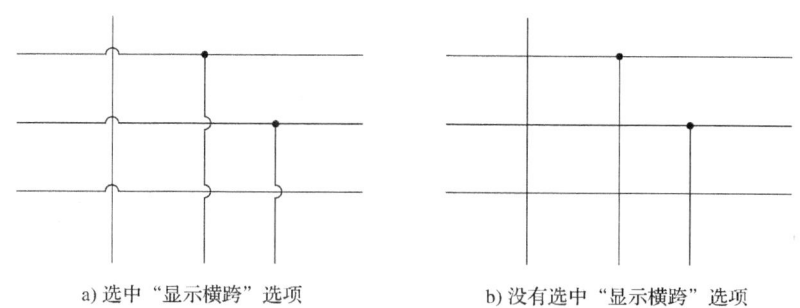

a) 选中"显示横跨"选项　　　　b) 没有选中"显示横跨"选项

图 2-12 "显示横跨"选项是否选中的对比

（2）"引脚方向"选项　对于某些元器件，可以通过引脚方向查看信号的流向。当选中该项时，会在元器件上显示信号的电气方向，便于查看和纠错。选中和没有选中"引脚方向"选项时，元器件放到原理图中的区别如图 2-13 所示。

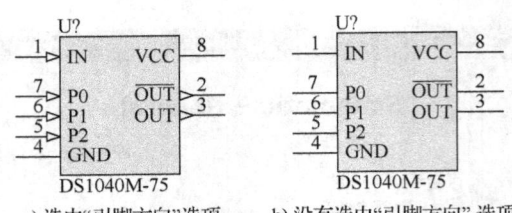

a) 选中"引脚方向"选项　　b) 没有选中"引脚方向"选项

图 2-13　"引脚方向"选项是否被选中的比较

2. Graphical Editing 选项卡

单击"优先设定"对话框中的 Graphical Editing 选项卡，弹出 Graphical Editing 选项卡的界面如图 2-14 所示。该选项卡中部分选项的功能如下：

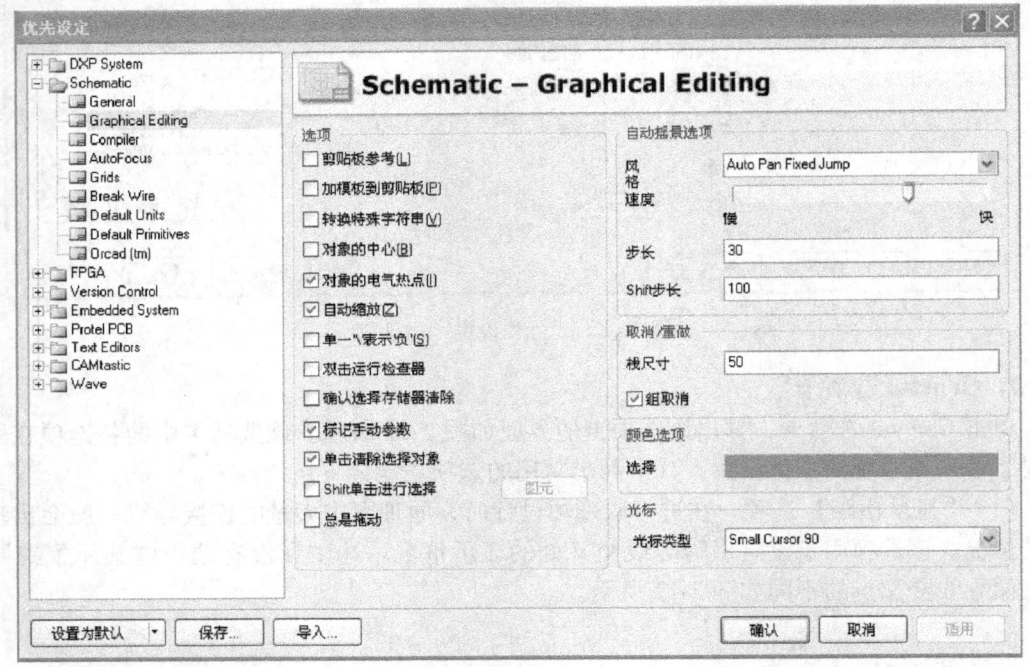

图 2-14　Graphical Editing 选项卡

（1）"选项"栏　包括"剪贴板参考"、"加模板到剪贴板"、"转换特殊字符串"、"对象的中心"、"对象的电气热点"、"自动缩放"、单一"'\'表示'负'"、"双击运行检查器"等几个可设置部分。

剪贴板参考：选中该选项后，当执行复制或者剪切命令时，将提示选择一个参考点。这有助于将来粘贴工作的进行。

加模板到剪贴板：选中该选项后，当执行复制或者剪切命令时，图纸模板也被复制到剪贴板上。

转换特殊字符串：选中该选项后，不仅在打印时，在屏幕上也可以显示特殊字符串所表示的内容。否则，在屏幕上只能看到特殊字符串本身。

对象的中心：选中该选项后，当移动光标或者拖动对象时，光标可以自动移到其参考点或者其中心上。

对象的电气热点：选中该选项后，当移动或拖动对象时，光标会跳到最近的电气热点上。

自动缩放：选中该选项后，当跳转到一个元器件时，自动进行比例缩放。

单一"'\'表示'负'"：设置"非"或"负"。例如元器件某引脚的引脚名称为"LT"，则在"引脚属性"对话框的"显示名称"文本框中可键入"L\T\"。

双击运行检查器：选中该选项后，在编辑器窗口中双击被操作的对象后，将打开 Inspector 对话框，在该对话框中可以进行相关设置。

（2）"自动摇景选项"栏 该选项可以控制摇景时光标的运动类型。摇景在光标呈十字形状并处于窗口边缘时自动产生，实际上等同于屏幕滚动。在"风格"下拉框中可以选择自动摇景方式，包括 Auto Pan Off（关闭自动摇景功能）、Auto Pan Fixed Jump（在摇景时按设置的固定间隔进行，光标始终保留在窗口边界处）、Auto Pan Recenter（摇景时按设置的固定间隔进行，但光标随即跳动到窗口中央）三种方式。如果选择了 Auto Pan Fixed Jump 方式，则可使用速度后面的滑块调整摇景的速度，并可在步长栏中设置摇景间隔。

（3）"取消/重做"栏 在"栈尺寸"文本框中可设置撤销操作和恢复操作的最深堆栈次数。

（4）"颜色选项"栏 设置对象的选中边界颜色。

（5）"光标"栏 在"光标类型"文本框中可设置光标的形状。有 Large Cursor 90（大十字光标）、Small Cursor 90（小十字光标）、Small Cursor 45（X 形光标）和 Tiny Cursor45（小 X 形光标）四种类型。

3. Compiler 选项卡

单击图 2-11 所示"优先设定"对话框中的 Compiler 选项卡，弹出 Compiler 选项卡的界面如图 2-15 所示。

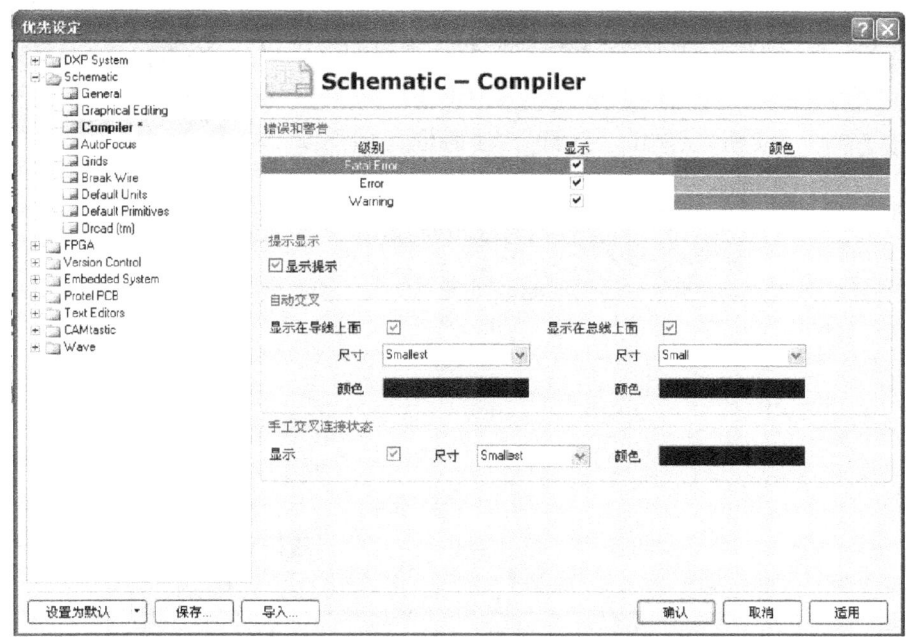

图 2-15 Compiler 选项卡

在编译处理完成后，如果原理图中存在问题，使用这个标签可以使图中出现致命错误（Fatal Error）、错误（Error）和警告（Warning）的地方显示出来，同时可为其选择不同的显示颜色。

显示与不显示"错误和警告"的原理图如图 2-16 所示。

从图 2-16 中可以看出，由于该图中有两个 R1，因此，经过系统编译后会将两个 R1 用预先设定颜色的波浪线描绘出来，使设计人员方便地找到错误和警告的位置。

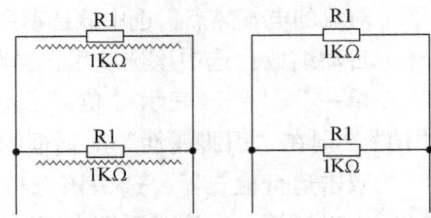

a) 显示图中的错误　　b) 不显示图中的错误

图 2-16　显示与不显示图中的错误

2.3　装载元件库

Protel DXP 的一项重要改进是使用集成元件库，扩展名为".IntLib"。所谓集成元件库就是在同一个文件中同时包含元器件的原理图符号、PCB 封装、SPICE 仿真模型和信号完整性分析模型等信息。

Protel DXP 支持众多厂商的数万种元器件，这些元器件按照生产厂商和类别分别保存在不同的元件库中。因此，要想取用某种元器件，必须加载元器件所在的库文件。加载元件库的具体操作步骤如下：

1）在原理图编辑窗口中，执行菜单命令"设计/浏览元件库"；或者在元件库选项已经加载到工作区面板内的情况下，单击窗口右边工作区面板中的"元件库"选项卡，打开"元件库"对话框，如图 2-17 所示。

2）单击元件库控制面板中的 元件库... 按钮，弹出如图 2-18 所示的"可用元件库"对话框。单击该对话框中"安装"选项卡下的 安装(I)... 按钮，弹出"打开"对话框，如图 2-19 所示。

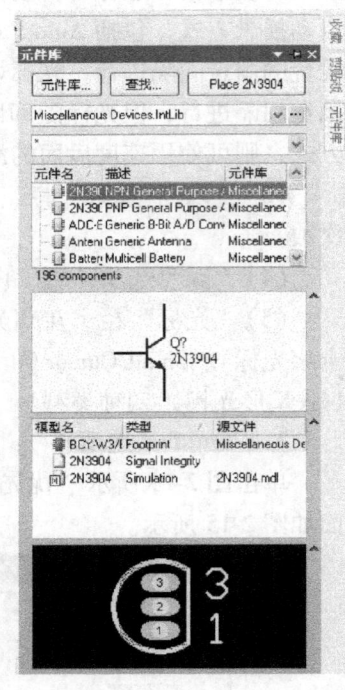

图 2-17　"元件库"对话框

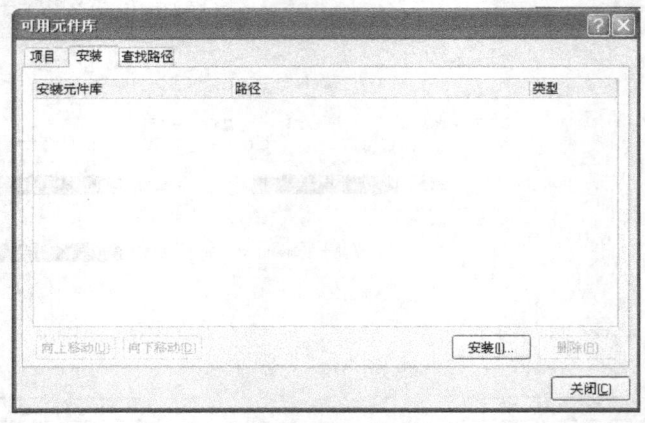

图 2-18　"可用元件库"对话框

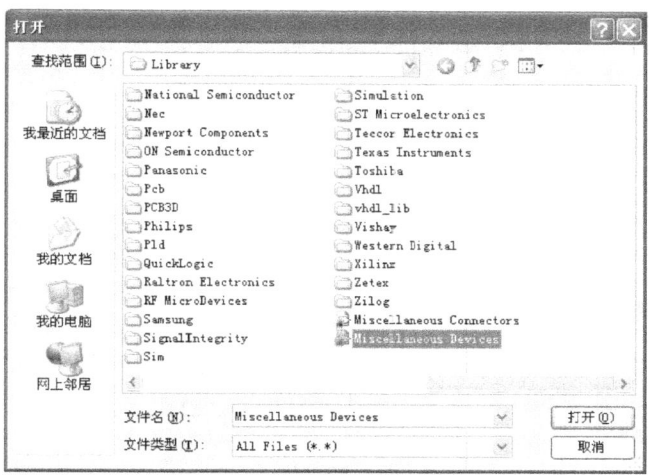

图 2-19 "打开"对话框

3）在该对话框的"查找范围"下拉列表框中选择 Library 目录，在列表框中选择需要添加的元件库文件，之后单击 打开(O) 按钮，回到"可用元件库"对话框，可以看到新添加的库文件已经出现在列表框中，如图 2-20 所示。

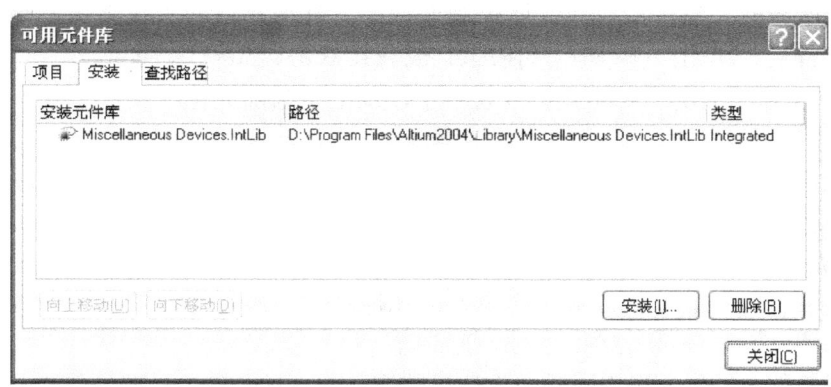

图 2-20 添加库文件后的"可用元件库"对话框

4）单击该对话框中的 关闭(C) 按钮，回到"元件库"控制面板窗口，这时新添加的库文件已经在列表框中了，如图 2-17 所示。

5）单击元件库控制面板中的 按钮，当其变成 形状时，将鼠标移出工作区面板，此时，工作区面板自动隐藏在窗口的最右边，可随时调用。

2.4 放置元器件

成功加载完元件库后，就可以在原理图平面上放置元器件，开始电路图的设计了。下面将图 2-21 所示的两级放大电路中的元器件依次放置到工作平面上。

具体操作步骤如下：

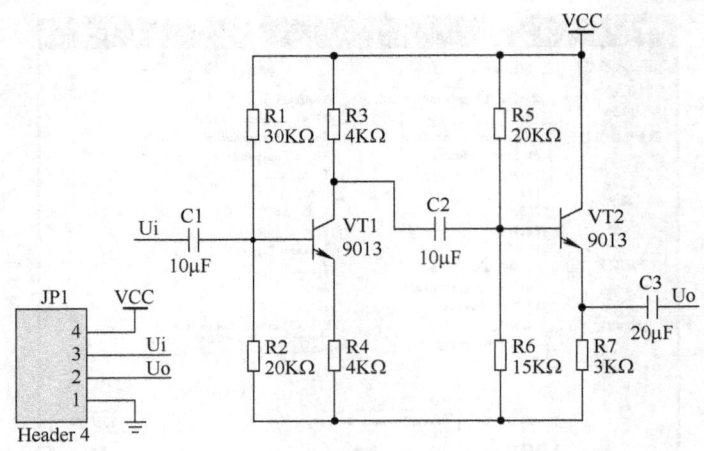

图 2-21 两级放大电路

1）进入原理图编辑界面。

2）装入原理图所需的元件库。本例中共有 4 种元器件，分别属于"Miscellaneous Devices.IntLib"和"Miscellaneous connectors.IntLib"两个元件库。按照前面讲述的方法装入这两个库文件。

3）选择所需的元器件：在元件库控制面板中，移动元件列表框右侧的滚动条，选中"Res2"元器件后，单击 Place Res2 按钮，或直接双击"Res2"。之后将光标移到工作平面上，此时就会发现一个浮动的电阻随光标一起移动。

4）将光标移动到工作平面的适当位置后，单击鼠标左键，即可将该元器件放置在当前位置，如图 2-22 所示。

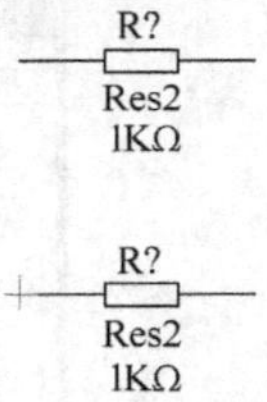

此时系统仍处于放置状态，连续单击鼠标左键，就会将若干个"Res2"放置在当前平面上。按 Esc 键或单击鼠标右键，即可退出该状态。

图 2-22 放置元器件到工作平面上

5）放置其他元器件。采用同样的方法可将图 2-21 中的 13 个元器件依次放置到工作平面上，如图 2-23 所示。

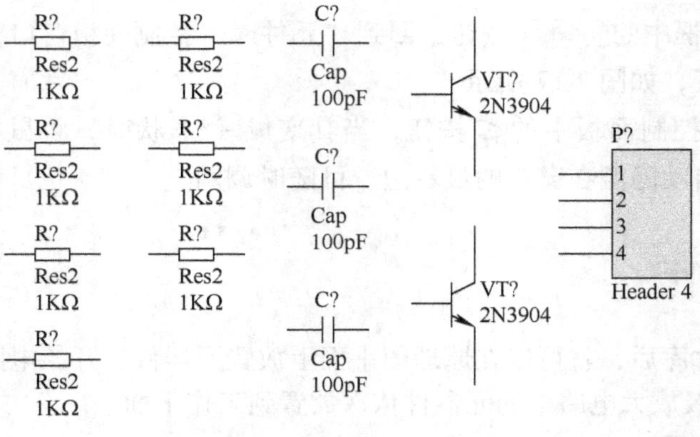

图 2-23 放置 13 个元器件后的界面

在放置元器件的过程中,如果不知道元器件所在的元件库,可进行如下操作:

1)单击元件库控制面板中的 查找... 按钮,弹出"元件库查找"对话框。在该对话框的文本框中键入要放置的元器件的名称,如键入"LM7805CT"或"*7805*",在"范围"选项中选择"路径中的库",然后在"路径"中设置好元件库所在的路径,如图 2-24 所示。

2)设置完成后,单击该对话框中的 查找(S) 按钮,会弹出正在进行查找的元件库控制面板,查找完成后的结果如图 2-25 所示。从查找后的元件库控制面板中可以看到,在"NSC Power Mgt Voltage Regulator. IntLib"库中找到了元器件"LM7805CT"。但是由于该元件库没有安装,因此不能将该元器件放置到工作平面中。

图 2-24 查找元器件

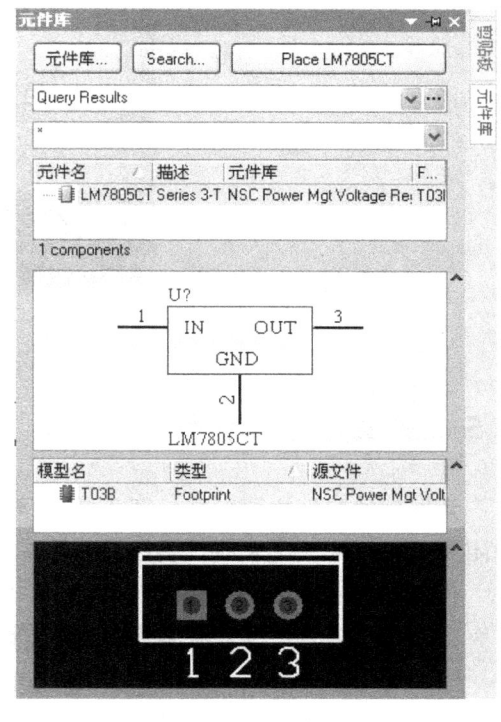

图 2-25 查找结果

3)在元件库控制面板中单击 Place LM7805CT 按钮或直接双击元器件"LM7805CT",弹出"Confirm"确认安装库文件对话框,如图 2-26 所示。单击该对话框中的 是(Y) 按钮,完成安装。可以看到在图 2-27 所示的"可用元件库"对话框中已经有了"NSC Power Mgt Voltage Regulator. IntLib"集成元件库。

4)之后可将元器件"LM7805CT"放置到工作平面上。

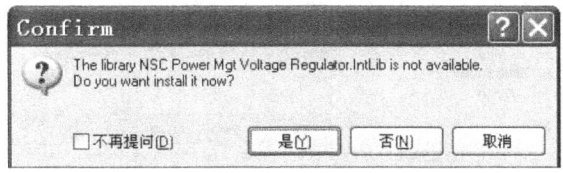

图 2-26 确认安装库文件对话框

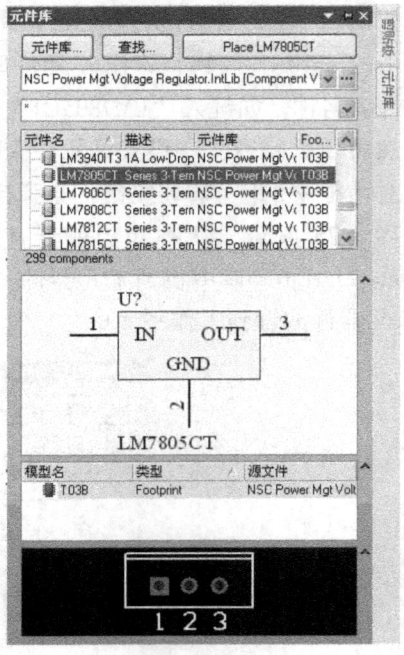

图 2-27 "可用元件库"对话框

2.5 编辑元器件属性

元器件的属性主要包括元器件的标号、参数和封装形式等。下面我们就以图 2-23 中的电阻为例,讲述一个元器件属性的编辑过程,其具体操作步骤如下:

在图 2-23 中,用鼠标左键双击任一个电阻"Res2",弹出如图 2-28 所示的"元件属性"

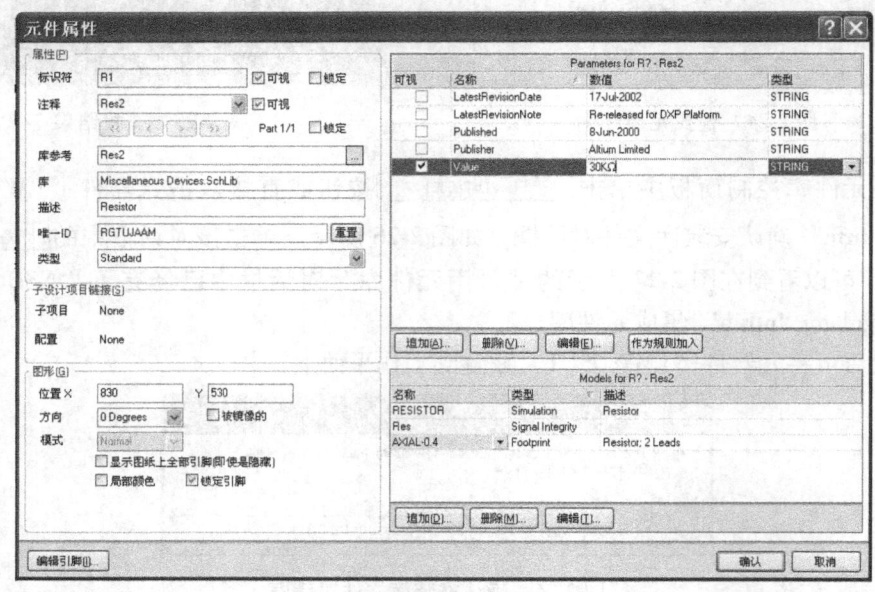

图 2-28 "元件属性"对话框

对话框。根据要求，在该对话框中可设置元器件的各种属性。"元件属性"对话框中部分选项的功能如下：

（1）"属性"选项组

标识符：在该文本框中可以输入元器件标号，当选中其后的"可视"复选框时，标号名称将显示在原理图中。本例中键入"R1"。

注释：在该文本框中可以输入对元器件的注释，当选中其后的"可视"复选框时，注释将显示在原理图中。本例中不选中此复选框。

库参考：该文本框中显示元器件在库中的参考名。

库：该文本框中显示元器件所在的库。

描述：该文本框中显示元器件的描述信息。

唯一ID：元器件的唯一编号，由系统随机给定。

类型：有 Sandard、Mechanical、Graphical、NetTie（In BOM）、Net Tie、Sandard（No BOM）六种类型。本例中选择默认设置。

（2）"图形"选项组　在该选项组中可对元器件的位置、方向、模式以及引脚的显示状态等属性进行设置。在本例中选择默认设置。

（3）"参数（Parameters）"列表框　在该列表框中显示了元器件的参数列表信息，如元器件的类别、制作者、日期及参数等。本例中将 R1 的"Value"参数值设置为"30KΩ"。

（4）"模式（Models）"下拉列表框　在该列表框中可以对元器件的封装形式进行编辑、添加和删除操作。本例中选用默认设置。

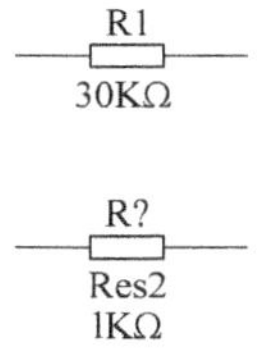

编辑后的元器件 R1 如图 2-29 所示。

图 2-29　编辑属性后的元器件 R1

采用同样的方法设置其他元器件的属性。如图 2-30 所示，将各个元器件的标识符、注释或参数值设定如下：

电阻：R1、30KΩ；R2、20KΩ；R3、4KΩ；R4、4KΩ；R5、20KΩ；R6、15KΩ；R7、3KΩ。

电容：C1、10μF；C2、10μF；C3、20μF。

晶体管：VT1、9013；VT2、9013。

接头：JP1、Header 4。

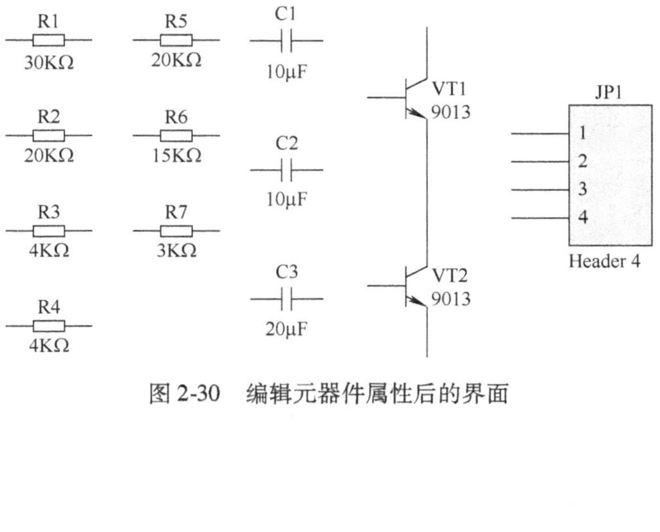

图 2-30　编辑元器件属性后的界面

2.6 元器件位置的调整

1. 元器件的选取

（1）直接选取元器件　直接在图纸上拖出一个矩形框，框内的元器件全部被选中。具体操作方法是：在图纸的合适位置按住鼠标左键，当光标变成十字形状时，拖动光标至适当位置，拖出一个矩形区域，如图 2-31 所示。松开鼠标，即可将矩形区域内的所有元器件都选中。被选中的对象周围会出现一绿色虚线框，如图 2-32 所示。

（2）利用工具栏中的选取工具　单击"原理图标准"工具栏中的 按钮，当光标变成十字形状后，拖动鼠标形成一个矩形框，松开鼠标，矩形框内的元器件即全部被选中。

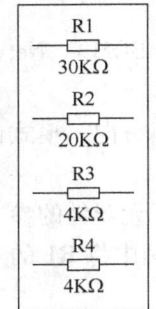

图 2-31　鼠标框选多个元器件 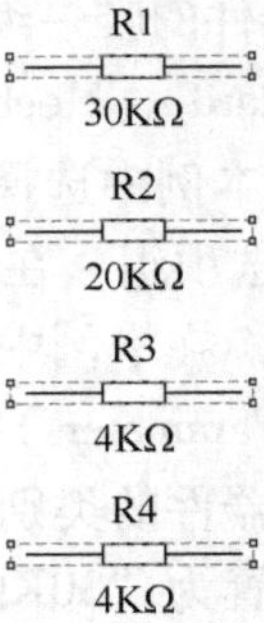　　　　图 2-32　元器件被选中后的状态

2. 元器件的移动

（1）单个元器件的移动　这里我们以移动图 2-30 中的电阻 R1 为例，有两种操作方法。

1）直接单击电阻 R1，使其周围出现虚线框，如图 2-33 所示。然后按住鼠标左键将其拖动到合适位置，松开鼠标左键即可完成 R1 的移动。

2）执行菜单命令"编辑/移动/移动"，之后将十字光标移动到 R1 上，单击鼠标左键选中 R1，然后移动光标到适当位置再单击鼠标左键，便完成了移动工作。

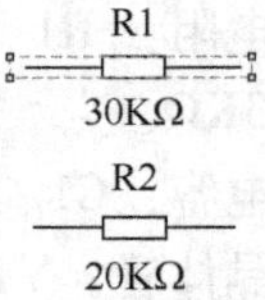

（2）同时移动多个元器件　除了移动单个元器件外，我们还可以一次移动多个元器件。具体操作步骤如下：

图 2-33　单击元器件后周围出现虚线框

1）同时选取多个元器件。

2）将光标移到被选中的元器件组中的任意一个元器件上，按住鼠标左键不放，当出现十字光标后，移动被选取的元器件组到适当位置，然后松开鼠标左键，即可完成多个元器件的移动。

3. 元器件的旋转

为了方便、直观地布线，有时需要对元器件进行旋转，也就是改变元器件的放置方向。对元器件进行旋转主要利用以下快捷键：

1）Space 键（空格键）：每按一下被选中的元器件逆时针旋转 90°。

2）X 键：使元器件左右对调，即以十字光标为轴水平对调。

3）Y 键：使元器件上下对调，即以十字光标为轴垂直对调（注意：使用快捷键时，系统的文字输入状态应为英文输入状态)。

下面将图 2-30 中的电阻 R1 进行旋转,具体操作步骤如下:

1)单击电阻 R1 并按住鼠标左键不放,选中 R1。

2)按 Space 键即可将电阻 R1 逆时针旋转 90°,旋转过程中应按住鼠标左键不放。

3)将 R1 方向调整到位后松开鼠标左键即可。旋转后的结果如图 2-34 所示。

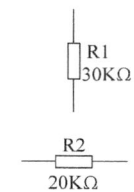

图 2-34 电阻 R1 旋转后的结果

4. 元器件选择的取消

被选取的元器件会一直处于选中状态,且一般用绿色虚线框显示。单击"原理图标准"工具栏上的 按钮,或把光标移到原理图的空白区域单击鼠标左键,则可一次性取消所有对象的选择状态。如果要取消对单个对象的选择状态,则可按住 Shift 键,移动光标到处于选中状态的对象上,当光标变成 形状时,单击鼠标左键即可取消该对象的选择状态。

5. 元器件的排列与对齐

在基本放置好元器件的位置后,还可以通过系统提供的对齐命令对元器件进行适当的调整,使得绘制出的原理图更加美观。选中一组要排列对齐的元器件,然后选择菜单命令"编辑/排列",弹出排列与对齐的各命令,如图 2-35 所示。

(1)左对齐排列 该命令用于将选中的一组对象以最左边对象的左边缘为基准线将这组元器件靠左对齐,如图 2-36 所示。

(2)右对齐排列 该命令用于将选中的一组对象以最右边对象的右边缘为基准线将这组元器件靠右对齐,如图 2-37 所示。

图 2-35 排列子菜单命令

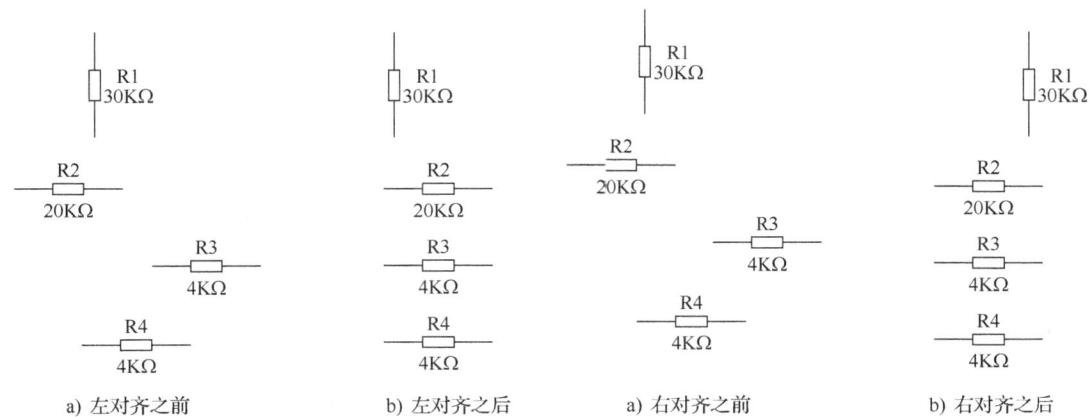

a) 左对齐之前   b) 左对齐之后   a) 右对齐之前   b) 右对齐之后

图 2-36 左对齐排列效果   图 2-37 右对齐排列效果

(3) 水平中心排列　该命令用于将选中的一组对象以最右边对象的右边缘和最左边对象的左边缘之间的中心线为基准线将这组元器件对齐，如图2-38所示。

(4) 水平分布　该命令用于将选中的一组对象以最右边对象的右边缘和最左边对象的左边缘为界进行均匀分布，如图2-39所示。

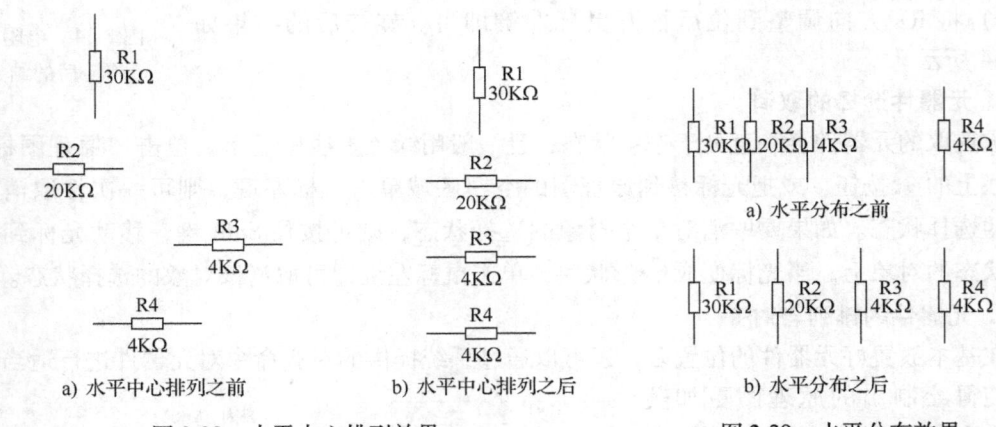

图2-38　水平中心排列效果　　　　　图2-39　水平分布效果

(5) 顶部对齐排列　该命令用于将选中的一组对象以最上边对象的上边缘为基准线将这组元器件靠上对齐，如图2-40所示。

(6) 底部对齐排列　该命令用于将选中的一组对象以最下边对象的下边缘为基准线将这组元器件靠下对齐，如图2-41所示。

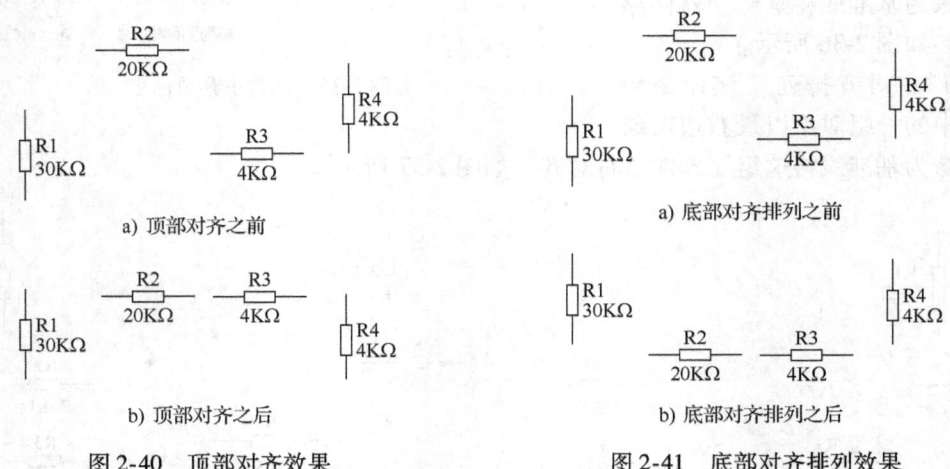

图2-40　顶部对齐效果　　　　　图2-41　底部对齐排列效果

(7) 垂直中心排列　该命令用于将选中的一组对象以最上边对象的上边缘和最下边对象的下边缘之间的中心线为基准线将这组元器件对齐，如图2-42所示。

(8) 垂直分布　该命令用于将选中的一组对象以最上边对象的上边缘和最下边对象的下边缘为界进行均匀分布，如图2-43所示。

(9) 排列到网格　该命令用于将对象移动到栅格点上，这样可以方便电路的连接。

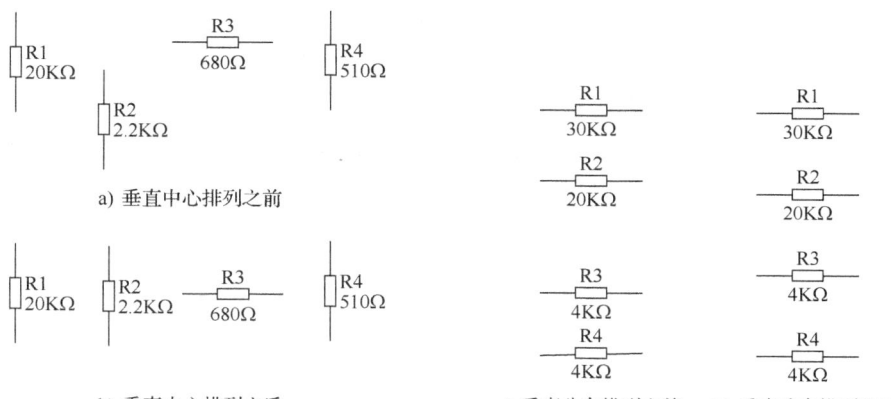

图 2-42　垂直中心排列效果　　　　　图 2-43　垂直分布排列效果

（10）排列　该命令包含了前面的对齐和排列命令。选择该命令可以打开"排列对象"属性对话框，如图 2-44 所示。在该对话框中可以实现对象的较为复杂的排列和对齐操作。

将图 2-30 中的各元器件调整后的位置如图 2-45 所示。

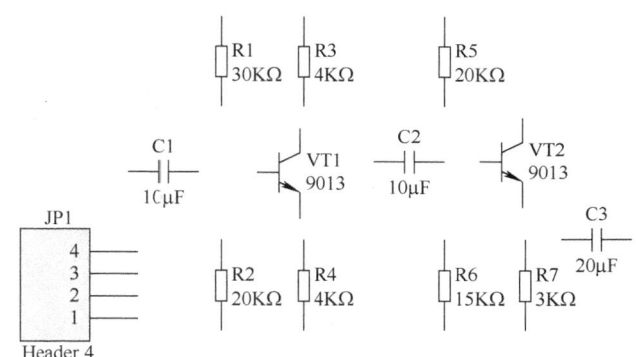

图 2-44　"排列对象"属性对话框　　　图 2-45　元器件位置调整后的工作平面

2.7　元器件的剪切、复制、粘贴和删除

1. 元器件的剪切

选取待剪切的元器件后，执行菜单命令"编辑/裁剪"，或按快捷键 < Ctrl + X >。执行该命令后，被剪切的元器件将在原理图中消失。

2. 元器件的复制

选取待复制的元器件后，执行菜单命令"编辑/复制（C）"，或按快捷键 < Ctrl + C >。执行该命令后即可完成复制操作。

3. 元器件的粘贴

执行完复制命令后，再执行菜单命令"编辑/粘贴"，或按快捷键 < Ctrl + V >，之后十字光标将带着剪贴板中的元器件出现在工作区。将其移至适当位置，单击鼠标左键，即可将剪贴板中的元器件粘贴到当前位置上。

4. 元器件的快速复制和多重复制

"复制（I）"和"橡皮图章"是 Protel DXP 2004 新增加的复制对象的命令。使用该命令可以完成对象的快速复制和多重复制。

选中被复制的对象后，执行菜单命令"编辑/复制（I）"，或按快捷键 < Ctrl + D >。执行该命令后被复制的对象便直接出现了一个复制的副本，而不需经过复制、粘贴两次操作。

选中被复制的对象后，执行菜单命令"编辑/橡皮图章"，或按快捷键 < Ctrl + R >。执行该命令后被复制的对象便粘附在十字光标上，在绘图区移动光标，用户就可以像放置图章一样来放置若干个复制的对象。

5. 元器件的删除

（1）删除单个元器件

1) 执行菜单命令"编辑/删除"。

2) 当光标变为十字形状后，将光标移动到要删除的元器件上单击鼠标左键即可将该元器件从工作平面上删除。

3) 此时，程序仍处于删除命令状态，可以继续删除其他需要删除的元器件。单击鼠标右键即可退出该命令状态。

另外，删除一个元器件也可以先单击鼠标左键选中该元器件，此时元器件的周围出现虚线框，然后按键盘上的 < Delete > 键即可将其删除。

（2）一次删除多个元器件

1) 选取要删除的多个元器件。按住鼠标左键不放，然后拖动光标，用拖出的选框框住所要删除的多个元器件。

2) 删除选取的元器件。执行菜单命令"编辑/删除"，或按快捷键 < Delete >，即可将选取的多个元器件删除。

2.8 绘制电路原理图

2.8.1 绘制电路原理图的工具和方法

绘制电路原理图的方法主要有以下 3 种：

（1）利用"配线"工具栏　直接用鼠标左键单击"配线"工具栏上的各个按钮即可选择相应的工具进行绘制工作。"配线"工具栏中的各按钮及其功能见表 2-1。

表 2-1　"配线"工具栏的按钮及其功能

按钮	功能	按钮	功能
	画导线		放置元器件
	画总线		放置图纸符号
	画总线入口		放置图纸入口
Net	设置网络标签		放置电路输入/输出端口
	取用接地符号		放置忽略 ERC 测试
VCC	取用接电源符号		

（2）利用菜单命令　执行菜单命令"放置"下的各选项，这些选项与上面"配线"工具栏上的各个按钮是相互对应的，只要选取相应的菜单命令就可以画原理图了。

（3）利用快捷键　菜单中的每一个命令都有一个带括号的字母，可按下字母 <P> 键，再按对应每一个命令括号内的字母，就可选取相应的命令。

2.8.2　画导线

具体操作步骤如下：

1）单击"配线"工具栏中的 ![按钮]，或执行菜单命令"放置/导线"，之后光标变成十字形状。

2）将光标移到绘图区的适当位置后单击鼠标左键，确定导线的起点。

3）沿着需要绘制导线的方向移动光标，如果要改变导线的绘制方向，可在转折处单击鼠标左键，然后再向需要的方向移动光标。

4）绘制完所需导线后，在导线终点处单击鼠标左键后，再单击鼠标右键。此时光标仍处于绘制导线状态，可继续绘制下一段导线。要结束导线的绘制命令，可双击鼠标右键或按 <Esc> 键。

另外，在光标处于绘制导线状态时，按 <Shift + Space> 键，可切换导线的布线形式，有 90°转折、45°转折和任意角度三种形式，如图 2-46 所示。

5）双击已画完的某段导线，可在弹出的如图 2-47 所示的"导线"属性对话框中设置该段导线的线宽和颜色。这里选用默认的设置。

绘制好的电路图如图 2-21 所示。

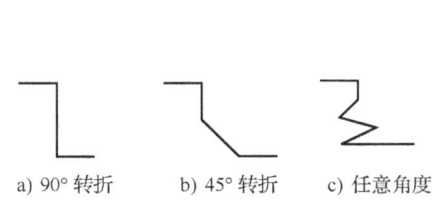

a) 90°转折　　b) 45°转折　　c) 任意角度

图 2-46　导线布线形式

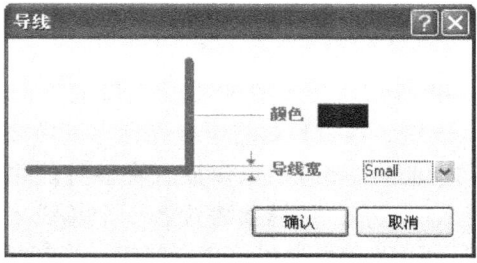

图 2-47　"导线"属性对话框

2.8.3　绘制总线

为了简化原理图，我们可以用一条导线来代表数条并行的导线，这条导线就是所谓的总线。总线常常用在元器件的数据总线或地址总线的连接上。利用总线进行连接可以减少图中的导线，简化原理图。使用总线替代一组导线通常需要与总线入口配合使用。由于总线汇聚了多条导线，因此，在对应的电气节点上，还需要通过网络标签来表示具体的电气情况。

以图 2-48 为例，绘制总线的具体操作步骤如下：

1）执行绘制总线的命令。单击"配线"工具栏中的 ![按钮]，或执行菜单命令"放置/总线"。

2）绘制总线。执行完该命令后出现十字光标，接着就可以画总线了。画总线的方法与画导线的操作方法完全一样。

3）双击绘制好的总线，可在弹出的"总线"属性对话框中设置总线的线宽和颜色。这里选用默认的设置，绘制好的总线如图2-48所示。

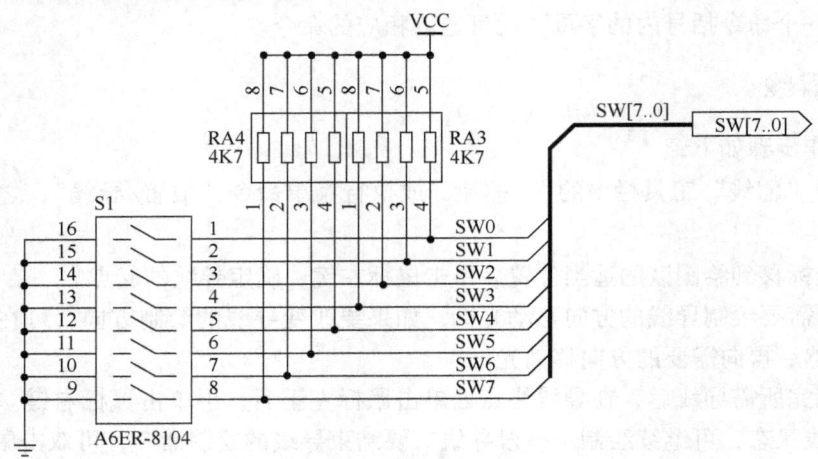

图 2-48　实例原理图

2.8.4　绘制总线入口

绘制总线入口的具体操作步骤如下：

1）执行绘制总线入口命令。单击配线工具栏中的 按钮，或执行菜单命令"放置/总线入口"。

2）放置并调整总线入口的方向。执行放置总线入口命令后，十字光标带着总线入口"/"或"\"出现在绘图区，如图2-49所示。要想改变总线入口的方向，可在此时按下 <Space> 键，接着只要将十字光标移到所要放置的位置，单击鼠标左键即可将总线入口放置在该处。之后系统仍处于放置总线入口状态，可继续放置若干个总线入口，单击鼠标右键或按 <Esc> 键可退出该命令状态。绘制好的总线入口如图 2-48 所示。

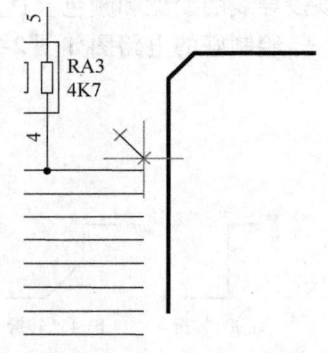

图 2-49　执行绘制总线入口命令

2.8.5　设置网络标签

网络标签的实际意义就是一个电气节点，具有相同网络标签的元器件引脚、导线、电源及接地符号等具有电气意义的图件在电气关系上是连接在一起的。

下面我们放置图 2-48 中的网络标签。具体操作步骤如下：

1）执行放置网络标签的命令。单击"配线"工具栏中的 按钮，或执行菜单命令"放置/网络标签"。

2）放置网络标签。执行该命令后，十字光标带着系统默认的网络标签出现在绘图区。此时按下 <Tab> 键，将弹出如图 2-50 所示的"网络标签"对话框。

3）在该对话框中"属性"栏下"网络"旁的文本框中键入网络标签的名称后，单击

按钮。此处键入"SW0"。同时,还可对网络标签的颜色、位置、方向及所用字体进行设置,这里选用默认设置。

4)移动光标到适当位置后单击鼠标左键,即可将该网络标签放置在图中,如图2-51所示。

图 2-50 "网络标签"对话框

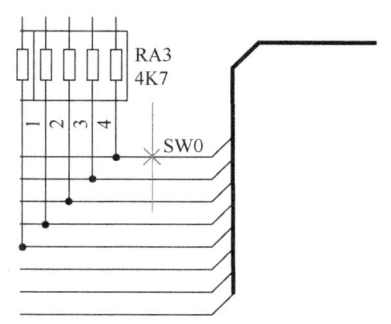

图 2-51 放置网络标签

5)同样的方法可将网络标签"SW1"、"SW2"、"SW3"等放置在图中相应的位置,如图2-48所示。

2.8.6 放置电源端口

放置电源端口的具体操作步骤如下:

1)执行放置电源端口的命令。单击"配线"工具栏中的 ⏚ 或 ᵛᶜᶜ 按钮,或执行菜单命令"放置/电源端口"。

2)放置电源端口。执行该命令后,十字光标带着默认的电源端口出现在绘图区。将光标移到所需位置处单击鼠标左键,即可将电源端口放置在该处,如图2-52所示。

3)此时光标仍处于放置状态,单击鼠标左键可连续放置电源端口。单击鼠标右键或按<Esc>键可退出放置状态。

4)设置电源端口的属性。双击图2-52中已放置好的电源端口,弹出"电源端口"属性对话框,如图2-53所示。

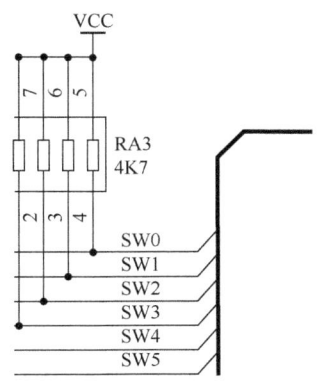

图 2-52 放置电源端口

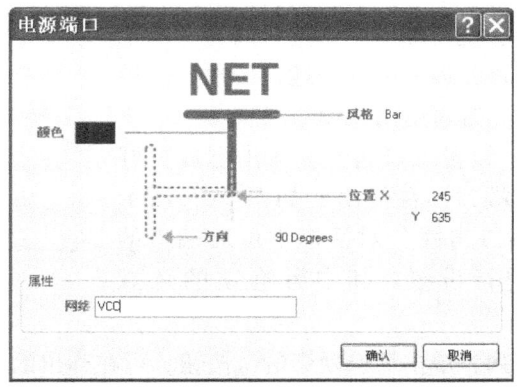

图 2-53 "电源端口"属性对话框

该对话框中各选项的功能如下：

颜色：设定电源端口的颜色，此处可选用默认设置。

位置：设定电源端口的位置，此处可选用默认设置。

方向：设定电源端口的方向，此处可选用默认设置。

网络：用于给电源端口设定一个网络名称。如"+5V"、"+12V"、"VCC"等。此处我们键入"VCC"。

风格：用于指定电源端口的符号类型。单击"风格"旁的 ∨ 按钮，可在其下拉列表中选择不同类型的电源端口。系统提供了"Circle"、"Arrow"、"Bar"、"Wave"、"Power Ground"、"Signal Ground"、"Earth"7 种类型，其符号如图 2-54 所示，此处选择"Bar"。

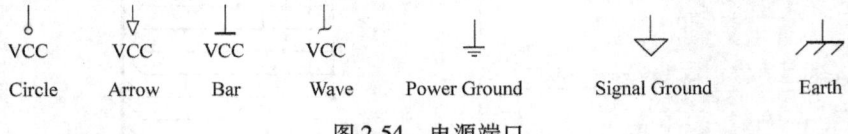

图 2-54　电源端口

5）设置完该对话框后，用鼠标左键单击 确认 按钮，即可完成放置电源端口的工作。放置好的电源端口如图 2-48 所示。

2.8.7　放置输入/输出端口

在设计电路图时，一个网络与另一个网络的连接，可以通过实际导线连接，也可以通过放置网络标签使两个网络进行电气连接。放置输入/输出端口（I/O 端口）同样能实现两个网络的连接。相同名称的输入/输出端口可以认为在电气意义上是连接在一起的。

放置电路输入/输出端口的具体操作步骤如下：

1）执行放置电路输入/输出端口命令。单击"配线"工具栏中的 按钮，或执行菜单命令"放置/端口"。

2）放置端口。执行该命令后，十字光标会带着一个 I/O 端口出现在工作区内。将 I/O 端口移到需要连接的引脚上单击鼠标左键，确定 I/O 端口一端的位置，接着拖动鼠标至适当长度后再单击鼠标左键，确定 I/O 端口的另一端位置，即可完成一个 I/O 端口的放置。单击鼠标右键可退出该命令状态。

3）设置端口属性。双击已放置好的 I/O 端口，在弹出的如图 2-55 所示的"端口属性"对话框中可对端口的属性进行设置。其中各选项的意义如下：

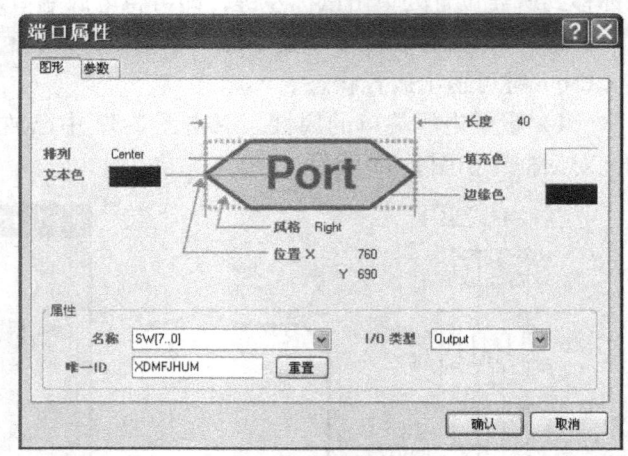

图 2-55　"端口属性"对话框

排列：单击该选项旁的 ∨ 按钮，可在弹出的下拉列表中选择端口中文字的对齐方式。本例中选择"Center"。

文本色：设置文本的颜色。

长度：设置端口的长度。

填充色、边缘色：分别设置端口内的填充颜色和端口边线的颜色。

风格：单击该选项旁的 ∨ 按钮，可选择端口的外形。系统提供的端口外形共有 8 种，如图 2-56 所示。本例中选用"Right"。

名称：在其后的文本框中键入端口名称。本例键入"SW [7..0]"。

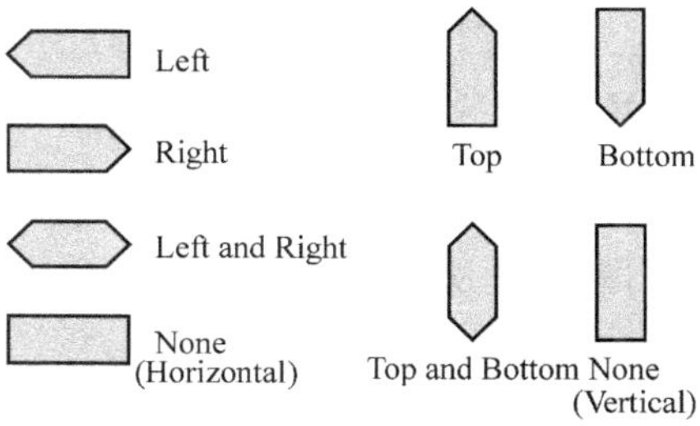

I/O 类型：设置 I/O 端口类型，它将给系统的电气规则检测提供依据。端口类型有以下四种：

Unspecified　未定义端口　　　　Output　输出端口
Input　输入端口　　　　　　　　Bidirectional　双向端口

本例中选用"Output"。

图 2-56　I/O 端口外形

唯一 ID：端口的唯一编号，由系统随机给定。

4）设置完 I/O 端口属性后，单击该对话框中的 确认 按钮即可。制作好的端口"SW [7..0]"如图 2-48 所示。

2.8.8　放置电气节点

电气节点用来确定当两条导线交叉时是否在电气上相连。如果在交叉点处有电气节点，则认为两条导线在电气上是相连的，否则认为它们在电气上是不相连的。放置电气节点就是使相互交叉的导线具有电气上的连接关系。在默认情况下，系统将在导线的"T"形交叉点处自动放置一个电气节点，但在十字形交叉点处，如果具有电气上的连接关系，则需手动放置电气节点。放置电气节点的具体操作步骤如下：

1）执行菜单命令"放置/手工放置节点"。

2）执行该命令后，会在工作区出现带着电气节点的十字光标。移动光标至导线的交叉点处，单击鼠标左键，即可将节点放置在该交叉点上。

3）双击已放置好的电气节点，在弹出的如图 2-57 所示的"节点"属性对话框中可对节点的颜色、位置及尺寸大小进行设置。

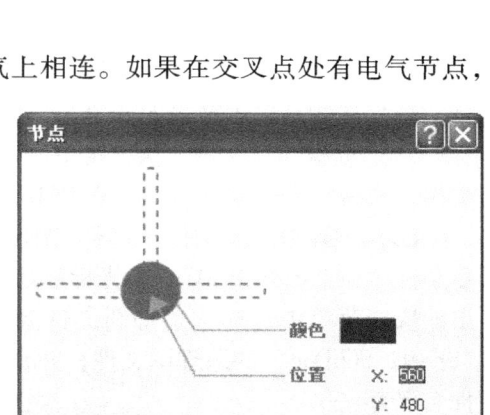

图 2-57　"节点"属性对话框

2.8.9　放置元器件

放置元器件到工作平面上的方法，我们在前面已经做了详细的讲解，这里只简单归纳

如下:
1) 装入所需的元件库。
2) 在元件库工作面板中找到所需的元器件并将其拖放到工作平面上。
3) 编辑元器件属性、调整元器件位置。

2.8.10 绘制电路原理图实例

前面我们已经讲述了如何放置元器件、连接导线以及编辑元器件属性等操作,下面以图 2-58 所示的同时输出正负电压的稳压电路为例,讲解一个完整的电路原理图的绘制过程。

【例 2-1】 绘制图 2-58 所示的同时输出正负电压的稳压电路。

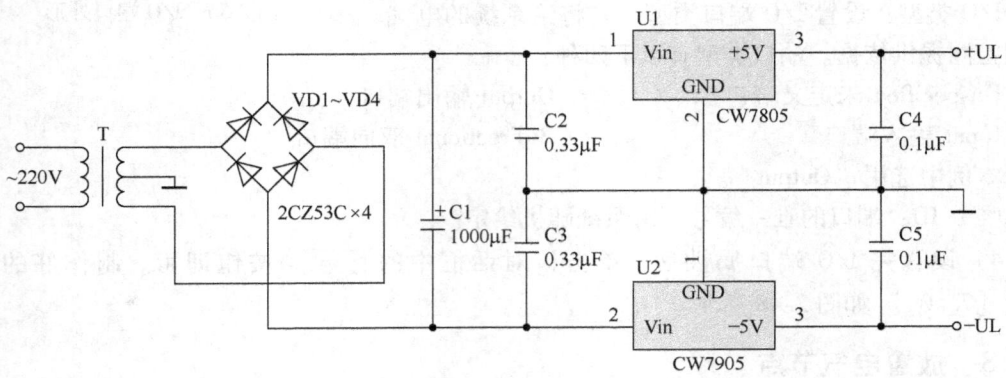

图 2-58 同时输出正负电压的稳压电路

解: 具体操作步骤如下:

(1) 创建项目文件 执行菜单命令"文件/创建/项目/PCB 项目",创建一个 PCB 工程文件,并将其命名为"例 2-1. PrjPCB",保存在路径"E:\电路原理图\"下。

(2) 创建原理图文件 打开工作区面板的"Projects"选项卡,可以看到新建的 PCB 项目文件"例 2-1. PrjPCB"。将光标放在项目文件名"例 2-1. PrjPCB"上单击鼠标右键,在弹出的快捷菜单中选择"追加新文件到项目中/Schematic"命令,在该项目中新建一个名为"Sheet1. SchDoc"的原理图文件,并将其以"同时输出正负电压的稳压电路. SchDoc"为文件名保存。

(3) 设置图纸大小 执行菜单命令"设计/文档选项",弹出"文档选项"对话框。打开该对话框中的"图纸选项"选项卡,在"选项"一栏中将"方向"设置为"Landscape";在"标准风格"一栏中选择标准风格为"A4"。

(4) 加载所需的元件库 打开"元件库"控制面板对话框,加载"Miscellaneous Devices. IntLib"库文件。本例中的元器件都属于这个元件库。

(5) 放置元器件 将图 2-58 中的元器件分别放置在工作平面上,如图 2-59 所示。
在放置元器件后,我们发现有些元器件的图形符号不符合现行国家标准,需要修改。
(6) 修改元器件图形符号
1) 修改变压器的图形符号

第 2 章
原理图设计系统

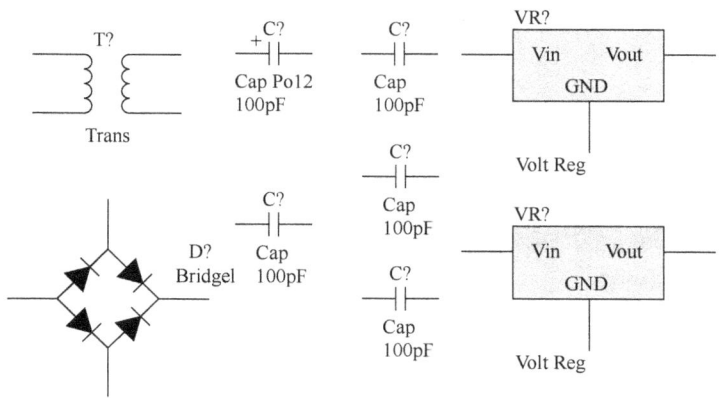

图 2-59　放置元器件

① 执行菜单命令"文件/打开",出现"Choose Document to Open"对话框。在该对话框中找到"Miscellaneous Devices. IntLib"文件,然后单击 打开(O) 按钮,如图 2-60 所示。

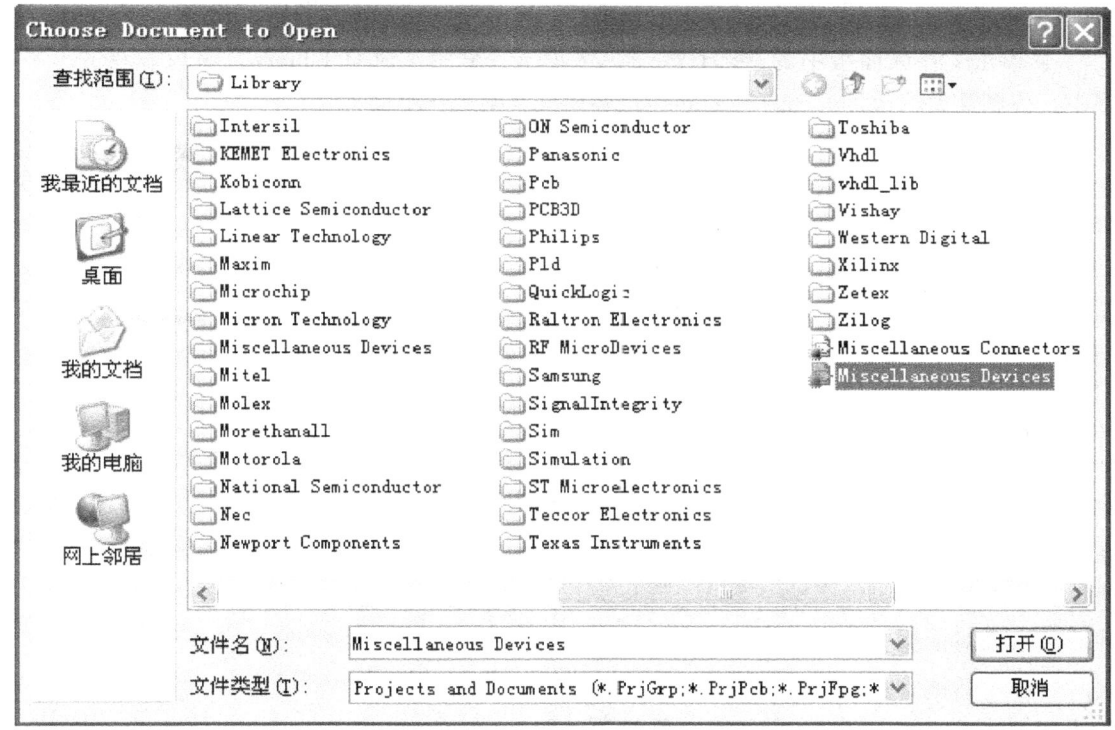

图 2-60　"Choose Document to Open"对话框

② 系统将弹出"抽取源码或安装"对话框,如图 2-61 所示。该对话框提示用户是"抽取源元件库并编译成集成库,并建立一个集成库项目"还是"安装元件库,并将该库加入到元件库面板,使您使用库中的元件和封装"。这里我们单击 抽取源(E) 按钮,选择"抽取源"。

③ 之后在工作区面板的"Projects"选项卡中便添加了打开的元件库,如图 2-62 所示。

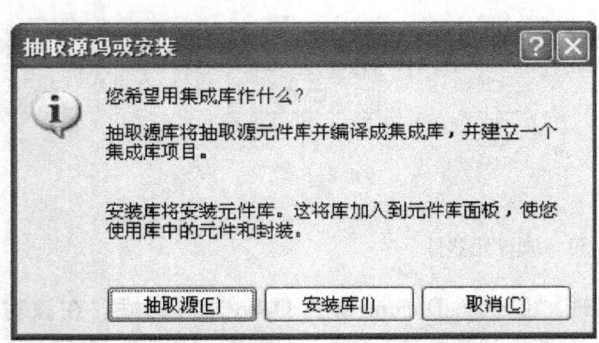

图 2-61 "抽取源码或安装"对话框

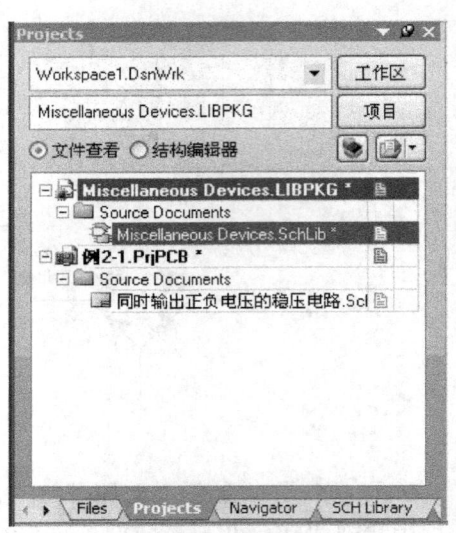

图 2-62 "Projects"选项卡

④ 单击工作区面板中的 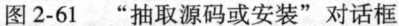选项卡,显示"SCH Library"窗口。在"元件"项中,找到需要修改的元器件"Trans",将其放置到工作平面上。

⑤ 单击"实用工具"工具栏中的 / 按钮,启动画线命令,在变压器的两线圈间补画一条直线。

⑥ 单击"实用工具"工具栏中的 ¹⁰ 按钮,启动放置引脚命令,增加一个引脚。启动该命令后,十字光标上会粘附着一个引脚出现在工作平面上。此时按下 Tab 键,弹出如图 2-63 所示的"引脚属性"对话框。在该对话框中将"显示名称"和"标识符"后的文本框中都键入"5",其他属性采用系统默认设置(因变压器已经有四个引脚,所以将新增加的引脚命名为"5")。设置完成后单击该对话框中的 确认 按钮,退出引脚属性对话框。移动光标到变压器符号的相应位置上,注意带电气节点的引脚端朝外,单击鼠标左键,将新增的引脚 5 放置在该处。修改后的结果如图 2-64 所示。

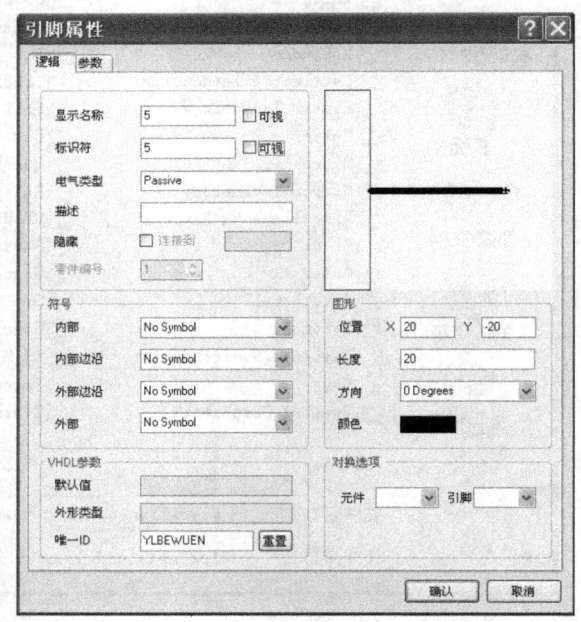

图 2-63 "引脚属性"对话框

⑦ 单击"SCH Library"窗口中的 放置 按钮,即可将修改后的变压器放置到原理图界面中。

2)修改整流桥的图形符号

① 单击工作区面板中的 SCH Library 选项卡,在"SCH Library"窗口中的"元件"项中

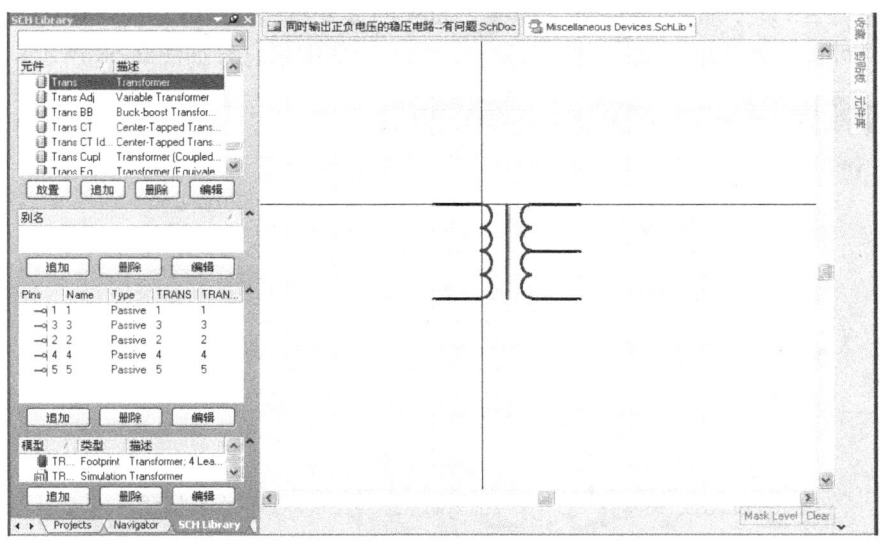

图 2-64　修改后的变压器 "Trans"

找到需要修改的元器件 "Bridge1"，将其放置到工作平面。

② 双击 "Bridge1" 图形符号中的任意一个三角形，弹出 "多边形" 对话框。将该对话框中 "画实心" 复选框中的 "√" 去掉，选中 "透明" 复选框，如图 2-65 所示。

③ 单击 确认 按钮，退出 "多边形" 对话框后，被修改的实心三角形便成了空心三角形。同样的方法修改其他三个三角形，修改后的图形符号如图 2-66 所示。

④ 单击 "SCH Library" 窗口中的 放置 按钮，即可将修改后的整流桥放置到原理图界面中。

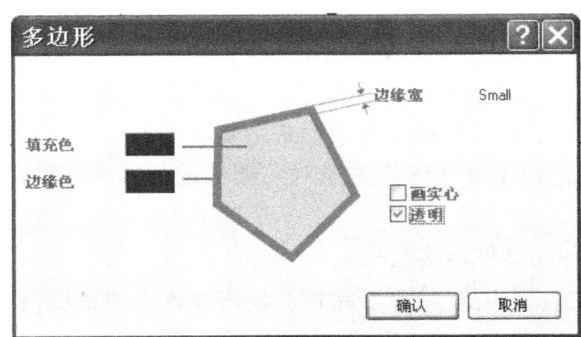

图 2-65　"多边形" 对话框

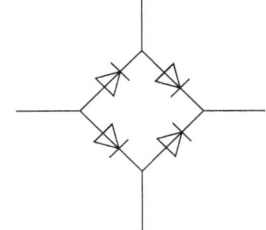

图 2-66　修改后的整流桥图形符号

3）修改三端稳压器的图形符号

① 单击工作区面板中的 SCH Library 选项卡，在 "SCH Library" 窗口中的 "元件" 项中找到需要修改的元器件 "Volt Reg"，将其放置到工作平面。

② 双击 "Volt Reg" 图形符号中的 "Vout" 引脚，弹出 "引脚属性" 对话框。将该对话框中 "显示名称" 文本框中的 "Vout" 改为 "+5V"，选中 "标识符" 文本框后的 "可视" 复选框，如图 2-67 所示。单击 确认 按钮，退出 "引脚属性" 对话框后，输出脚的

名称便改为"+5V",同时显示出引脚号。同样的方法选中"Vin"和"GND"脚"标识符"后的"可视"复选框,显示出其引脚号。修改后的图形符号如图2-68所示。

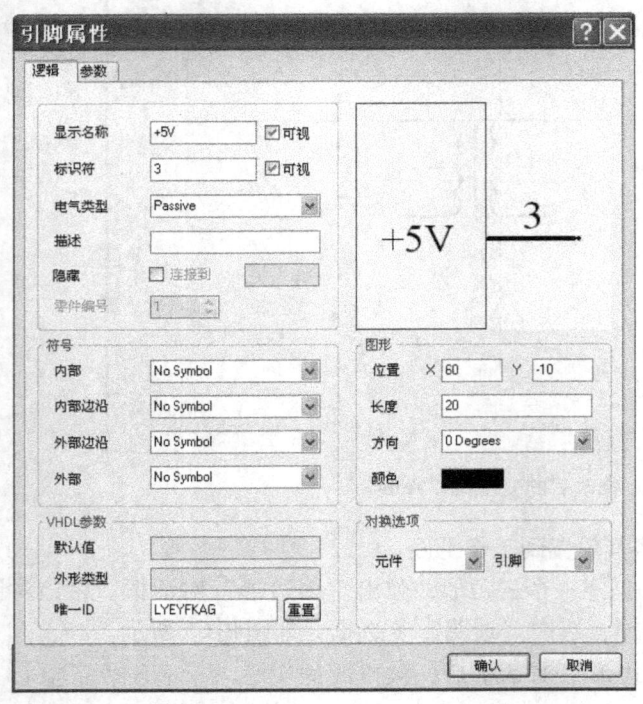

图 2-67 "引脚属性"对话框　　　　　图 2-68 修改后的三端稳压器

③ 单击"SCH Library"窗口中的 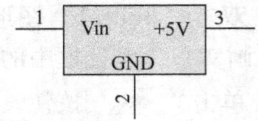 按钮,即可将修改后的三端稳压器"CW7805"放置到原理图界面中。

④ 同样的方法修改三端稳压器"CW7905",并将其放置在工作平面中。

(7) 编辑各元器件　双击图2-59中的各元器件,在弹出的"属性编辑"对话框中,按图2-58所示,依次键入各元器件的标识符、注释或参数(封装形式为默认设置)。

(8) 调整元器件位置　按图2-58所示,根据电气连接关系对元器件进行移动、旋转的操作,调整好各元器件的位置。

(9) 连接导线　执行画导线命令,将各元器件连接起来。

(10) 放置电源端口　单击"配线"工具栏中的 Vcc 或 按钮,执行放置电源端口命令。执行该命令后按 Tab 键,在弹出的"电源端口"对话框中分别选择"Bar"和"Circle"两种符号的外形,并键入与其相对应的网络名称后分别放在图中相应的位置,如图2-58所示。

(11) 放置注释文字　单击"实用工具"工具栏中的 A 按钮,执行添加文字命令。执行该命令后按 Tab 键,在弹出的"注释"对话框中键入"~220V",并将其放在图中相应的位置上,如图2-58所示。

(12) 保存　单击"原理图标准"工具栏中的按钮对原理图进行保存。

【例 2-2】　绘制如图2-69所示的简易电视天线放大器。

解:具体操作步骤如下:

第 2 章 原理图设计系统

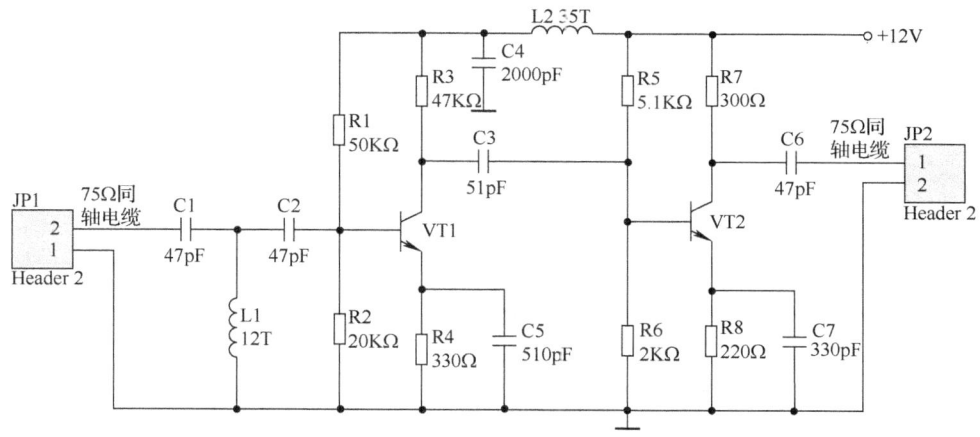

图 2-69 简易电视天线放大器

（1）创建项目文件　执行菜单命令"文件/创建/项目/PCB 项目"，创建一个 PCB 工程文件，并将其以"例 2-2.PRJPCB"为文件名保存在路径"E：\ 电路原理图 \ "下。

（2）创建原理图文件　打开工作区面板的"Projects"选项卡，可以看到新建的 PCB 项目文件"例题 2-2.PrjPCB"。将光标放在项目文件名"例 2-2.PrjPCB"上单击鼠标右键，在弹出的快捷菜单中选择"追加新文件到项目中/Schematic"命令，在该项目中新建一个名为"Sheet1.SchDoc"的原理图文件，并将其以"简易电视天线放大器.SchDoc"为文件名保存。

（3）加载所需的元件库　打开"元件库"控制面板对话框，加载"Miscellaneous Devices.IntLib"和"Miscellaneous Connectors.IntLib"两个库文件。本例中的元器件属于这两个元件库。

（4）放置元器件　将图 2-69 中的元器件分别放置在工作平面上。

（5）调整元器件位置　按图 2-69 所示，根据电气连接关系对元器件进行移动、旋转的操作，调整好各元器件的位置，如图 2-70 所示。

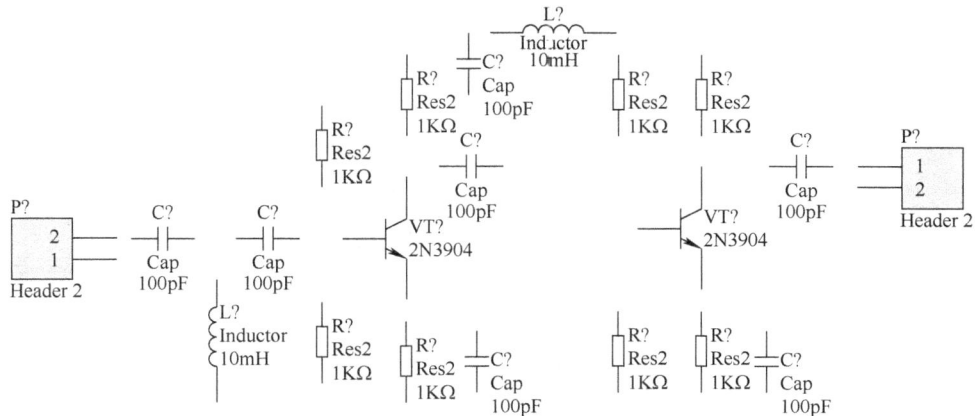

图 2-70 调整好的元器件位置

(6) 连接导线 单击"配线"工具栏中的 按钮，执行画导线命令，将各元器件连接起来，如图2-71所示。

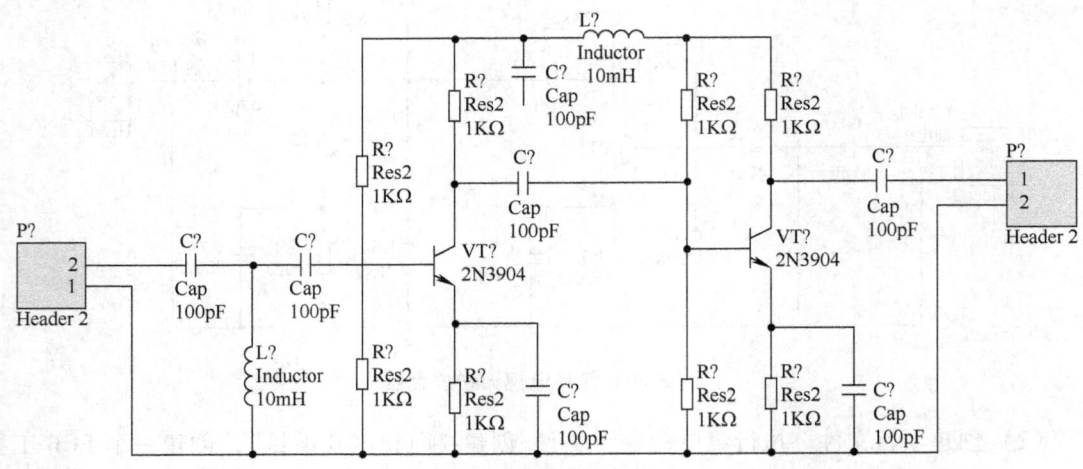

图2-71 连接线路后的原理图

(7) 元器件的自动标注

1) 执行菜单命令"工具/注释"，弹出如图2-72所示的"注释"对话框。在该对话框的"处理顺序"一栏中有四种自动注释方式，如图2-73所示。本例中选择"Down Than Across"编序方式。

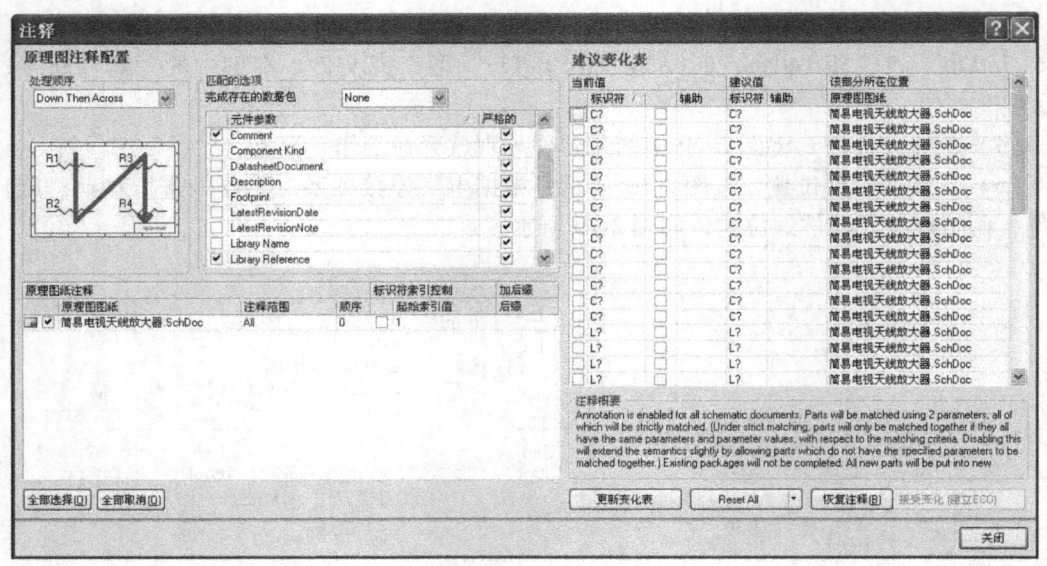

图2-72 "注释"对话框

2) 选择原理图。选择了自动标注的顺序后，还需选择要自动标注的原理图。在"原理图纸注释"一栏下的"原理图图纸"项中，选择要注释的原理图。本例选择"简易电视天线放大器.SchDoc"。

3) 在"匹配的选项"设置列表中，一般选择默认的选项"Comment"和"Library Ref-

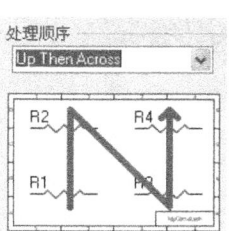 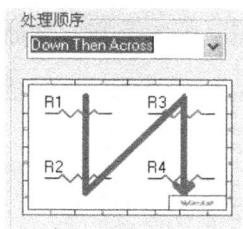 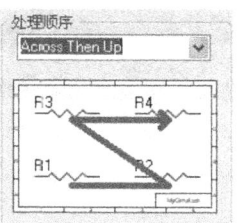 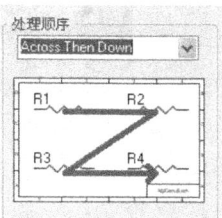

图 2-73　元器件自动注释的四种顺序

erence"即可。本例选用默认的选项。

4）在"建议变化列表"中，可以看到所有需要标注的，即带问号的元器件。单击 更新变化表 按钮，弹出如图 2-74 所示的"DXP Information"更新确认对话框。单击 OK 按钮确认，返回后可以看到，在"标识符"的建议值一栏中，每个元器件都被自动进行了标注，如图 2-75 所示。

图 2-74　"DXP Information"更新确认对话框

图 2-75　更新变化后的"注释"对话框

5）自动标注完成后，单击 接受变化(建立ECO) 按钮进行确认，弹出"工程变化订单（ECO）"对话框，如图 2-76 所示。

6）单击 执行变化 按钮，系统会对当前状态进行检查。待检查完成后，单击 关闭 按钮，完成变化订单的检查和执行。退回到"注释"对话框后，单击该对话框中的 关闭 按钮，完成自动注释。自动注释后的原理图如图 2-77 所示。可以看到，原先标注凌乱的原理图按照设置的标注顺序自动完成了标注。

（8）元器件参数的全局修改

1）在工作平面上选中任意一个元器件的"注释"参数，如选中 R1 的"Res2"后单击

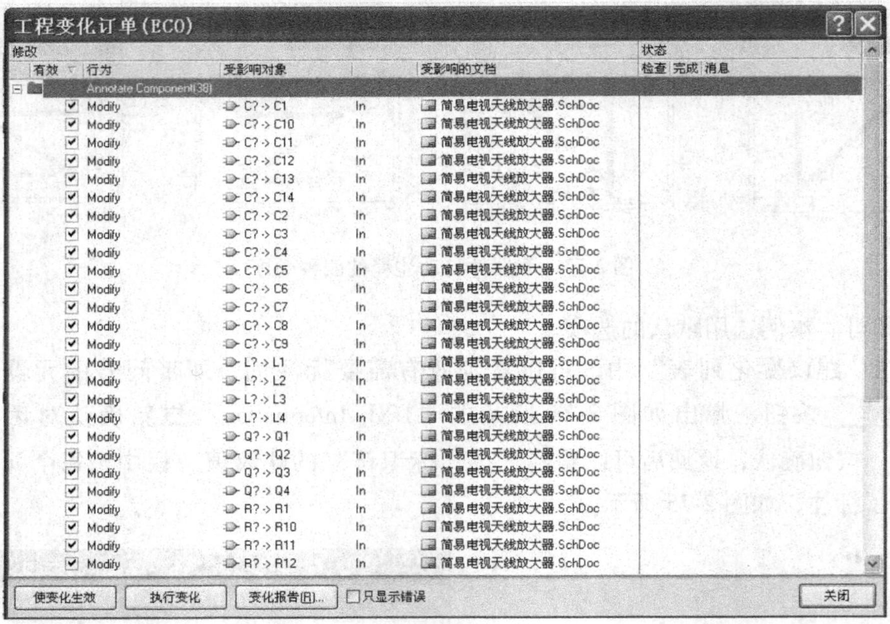

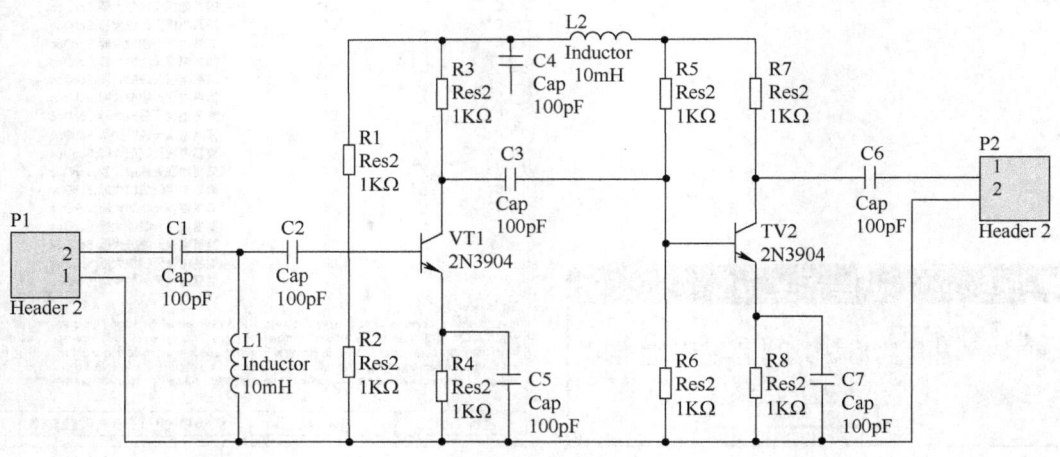

图 2-76 "工程变化订单（ECO）"对话框

图 2-77 自动标注后的原理图

鼠标右键，在弹出的快捷菜单中选择"查找相似对象"命令，弹出"查找相似对象"对话框，如图 2-78 所示。在该对话框中"Object Specific"栏下的"Parameter Name"选项中选择"Same"，同时选中"选择匹配"复选框。

2）设置完成后，单击 确认 按钮，弹出"Inspector"对话框，如图 2-79 所示。在该对话框中选中"Graphical"栏下的"Hide"选项，关闭该对话框后可以看到电路图中所有元器件的"注释"参数都已被隐藏。

3）此时，整个原理图都呈灰色显示。在编辑区中单击鼠标右键，在弹出的快捷菜单中执行菜单命令"过滤器/清除过滤器"，使原理图恢复正常显示。

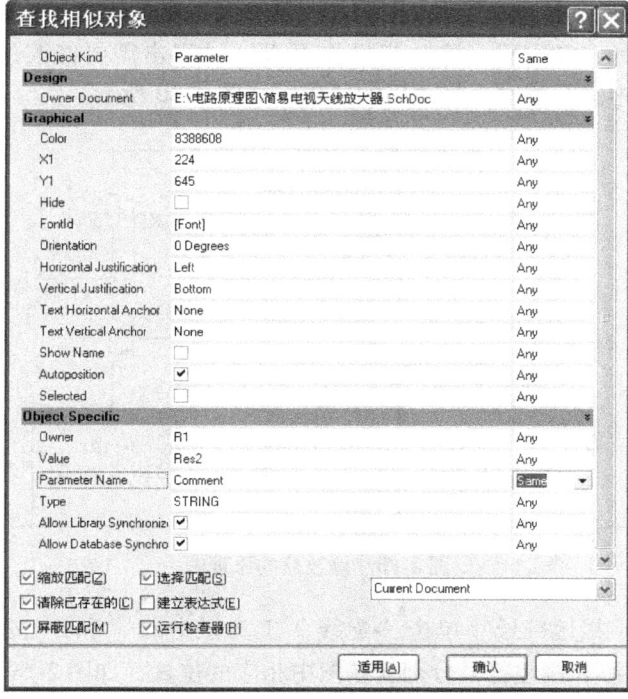

图 2-78 "查找相似对象"对话框

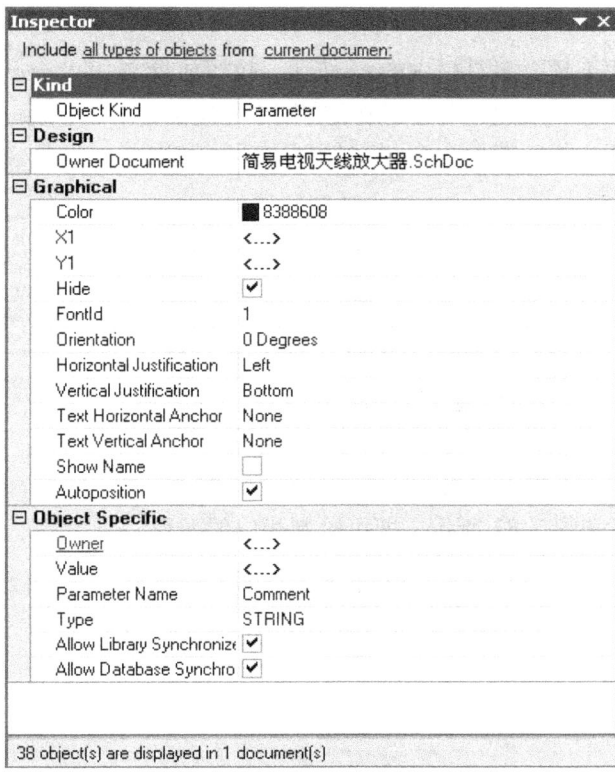

图 2-79 "Inspector"对话框

（9）修改元器件的其他参数　按照图2-69中所示的要求修改元器件的其他参数，如将电阻R1的阻值修改为"50KΩ"。这一步操作可以通过双击需要修改的元器件，在弹出的"元件属性"对话框中进行修改。修改后的原理图如图2-80所示。

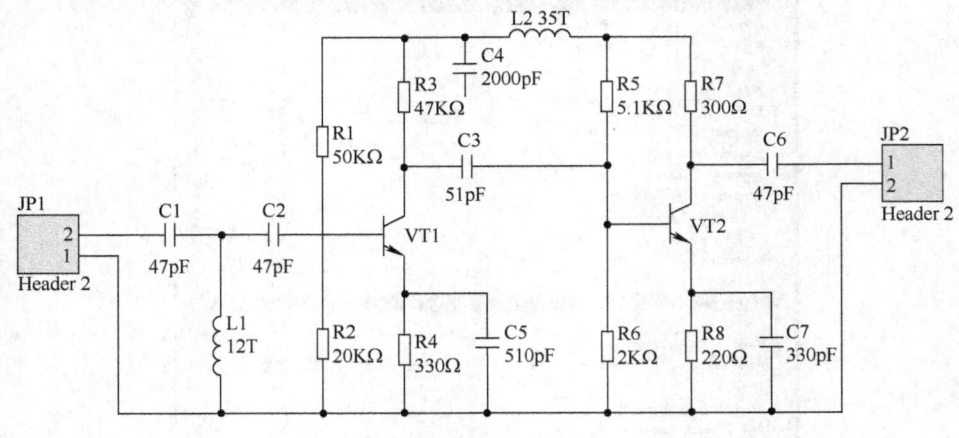

图2-80　修改后的原理图

（10）放置电源、接地符号　单击"配线"工具栏中的 Ucc 和 ⏚ 按钮，执行放置电源、接地符号命令，将电源和接地符号分别放在图中相应的位置，如图2-69所示。

（11）放置电气节点　执行菜单命令"放置/手工放置节点"，在原理图中一处十字交叉线上放置一个电气节点，如图2-69所示。

（12）单击"实用工具"工具栏中的 A 按钮，执行放置文本字符串命令，将"75Ω 同轴电缆"分别放置在图中相应位置。

（13）保存原理图　执行菜单命令"文件/保存"，对该电路图进行保存。

2.9　绘制图形

在电路原理图中，除了元器件、导线、总线等元素外，有时还需要添加一些不具有电气意义的图形和文字，如表格、坐标和信号波形等。执行菜单命令"放置/描画工具"下对应的子菜单命令，或单击"实用工具"工具栏中 图标中的嵌套图标，如图2-81和图2-82所示，即可绘制相应的图形。

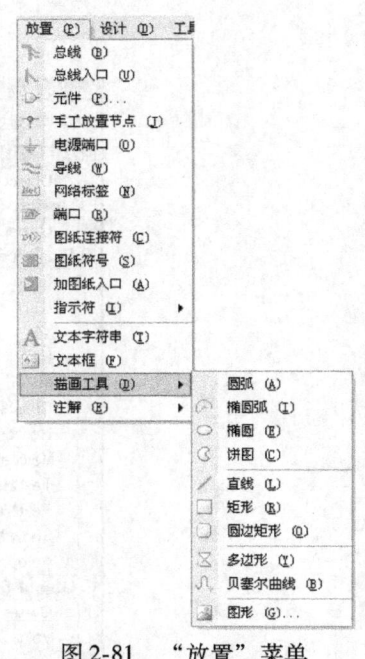

图2-81　"放置"菜单

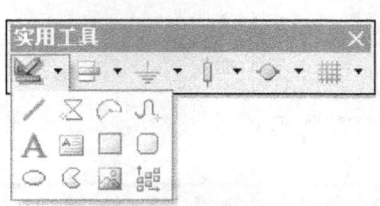

图2-82　"实用工具"工具栏

2.9.1 绘制直线

绘制直线的具体操作步骤如下：

1）单击"实用工具"工具栏中的 ╱ 按钮，或执行菜单命令"放置/描画工具/直线"。

2）执行该命令后光标变成十字形状。将光标移到工作平面的适当位置后单击鼠标左键，确定直线的起点，之后沿着需要绘制直线的方向移动光标，如需改变直线的方向，可在转折处单击鼠标左键，然后再按照需要的方向绘制。在绘制过程中可通过按 Space 键来切换绘制直线的五种形式，如图 2-83 所示。

3）在直线的终点处单击鼠标左键后，再单击鼠标右键，即可完成该段直线的绘制。此时光标仍处于绘制状态，可继续绘制其他直线，单击鼠标右键或按 Esc 键退出该命令状态。

4）编辑直线属性。启动绘制直线命令后按下 Tab 键，或直接双击已画好的直线段，在弹出的如图 2-84 所示的"折线"对话框中可设置直线的一些属性。包括：

线宽：单击该文本框后的 ╲ 按钮，可设置直线线宽。有最细、细、中粗和粗四种。

线风格：单击该文本框后的 ╲ 按钮，可设置线型。有实线、虚线、点线三种。

颜色文本框：设置直线的颜色。

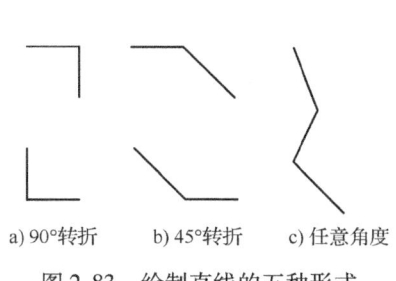

a) 90°转折　b) 45°转折　c) 任意角度

图 2-83　绘制直线的五种形式

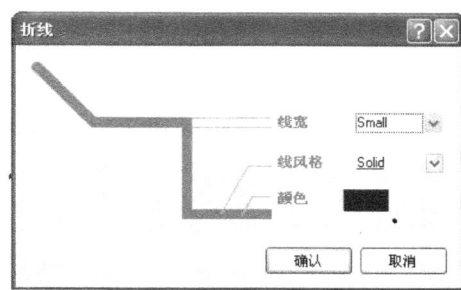

图 2-84　"折线"对话框

2.9.2 绘制多边形

绘制多边形的具体操作步骤如下：

1）单击"实用工具"工具栏中的 ▨ 按钮，或执行菜单命令"放置/描画工具/多边形"。

2）执行该命令后光标变成十字形状。移动光标，在绘图区依次单击鼠标左键，每单击一次，就有一个多边形的顶点被确定，最后单击鼠标右键或按 <Esc> 键即可完成一个多边形的绘制。再单击鼠标右键退出绘制多边形的命令状态。

图 2-85 给出了两个多边形的示例，顶点的数字表示了鼠标左键单击的顺序。

3）编辑多边形属性。启动绘制多边形命令后按下 Tab 键，或直接双击已画好的多边形，在弹出的如图 2-86 所示的"多边形"对话框中可对多边形的边、线宽、颜色以及填充色等属性进行设置。

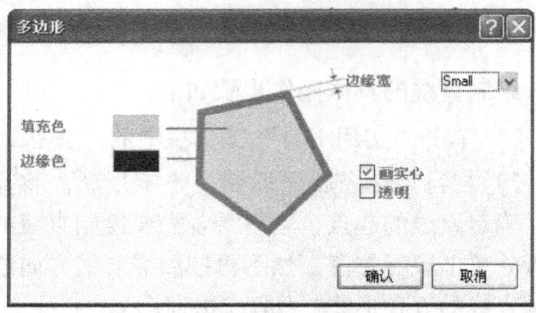

图 2-85　绘制多边形　　　　图 2-86　"多边形"对话框

2.9.3　绘制椭圆弧

绘制椭圆弧的具体操作步骤如下：

1）单击"实用工具"工具栏中的 按钮，或执行菜单命令"放置/描画工具/椭圆弧"。

2）执行该命令后光标变成十字形状。将光标移到绘图区适当位置后，先后单击鼠标左键五次，依次确定椭圆弧的圆心位置、X 半径、Y 半径、起点位置和终点位置，最后单击鼠标右键或按 <Esc> 键即可完成一段椭圆弧的绘制，如图 2-87a 所示，再单击鼠标右键退出画椭圆弧的命令状态。当椭圆弧的长轴半径与短轴半径相等时，椭圆弧即变为圆弧，如图 2-87b 所示。图中数字表示了鼠标左键单击的顺序和位置。

3）编辑椭圆弧属性。启动绘制椭圆弧命令后按下 Tab 键，或直接双击已画好的椭圆弧，在弹出的如图 2-88 所示的"椭圆弧"对话框中可对椭圆弧的圆心位置、X 半径、Y 半径、起始角、结束角、线框及颜色等属性进行设置。

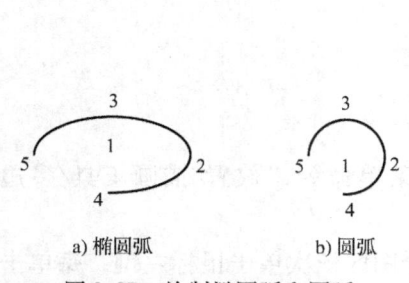
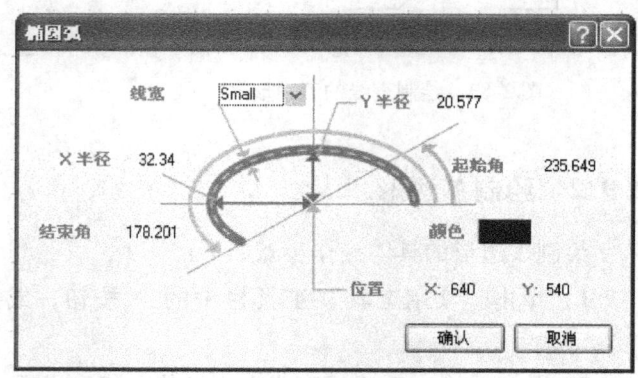

图 2-87　绘制椭圆弧和圆弧　　　　图 2-88　"椭圆弧"对话框

2.9.4　绘制椭圆

绘制椭圆的具体操作步骤如下：

1）单击"实用工具"工具栏中的 按钮，或执行菜单命令"放置/描画工具/椭圆"。

2）执行该命令后光标变成十字形状。将光标移到绘图区适当位置后，先后单击鼠标左键三次，依次确定椭圆的圆心位置、X 半径、Y 半径，最后单击鼠标右键或按 <Esc> 键即可完成一个椭圆的绘制，如图 2-89a 所示，再单击鼠标右键退出画椭圆的命令状态。当椭圆的长轴半径与短轴半径相等时，椭圆即变为圆，如图 2-89b 所示。图中数字表示了鼠标左键单击的顺序和位置。

3）编辑椭圆属性。启动绘制椭圆命令后按下 <Tab> 键，或直接双击已画好的椭圆，在弹出的如图 2-90 所示的"椭圆"对话框中可对椭圆的圆心位置、X 半径、Y 半径、线宽、颜色及填充色等属性进行设置。

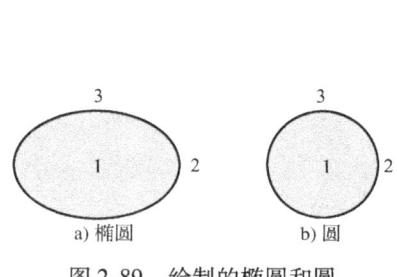

图 2-89　绘制的椭圆和圆

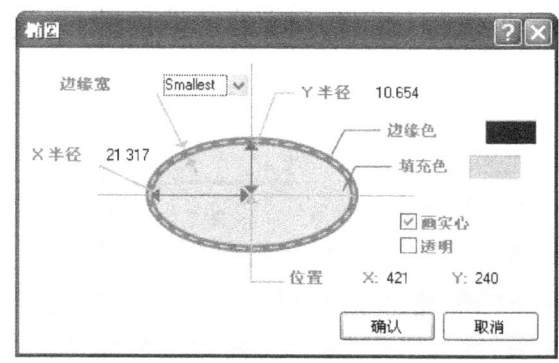

图 2-90　"椭圆"对话框

2.9.5　绘制贝塞尔曲线

绘制贝塞尔曲线的具体操作步骤如下：

1）单击"实用工具"工具栏中的 按钮，或执行菜单命令"放置/描画工具/贝塞尔"。

2）执行该命令后，移动光标至适当位置单击鼠标左键确定曲线上的第 1 点，然后移动光标，依次确定第 2、3、4 点，可以得到任意弯曲的曲线，如图 2-91 所示。图 2-92 中正弦波形的绘制顺序如下：单击鼠标左键确定图中的 1 点，接着移动光标到 2 点处单击鼠标左键，到 3 点处连续单击鼠标左键两次，完成上半段曲线。同样的方法，移动光标到图中 3 点处点击鼠标左键，确定下半段曲线的起点 4，再移动光标到 5 点处单击鼠标左键，到 6 点处连续单击鼠标左键两次，完成下半段曲线。图中数字表示了鼠标左键单击的顺序和位置。

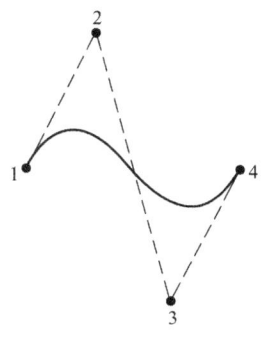

图 2-91　任意曲线

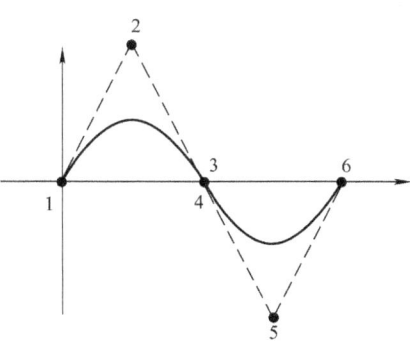

图 2-92　绘制正弦波形

3）编辑贝塞尔曲线属性。启动绘制贝塞尔曲线命令后按下 Tab 键，或直接双击已画好的贝塞尔曲线，在弹出的如图 2-93 所示的"贝塞尔曲线"对话框中可对贝塞尔曲线的线宽及颜色进行设置。

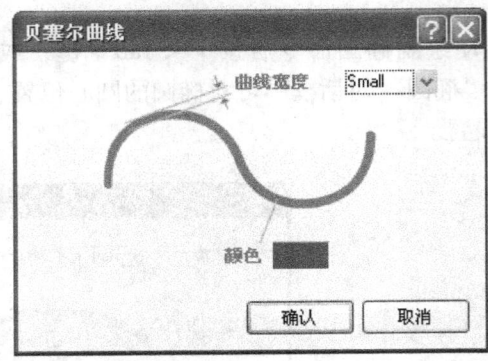

图 2-93　"贝塞尔曲线"对话框

2.9.6　绘制矩形

绘制矩形的具体操作步骤如下：

1）单击"实用工具"工具栏中的 ▢ 按钮，或执行菜单命令"放置/描画工具/矩形"。

2）执行该命令后，移动光标至适当位置，单击鼠标左键确定矩形的一个顶点，接着移动光标到适当大小后再单击鼠标左键，确定矩形的对角点，即可完成矩形的绘制。

3）编辑矩形的属性。启动绘制矩形命令后按下 Tab 键，或直接双击已画好的矩形，在弹出的如图 2-94 所示的"矩形"

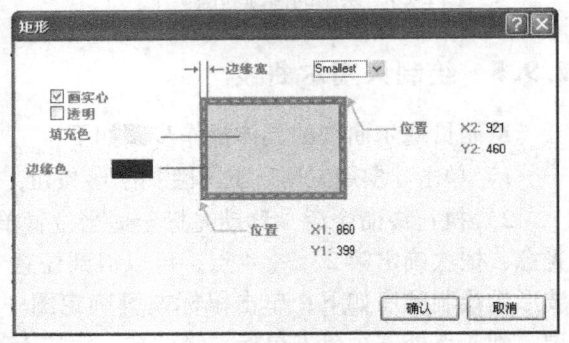

图 2-94　"矩形"对话框

对话框中可对矩形的线宽、颜色、对角点的位置及填充色等属性进行设置。

2.9.7　绘制饼图

绘制饼图的具体操作步骤如下：

1）单击"实用工具"工具栏中的 ◠ 按钮，或执行菜单命令"放置/描画工具/饼图"。

2）执行该命令后，光标会带着一个饼图出现在工作区。移动光标至适当位置，先后单击鼠标左键四次，分别确定饼图的中心位置、半径、开口的起点、终点，则完成了饼图的绘制，如图 2-95 所示。图中数字表示了鼠标左键单击的顺序和位置。

3）编辑饼图的属性。启动绘制饼图命令后按下 Tab 键，或直接双击已画好的饼图，在弹出的如图 2-96 所示的"饼图"对话框中可对饼图的线宽、颜色、中心位置、起始角、结束角及填充色等属性进行设置。

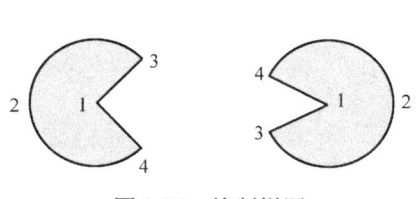

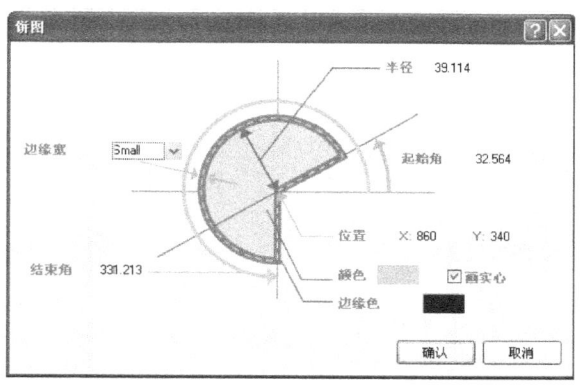

图 2-95　绘制饼图

图 2-96　"饼图"对话框

2.9.8　添加文字标注

1. 添加单行文字

添加单行文字的具体操作步骤如下：

1）单击"实用工具"工具栏中的 A 按钮，或执行菜单命令"放置/描画工具/文本字符串"。

2）执行该命令后，十字光标将带着上一次标注过的文本字符串出现在绘图区，单击鼠标左键即可将该文本字符串放置在当前位置。

3）双击已放置的文本字符串或在十字光标状态下按 Tab 键可在弹出的如图 2-97 所示的"注释"对话框中对文本的内容、字体、位置、方向、颜色等属性进行设置。

2. 添加文本框

在电路原理图中有时需要添加大段的文字说明，这就需要用到文本框。放置文本框的具体操作步骤如下：

1）单击"实用工具"工具栏中的 按钮，或执行菜单命令"放置/描画工具/文本框"。

2）执行该命令后，光标变成十字形状并带着一个默认的文本框出现在绘图区。在适当位置单击鼠标左键，确定文本框的一个顶点，移动光标到适当位置后再单击鼠标左键即可将该文本框放置在工作平面上，如图 2-98 所示。

图 2-97　"注释"对话框

3）双击已放置的文本框或在十字光标状态下按 Tab 键，可在弹出的如图 2-99 所示的"文本框"对话框中对文本框的位置、颜色、文本框中的文字内容、字体等属性进行设置。

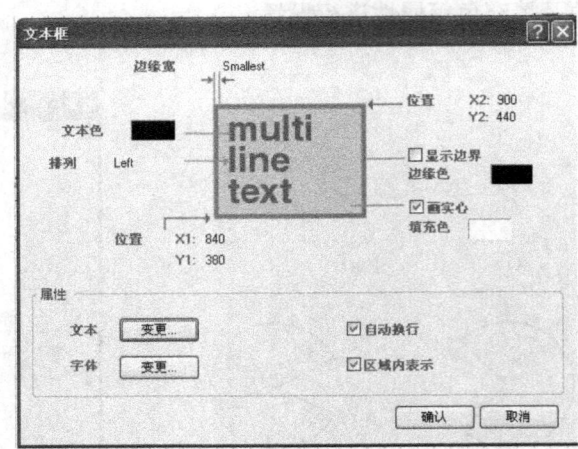

调试要求和方法：

1．装配完成以后，对照原理图和安装图对装配进行检查。
2．通电前特别注意电源部分是否正确！交流220V接线是否安全。

图 2-98　放置文本框　　　　　　　　图 2-99　"文本框"对话框

2.9.9　绘制框图实例

【例2-3】 利用"实用工具"工具栏中的各命令，完成图 2-100 所示的调幅广播发射机的组成框图。

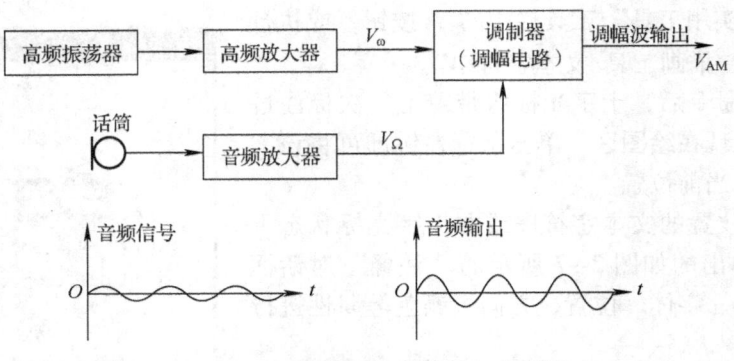

图 2-100　调幅广播发射机的组成框图

解：具体操作步骤如下：

1）单击"实用工具"工具栏中的 ▭ 图标，执行画矩形命令，画出四个长方形。

2）打开"Micellaneous Devices.IntLib"元件库，找到元器件"Mic2"，去掉引脚后将其拖放到工作平面上。

3）执行菜单命令"设计/文档选项"，在弹出的文档选项对话框中将"网格"选项中"捕获"旁的网格捕捉值设置为"1"。

4）单击"实用工具"工具栏中的 ╱ 图标，执行画线命令，完成长方形间的连接、坐标系及图中的箭头。

5）单击"实用工具"工具栏中的 ∩ 图标，执行绘制贝塞尔曲线的命令，在两个直角坐标系中相应的位置绘制波形图。

6）单击"实用工具"工具栏中的 A 图标，执行添加文字命令，依次将图中的文字、字母放置在相应位置。

7）保存。

本 章 小 结

本章介绍了原理图编辑器的工作环境，并通过实例详细地讲解了绘制电路原理图的具体步骤和过程：包括各种窗口间的切换、工具栏的打开和关闭、设置图纸参数、装载元件库、放置元器件、编辑元器件属性、调整元器件位置、布线、打印输出以及没有电气意义的各种图形的绘制，如系统图、框图的绘制方法和步骤。

通过本章的学习，应熟练掌握绘制一张完整的电路原理图的方法。

思 考 题

1. 简述电路原理图的设计步骤。
2. 总线在原理图中起什么作用？
3. 在什么情况下使用网络标签？

练 习 题

1. 绘制如下电路原理图
（1）石英晶体振荡器电路原理图。

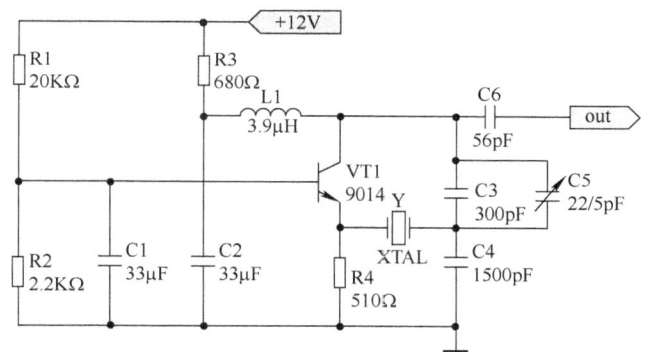

图 2-101　石英晶体振荡器电路

（2）串联型直流稳压电源电路。

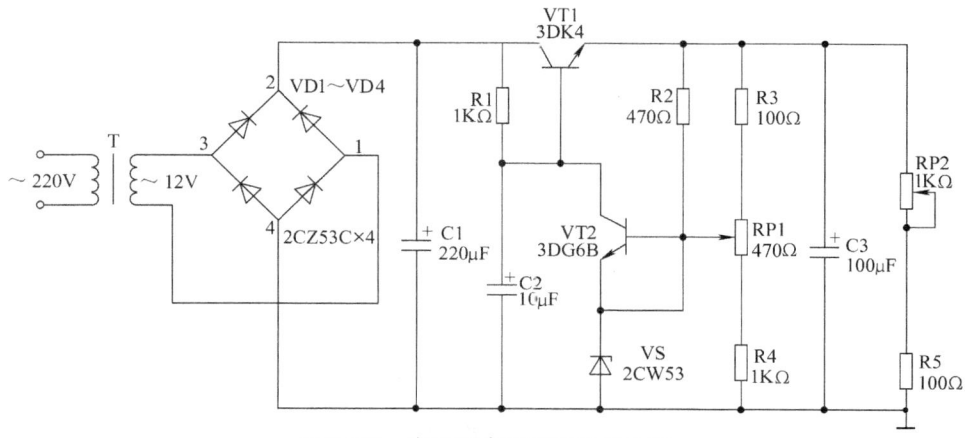

图 2-102　串联型直流稳压电源电路

(3) 负反馈放大器实验电路。

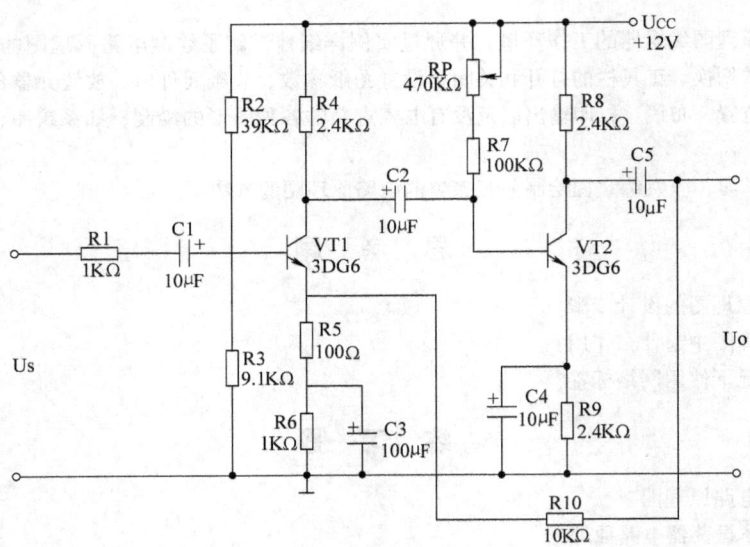

图 2-103　负反馈放大器实验电路

(4) 单结晶体管触发电路。

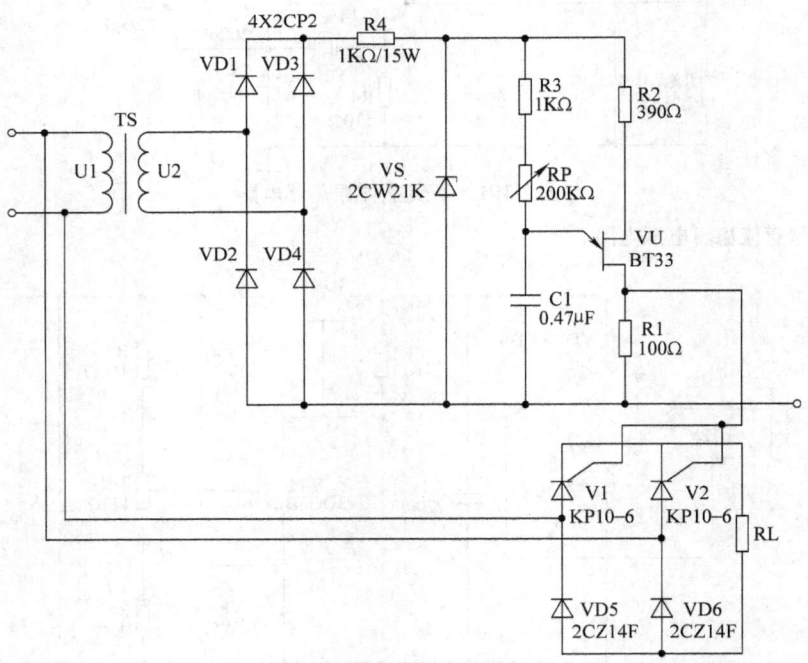

图 2-104　单结晶体管触发电路

（5）RC 桥式正弦波振荡器原理图。

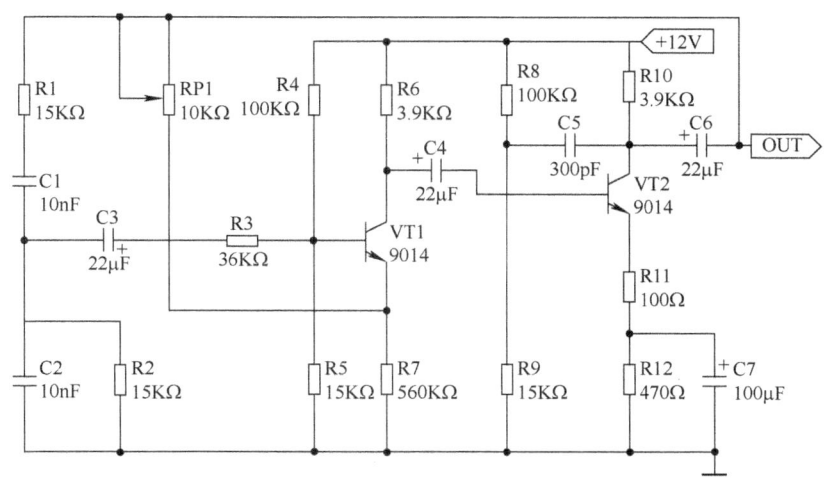

图 2-105　RC 桥式正弦波振荡器原理图

（6）8031 单片机 8155 接口扩展电路原理图。

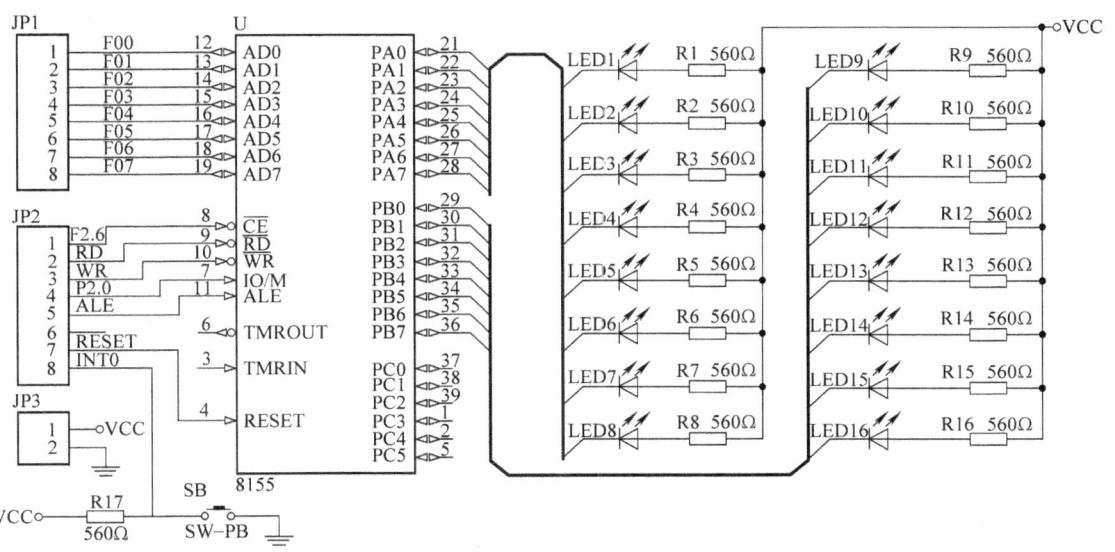

图 2-106　8031 单片机 8155 接口扩展电路原理图

（7）绘制图 2-107 所示的 8031 组成的单片机最小系统电路原理图。

（8）绘制图 2-108 所示的运算放大器电路原理图。

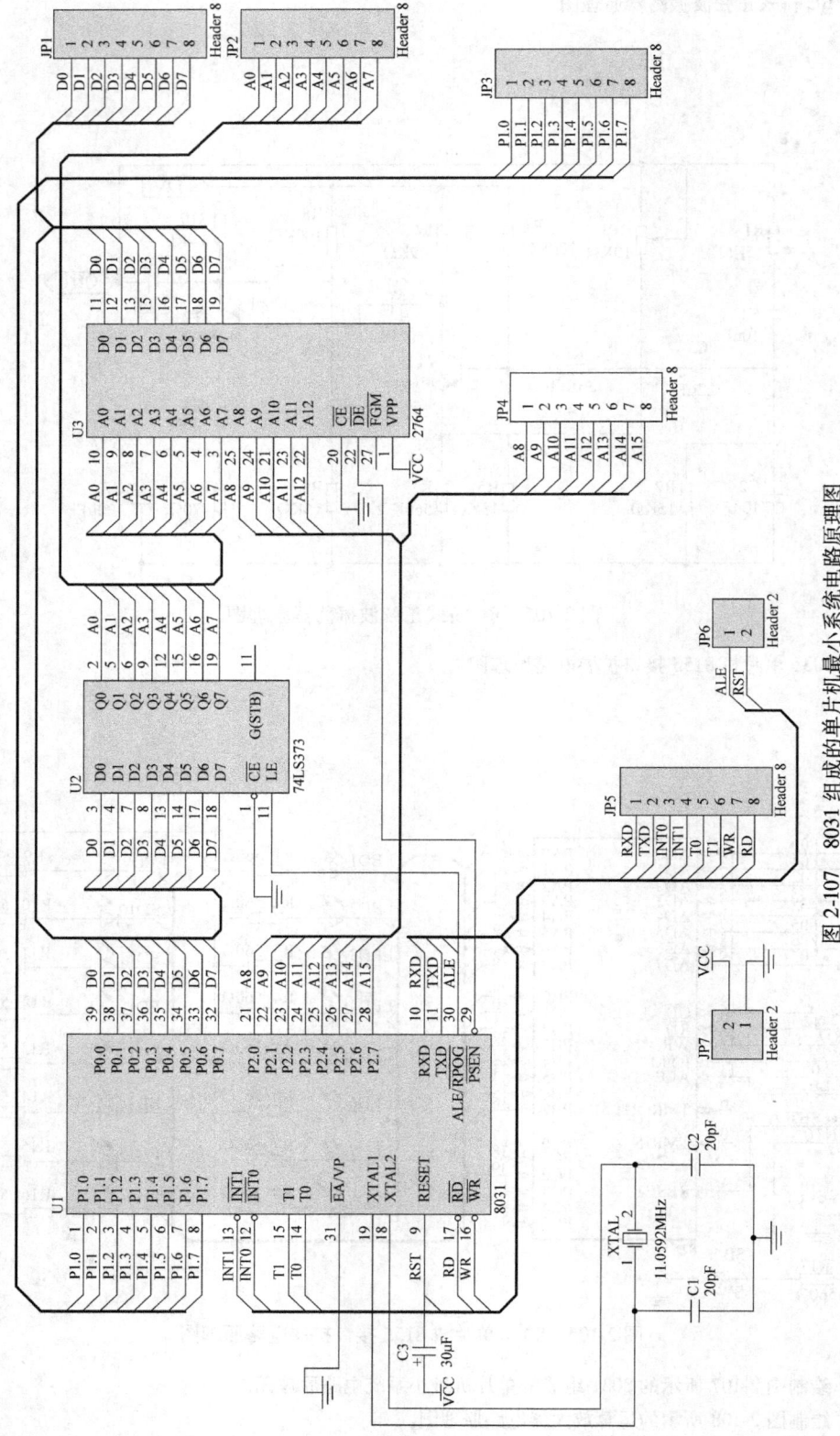

图 2-107 8031 组成的单片机最小系统电路原理图

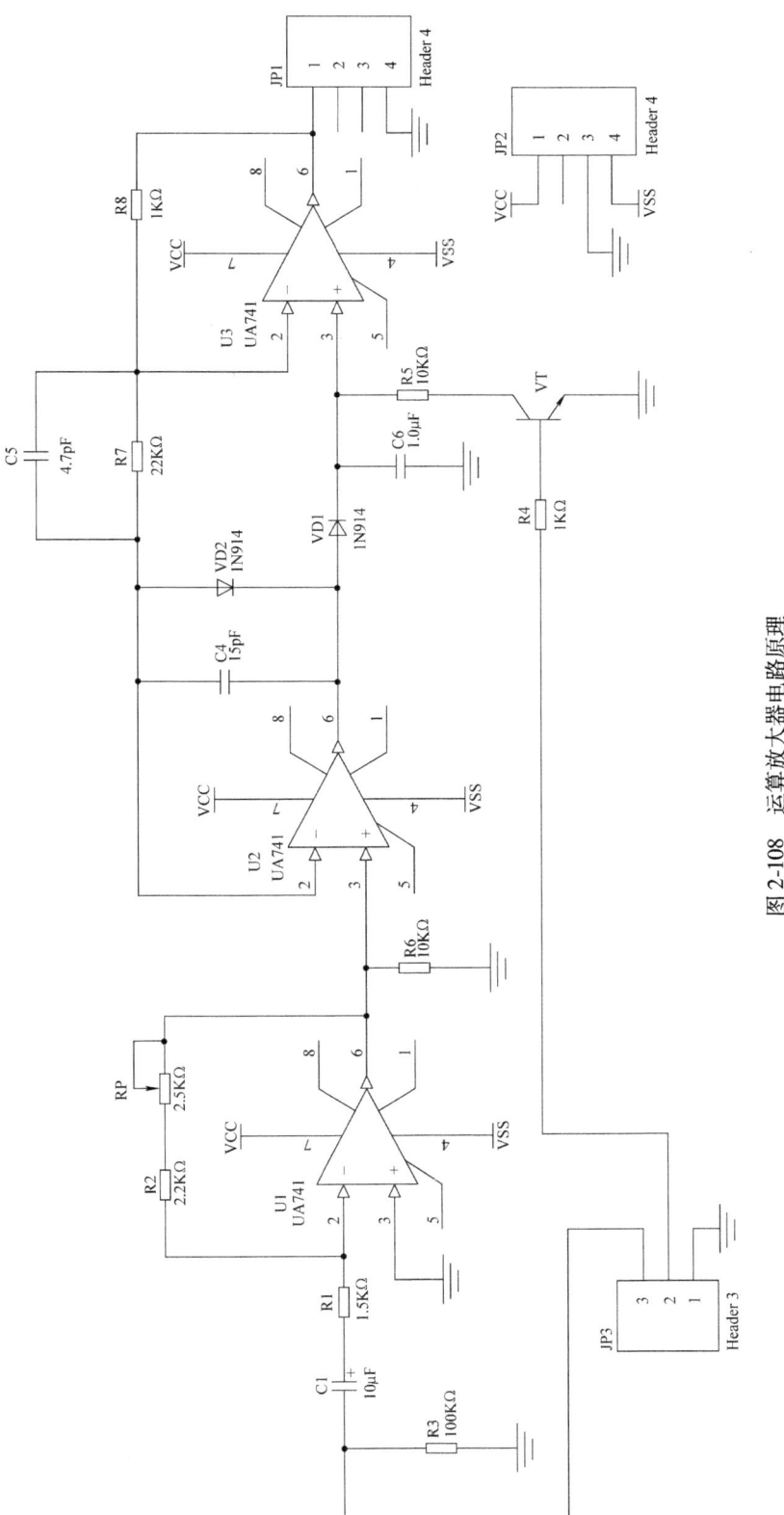

图 2-108 运算放大器电路原理

2. 绘制如图 2-109 所示的固态继电器。

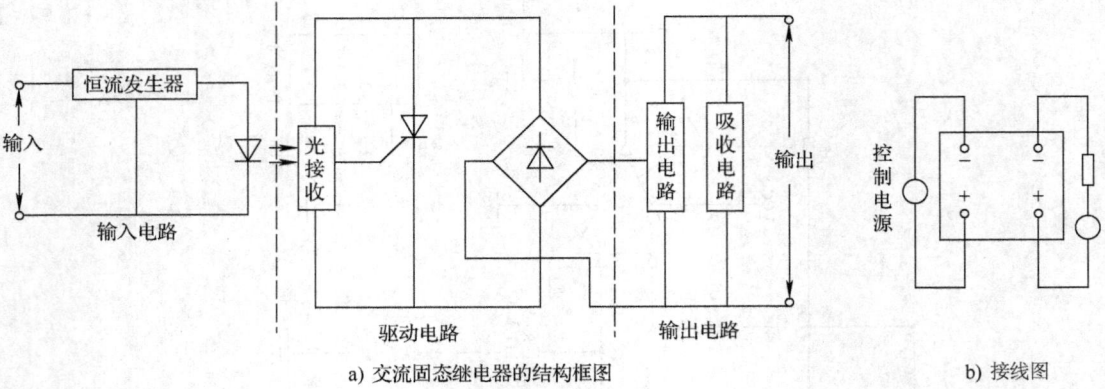

a) 交流固态继电器的结构框图　　　　　　　　　　　b) 接线图

图 2-109　固态继电器

第 3 章　层次原理图设计

在原理图的设计过程中,当遇到非常庞大、复杂的电路图时,设计人员往往不能一次完成,或者很难将其画在一张图纸中。因此,在工程设计上一般是将一个庞大、复杂的电路划分为若干个功能模块,先设计出一个系统总框图,用以显示各个功能模块之间的电气关系,然后再分别画出每个功能模块的电路图,使得整个设计结构清晰,且便于管理和修改,这便是层次原理图设计。本章主要讲述层次原理图的有关概念及绘制方法。

3.1　有关层次原理图的概念

层次原理图的设计是一种模块化的设计方法。它是将整个电路划分成多个功能模块,分别绘制在多张图纸中,也就是把整个项目原理图用若干个子图来表示。下面以图 3-1 所示的功率放大电路的层次原理图为例来讲解层次原理图的有关概念。

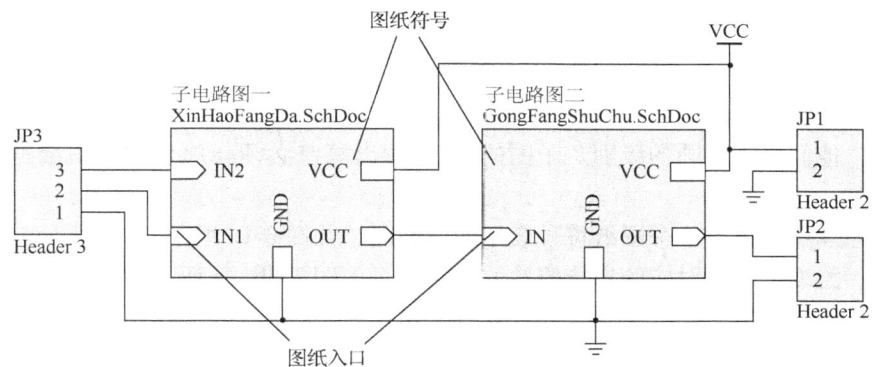

a) 顶层电路图（GongLvFangDa.SchDoc）

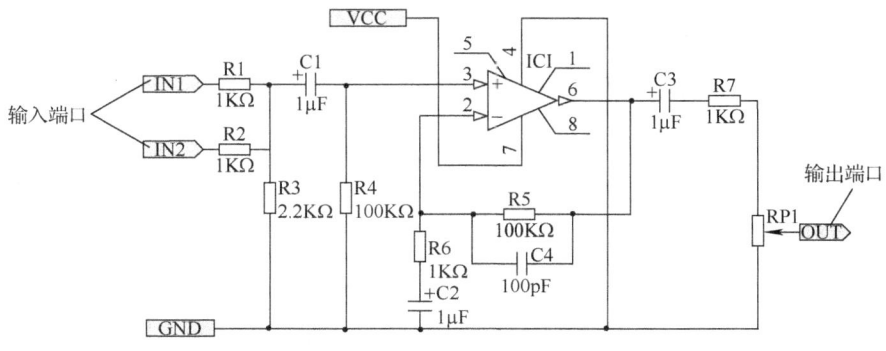

b) 子图一（XinHaoFangDa.SchDoc）

图 3-1　功率放大电路

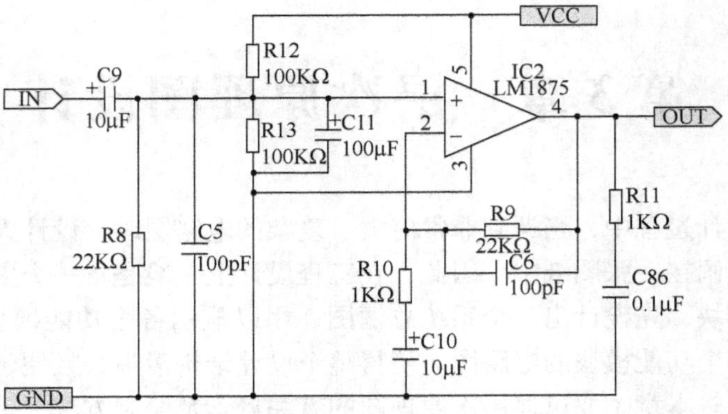

c) 子图二（GongFangShuChu.SchDoc）

图 3-1 功率放大电路（续）

图中各部分的名称及含义如下：

图纸符号：它代表了本图下一层的子图，每个图纸符号都与特定的子图相对应，它相当于封装了子图中的所有电路，从而将一张原理图简化为一个符号。

图纸入口：图纸符号的输入/输出端口。它是图纸符号所代表的下层子图与其他电路连接的端口，其意义相当于标准元器件的引脚。

输入/输出端口：信号输入/输出的端口。它与"图纸入口"的区别在于："图纸入口"是指原理图中某个子图的输入/输出端口，而"输入/输出端口"指的是当前原理图的输入/输出端口，他们处于不同的级别。子图的输入/输出端口必须与代表它的图纸符号中的端口相一致。

顶层原理图：由若干个图纸符号表示的电路图，如图 3-1a 所示。

子图：图纸符号所对应的功能模块的电路图，如图 3-1b、c 所示。

3.2　层次原理图的设计

在 Protel DXP 2004 系统中，与层次原理图相对应的层次化设计方法分为自顶向下的设计方法和自底向上的设计方法两种形式。

3.2.1　自顶向下设计层次原理图

自顶向下的设计是先建立一张系统总图，用图纸符号代表它的下一层子系统，然后分别绘制各个图纸符号对应的子电路图。下面以图 3-1 所示的功率放大电路为例讲述层次原理图的绘制过程。

该电路由两部分组成：第一部分是信号放大电路，第二部分是功放输出电路，其结构如图 3-2 所示。

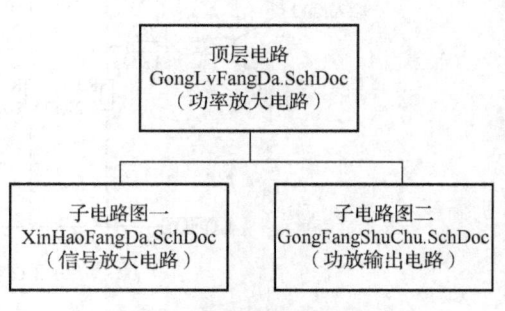

图 3-2　功率放大电路的结构

1. 建立层次原理图总图（顶层电路图）

1）执行菜单命令"文件/创建/项目/PCB 项目"，创建一个 PCB 项目文件，并以"层次原理图一 . PrjPCB"为项目文件名保存。

2）移动光标到工作区面板上的"层次原理图一 . PrjPCB"上单击鼠标右键，从弹出的快捷菜单中选择"追加新文件到项目中/Schematic"命令，创建一个原理图文件，并将其以"GongLvFangDa. SchDoc"为文件名保存。

3）在原理图编辑界面中执行菜单命令"放置/图纸符号"，或单击"配线"工具栏中的 按钮，启动放置图纸符号命令。

4）启动该命令后，十字光标带着系统默认的图纸符号出现在绘图区。移动光标到适当位置后单击鼠标左键，确定图纸符号的左上角点，接着移动光标调整图纸符号的大小，然后再单击鼠标左键确定图纸符号的右下角点，完成一个图纸符号的放置。放置好的图纸符号如图 3-3 所示。

5）双击已放置的图纸符号，在弹出的"图纸符号"对话框中可对其边框颜色、线宽、填充色等属性进行设置。这里我们将"标识符"文本框设置为"子电路图一"，将"文件名"文本框设置为"XinHaoFangDa. SchDoc"，其他选项采用默认设置，如图 3-4 所示。设置结束后，单击 确认 按钮。

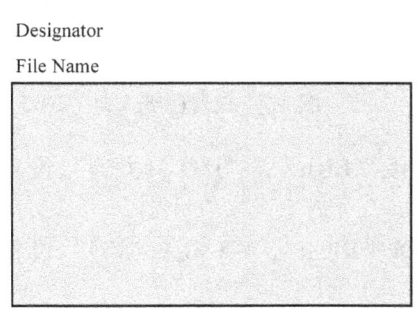

图 3-3　放置好的图纸符号图

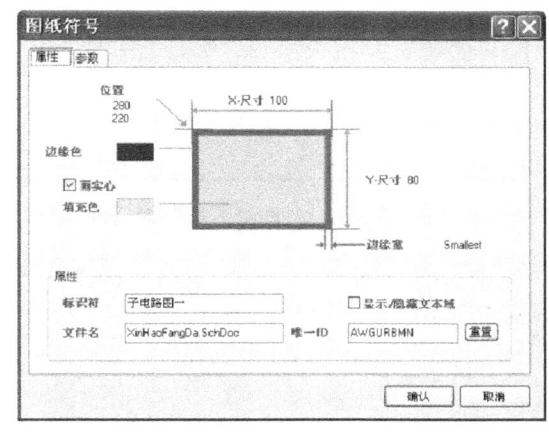

图 3-4　"图纸符号"对话框

6）采用同样的方法放置另一个图纸符号。设置其"标识符"为"子电路图二"，文件名为"GongFangShuChu. SchDoc"。放置好的两个图纸符号如图 3-5 所示。

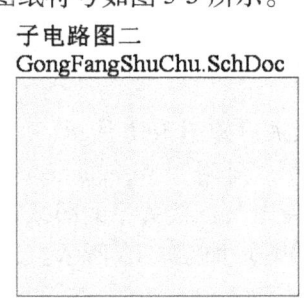

图 3-5　放置好的两个图纸符号

7）执行菜单命令"放置/加入图纸入口",或单击"配线"工具栏中的 按钮,放置图纸入口。

8）执行该命令后,移动十字光标到图纸符号中的适当位置,单击鼠标左键,这时十字光标上将出现一个图纸入口,并随光标一起移动。此时按下 Tab 键,弹出"图纸入口"对话框,在该对话框中我们在"边"选项中选择"Left",在"风格"选项中选择"Right",将"名称"设置为"IN1","I/O 口类型"设置为"Input",如图 3-6 所示。

9）设置结束后,单击该对话框中的 确认 按钮,然后移动光标到适当位置单击鼠标左键,即可将图纸入口"IN1"放置在该处,如图 3-7 所示。之后光标仍处于放置图纸入口状态,可继续放置其他图纸入口,单击鼠标右键退出该命令状态。另外几个图纸入口的属性分别设置如下:

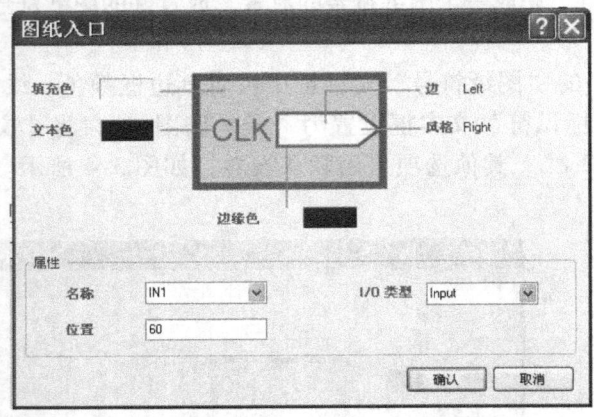
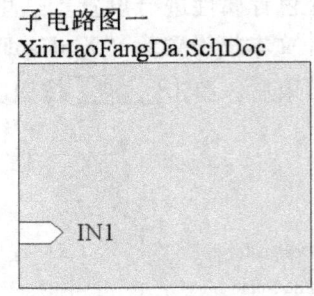

图 3-6 "图纸入口"对话框　　　　　图 3-7　放置图纸入口"IN1"

图纸入口"IN2":"边"选择"left","风格"选择"Right","I/O 口类型"设置为"Input"。

图纸入口"IN":"边"选择"left","风格"选择"Right","I/O 口类型"设置为"Input"。

图纸入口"Out":"边"选择"Right","风格"选择"Right","I/O 口类型"设置为"Output"。

图纸入口"VCC":"边"选择"Right","风格"选择"None","I/O 口类型"设置为"Unspecified"。

图纸入口"GND":"边"选择"Bottom","风格"选择"None","I/O 口类型"设置为"Unspecified"。

放置好的图纸入口如图 3-1a 所示。

10）绘制导线。调用"Misceuaneous Connectors.lntlib"库中的元器件"Header2"和"Header3",将具有电气连接关系的图纸符号入口用导线或总线连接起来。完成的层次原理图总图（顶层原理图）如图 3-1a 所示。

2. 绘制原理图子图

1）执行菜单命令"设计/根据符号创建图纸",之后光标变成十字形状。将十字光标移到图纸符号"XinHaoFangDa.SchDoc"上单击鼠标左键,弹出如图3-8所示的"Confirm"对话框。该对话框中的信息提示用户是否转换输入/输出方向,单击"No"按钮,系统会自动为"子电路图一"的图纸符号创建一个原理图,该原理图的名称为"XinHaoFangDa.SchDoc",并且根据在图纸符号中放置的图纸入口,系统自动在该原理图中生成了5个与图纸符号"子电路图一"中一致的输入/输出端口。系统自动创建的子图如图3-9所示。

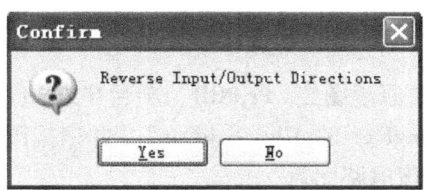

图3-8 "Confirm"对话框

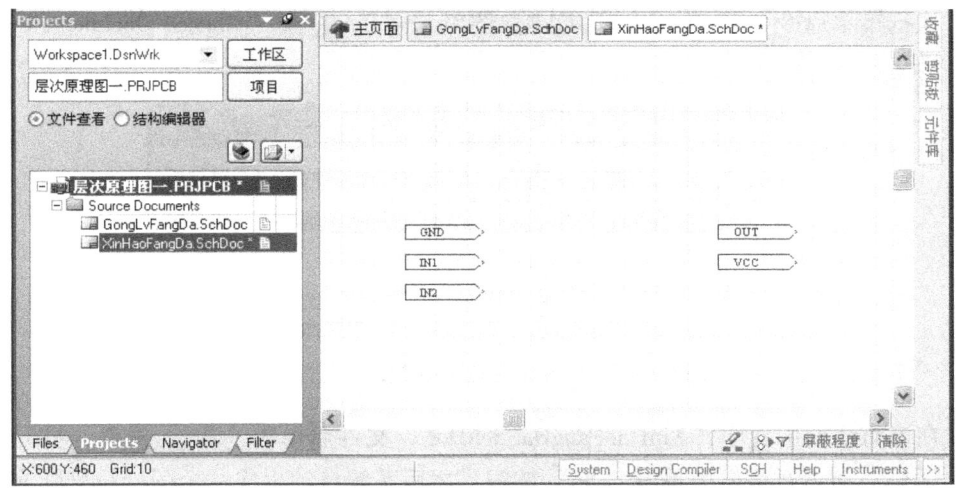

图3-9 系统自动创建的子电路图一

2)加载相应的元件库,按照电气连接关系完成原理图子图一"XinHaoFangDa.SchDoc"。绘制好的"XinHaoFangDa.SchDoc"如图3-1b所示。

3)单击工作区面板上的原理图总图文件名"GongLvFangDa.SchDoc",或单击"原理图标准"工具栏上的 按钮,移动光标到子图一中任意一个图纸入口上单击鼠标左键,切换到顶层原理图界面。

4)采用相同的方法绘制子电路图二"GongFangShuChu.SchDoc"并保存。绘制好的子电路图二"GongFangShuChu.SchDoc"如图3-1c所示。

5)对项目文件进行保存,完成自顶向下的层次原理图的设计。

3.2.2 自底向上设计层次原理图

自底向上的设计是指先建立底层子电路原理图,然后再由这些子原理图产生图纸符号,从而产生顶层电路图,最后生成系统的原理总图。仍以"GongLvFangDa.SchDoc"为例,具体操作步骤如下:

1）执行菜单命令"文件/创建/项目/PCB项目",创建一个PCB项目文件,并以"层次原理图二.PrjPCB"为项目文件名保存。

2）移动光标到工作区面板中的"层次原理图二.PrjPCB"上单击鼠标右键,从弹出的快捷菜单中选择"追加新文件到项目中/Schematic"命令,创建一个文件名为"XinHaoFangDa.SchDoc"的原理图文件作为子电路图一。

3）进入原理图编辑界面,按照图3-1b所示"XinHaoFangDa.SchDoc"中的要求绘制完成该电路图。

4）同样的方法在"层次原理图二.PrjPCB"项目中再追加一个新的原理图文档作为子电路图二,将其命名为"GongFangShuChu.SchDoc",并根据图3-1c所示"GongFangShuChu.SchDoc"中的要求绘制完成该电路图。

5）在该项目中再添加一个原理图文档作为层次原理图的顶层原理图,命名为"GongLvFangDa.SchDoc"。

6）执行菜单命令"设计/根据图纸建立图纸符号",打开"Choose Document to Place"对话框,如图3-10所示。

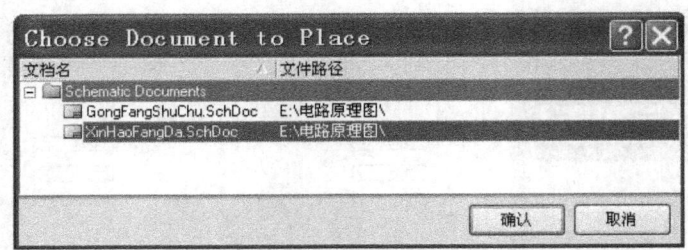

图3-10 "Choose Document Place"对话框

7）在该对话框中选中"XinHaoFangDa.SchDoc"文件后单击 确认 按钮,打开"Confirm"对话框。在该对话框中单击"No"按钮,之后系统自动生成一个图纸符号随光标一起出现在绘图区,并且在图纸符号内根据设计的底层电路原理图"XinHaoFangDa.SchDoc"中的输入/输出端口自动添加了相应的图纸入口。移动光标到适当位置后单击鼠标左键,在顶层电路图中放置"子电路图一"的图纸符号,如图3-11所示。

图3-11 在顶层电路图"GongLvFangDa.SchDoc"中放置的图纸符号

8）用同样的方法再生成另一个子电路图"GongFangShuChu.SchDoc"的图纸符号,并放置在顶层电路图的适当位置。

9）对两个图纸符号的大小及"图纸入口"的位置做适当调整,调用"Miscellaneous Connectors.IntLib"库中的元器件"Header2"和"Header3",将具有电气连接关系的图纸入口用导线连接起来，完成层次原理图顶层电路图的绘制，如图 3-12 所示。

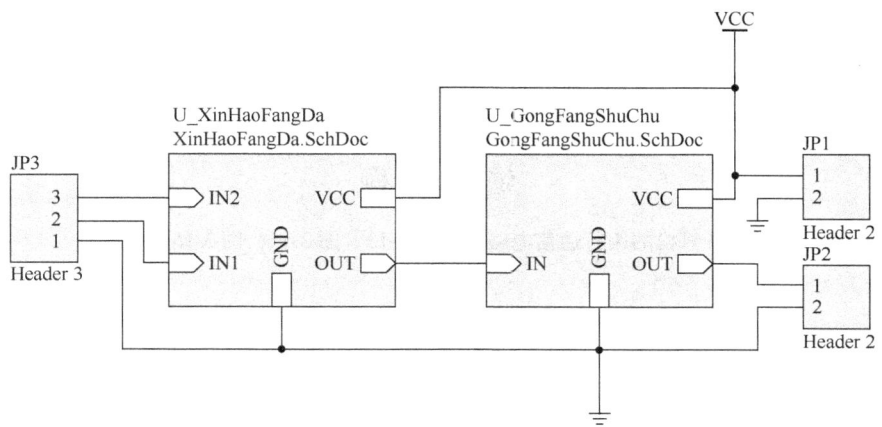

图 3-12　顶层电路图 "GongLvFangDa.SchDoc"

3.3　层次原理图间的切换

层次原理图的切换是指从顶层电路图切换到某图纸符号对应的子电路图上，或者从某一底层子电路图切换到它的顶层电路图上。

3.3.1　从顶层电路图切换到底层原理图

从顶层电路图切换到底层子电路图的具体操作步骤如下：

（1）在顶层电路图的编辑界面中执行菜单命令"工具/改变设计层次"，或单击"原理图标准"工具栏上的 按钮，启动改变设计层次命令。

（2）移动光标到绘图区中需要进行切换的图纸符号上单击鼠标左键，即可自动切换到对应的底层子电路图中。

3.3.2　从底层子电路图切换到顶层电路图

从底层子电路图切换到顶层电路图的具体操作步骤如下：

（1）在底层子电路图的编辑界面中执行菜单命令"工具/改变设计层次"，或单击"原理图标准"工具栏上的 按钮，启动改变设计层次命令。

（2）移动光标到底层电路图中的任意一个 I/O 端口上单击鼠标左键，系统会自动切换到对应的顶层原理图上。

本　章　小　结

本章主要介绍了层次原理图的有关概念并通过实例讲解了层次原理图的两种设计方法：自顶向下的设计方法和自底向上的设计方法。

通过本章的学习，一方面可掌握大型、复杂电路图的设计方法，另一方面可不断提高原理图的绘制编辑能力。

思 考 题

1. 简述层次原理图的概念。
2. 常用的层次原理图的设计方法有哪些?
3. 层次原理图之间是如何进行切换的?

练 习 题

1. 设计一个单片机与计算机的串行通信电路,如图 3-13,图 3-14,图 3-15 所示。

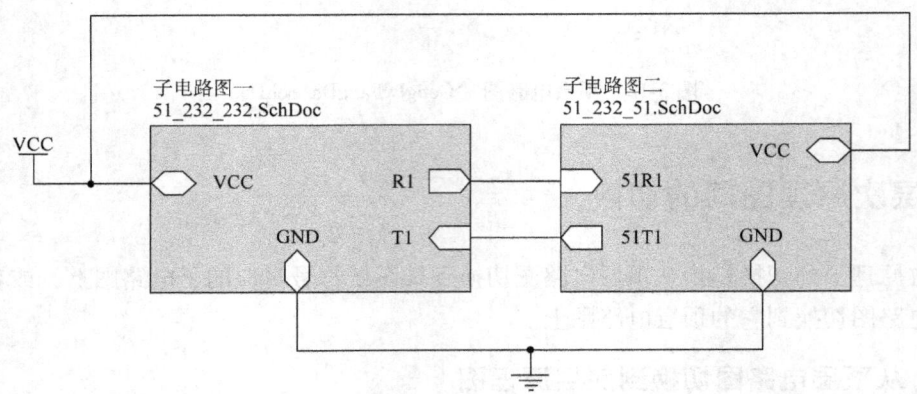

图 3-13　串行通信电路.SchDoc

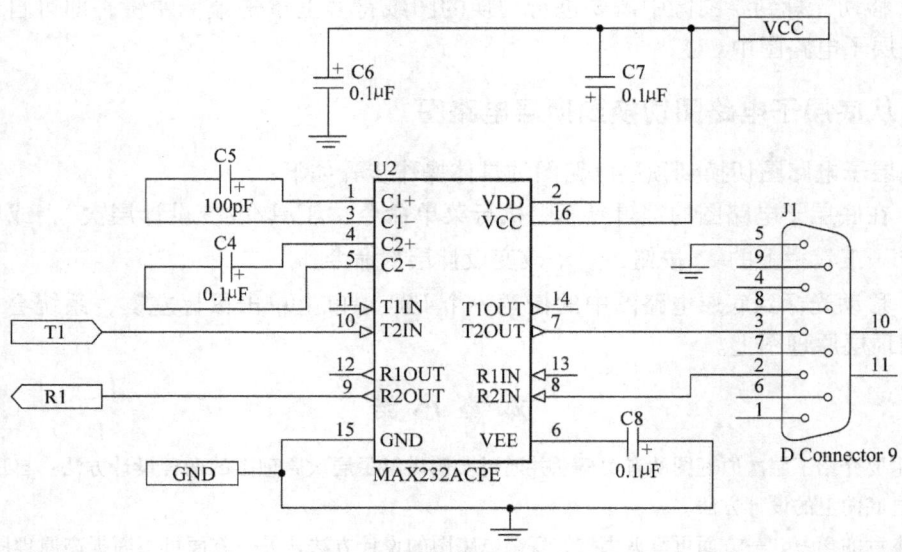

图 3-14　51_232_232.SchDoc 电路

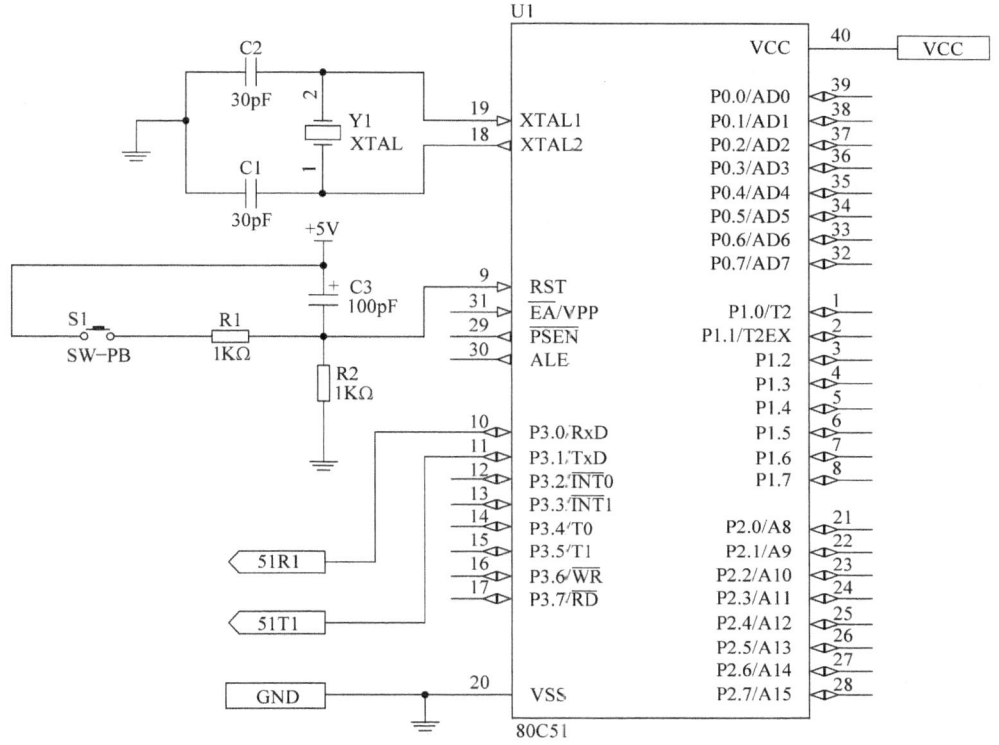

图 3-15　51_232_51.SchDoc 电路

2. 设计"抢答器"电路原理图，如图 3-16，图 3-17，图 3-18，图 3-19 所示。

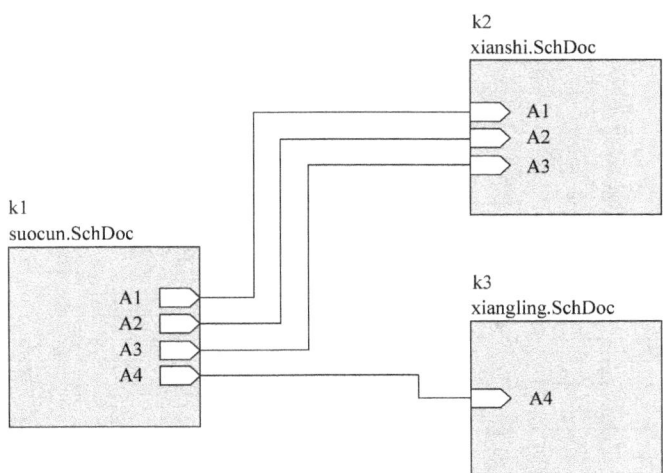

图 3-16　Qiangdaqi.SchDoc

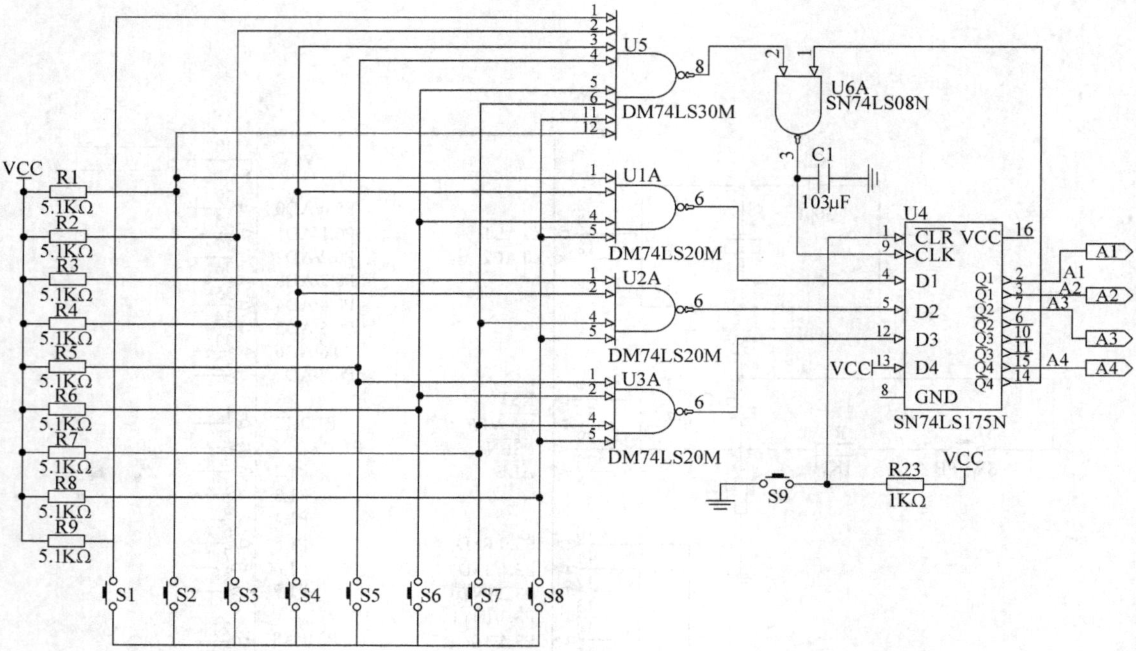

图 3-17 suocun. SchDoc

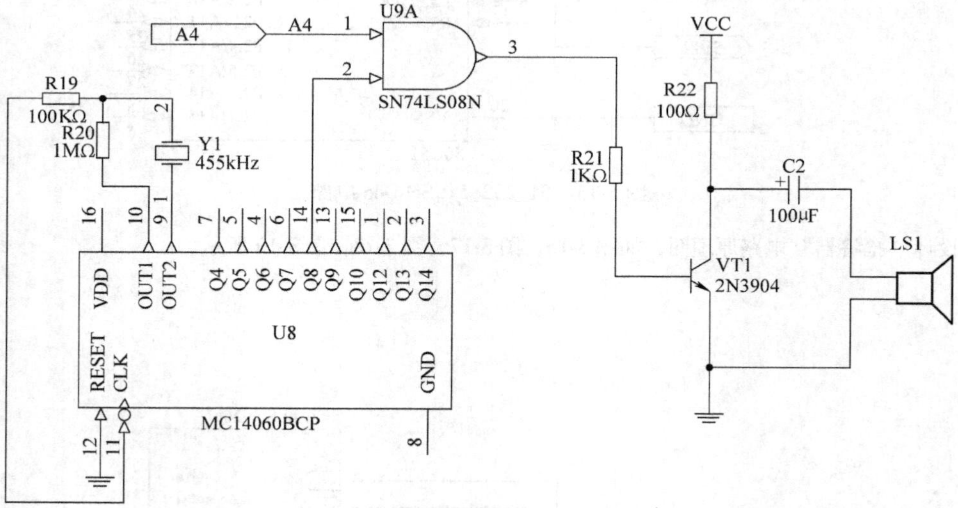

图 3-18 Xiangling. SchDoc

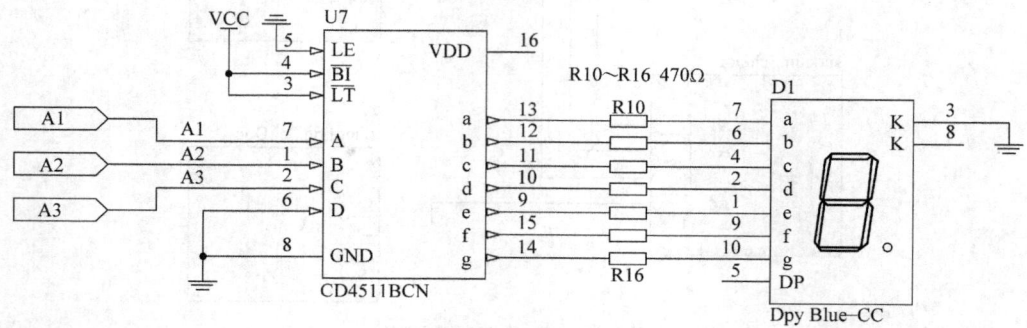

图 3-19 Xianshi. SchDoc

3. 设计"单片机控制流水灯"电路原理图，如图3-20，图3-21，图3-22，图3-23，图3-24所示。

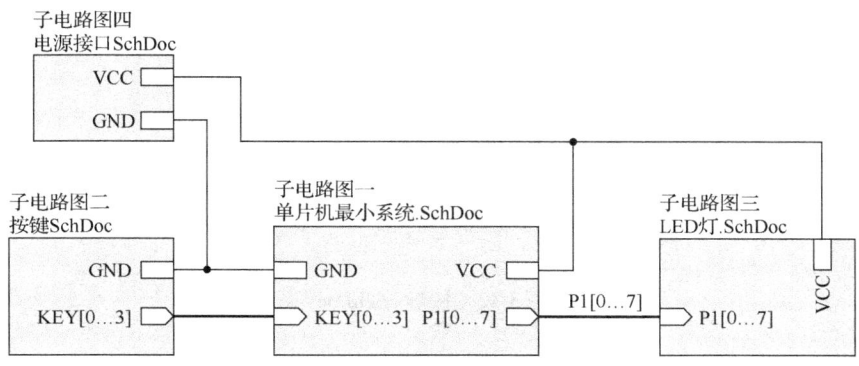

图3-20　单片机控制流水灯.SchDoc

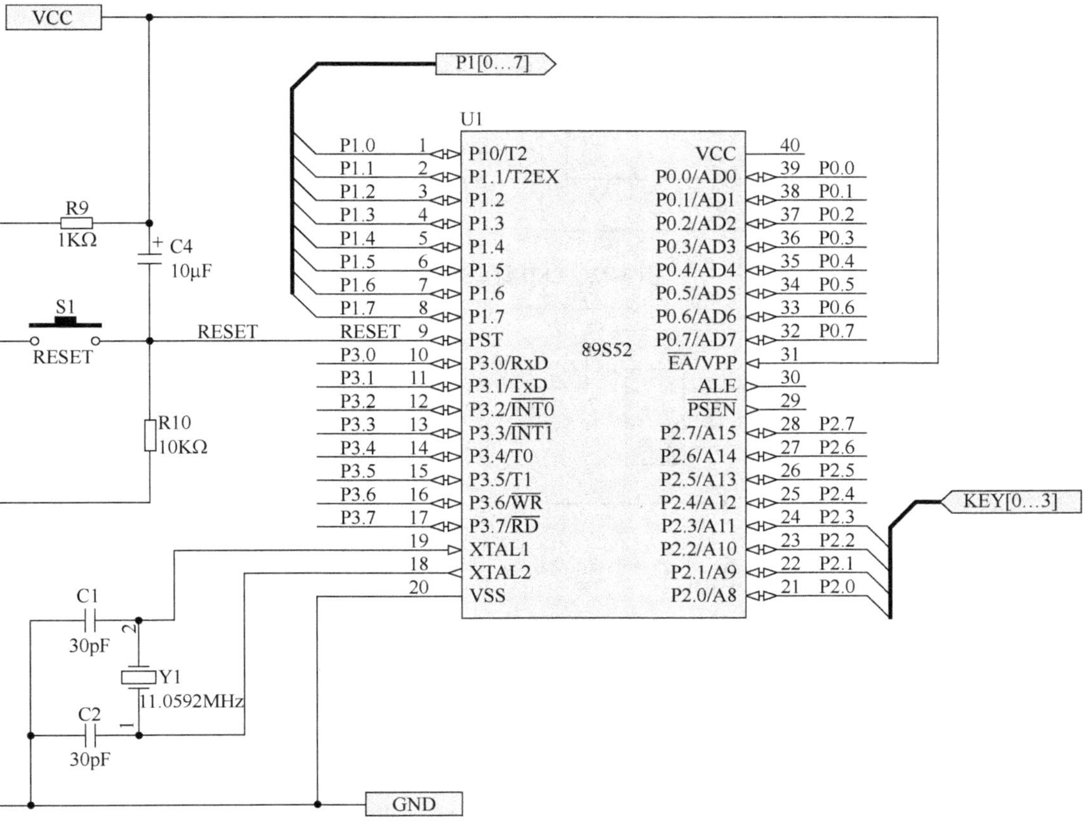

图3-21　单片最小系统.SchDoc

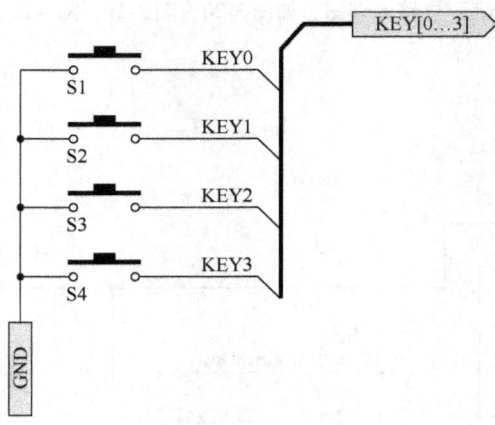

图 3-22　按键 . SchDoc

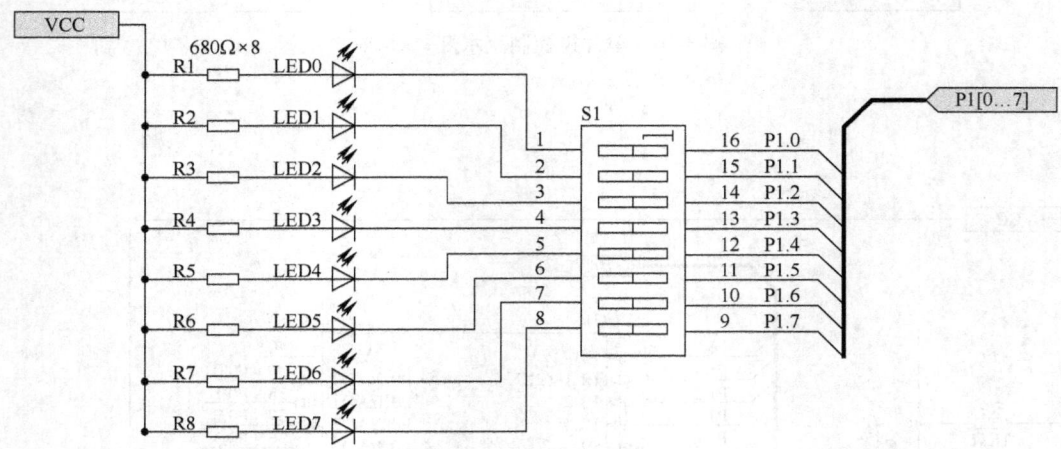

图 3-23　LED 灯 . SchDoc

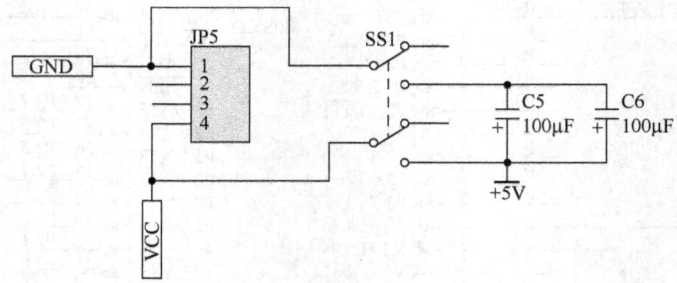

图 3-24　电源接口 . SchDoc

第 4 章　电气规则检查和生成报表

原理图设计的最终目的是用来生成项目的 PCB 图，而原理图的正确设计是 PCB 图设计的前提。因此，原理图设计完成后，在生成网络表之前，通常应进行电气规则检查，以便能够查出人为的错误或疏漏。本章主要讲述对电路图进行电气规则检查的过程及各种报表的生成方法。

4.1　原理图的电气规则检查

4.1.1　检查规则的设置

执行菜单命令"项目管理/项目管理选项"，打开项目管理选项对话框，如图 4-1 所示。在该对话框中单击"Error Reporting"选项卡，在该选项卡中可以设置所有可能出现错误的报告类型。

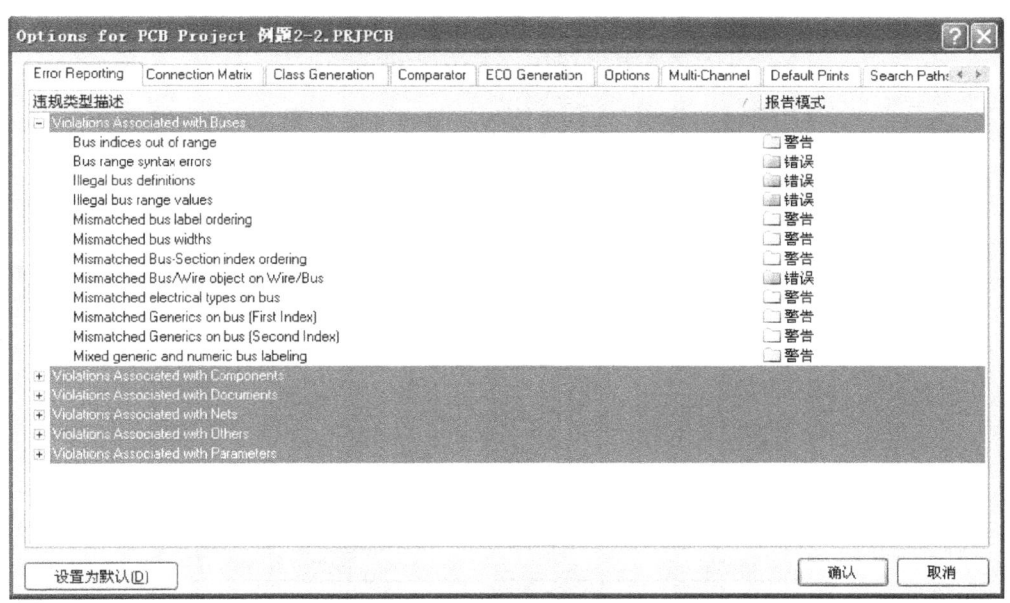

图 4-1　项目管理选项对话框中的"Error Reporting"选项卡

Error Reporting 选项卡下的违规类型描述主要包括以下内容：

（1）Violations Associated with Buses　该选项组包含了与总线有关的检测规则的内容。选中某一具体选项后用鼠标左键单击"报告模式"一栏中的 图标，弹出如图 4-2 所示的"报告模式级别"下拉列表，在该列表框中可以对每一个具体的选项选择一个与之相对应的报告级别。报告的级别有"无报告"、"警告"、"错误"和"致命错误"四种。

（2）Violations Associated with Components 该选项组包含了与元器件有关的检测规则的内容。

（3）Violations Associated with Documents 该选项组包含了与文档有关的检测规则的内容。

（4）Violations Associated with Nets 该选项组包含了与网络有关的检测规则的内容。

（5）Violations Associated with Others 该选项组包含了与其他对象有关的检测规则的内容。

（6）Violations Associated with Parameters 该选项组包含了与参数有关的检测规则的内容。

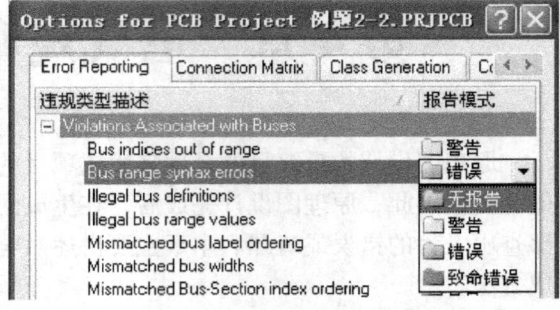

图 4-2　"报告模式级别"下拉列表

4.1.2　电气连接矩阵的设置

单击"项目管理选项"对话框中的"Connection Matrix"选项卡，打开电气连接矩阵，如图 4-3 所示。

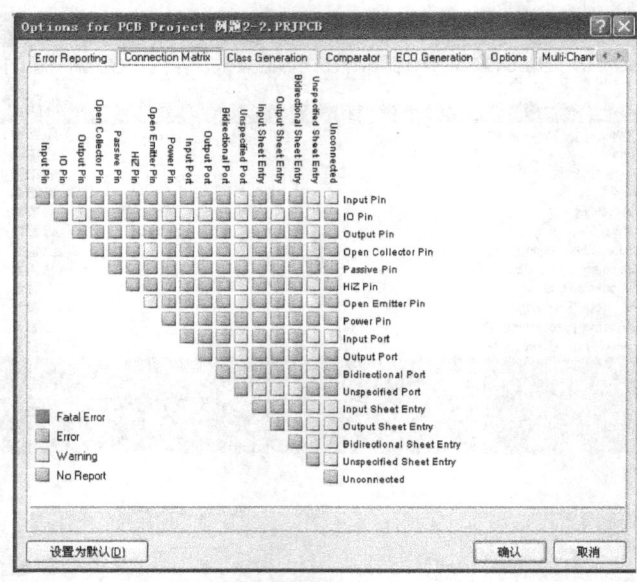

图 4-3　"Connection Matrix"选项卡

在该选项卡中可以查看各种电气连接信息。如果要改变某电气连接的检查报告信息，可以在矩阵图中用鼠标左键单击相应的方块，每单击一次将改变一种报告类型。

4.1.3　检查结果报告

在设置了相应的检查规则之后，就可以对原理图进行电气规则检查。在 Protel DXP 2004 中原理图的检查是通过项目的编译来实现的。具体操作步骤如下：

1)打开需要进行电气检查的项目,如打开"E:\电路原理图\例2-1.PrjPCB",中的原理图文档"同时输出正负电压的稳压电路.SchDoc",如图4-4所示。

如图4-4所示。

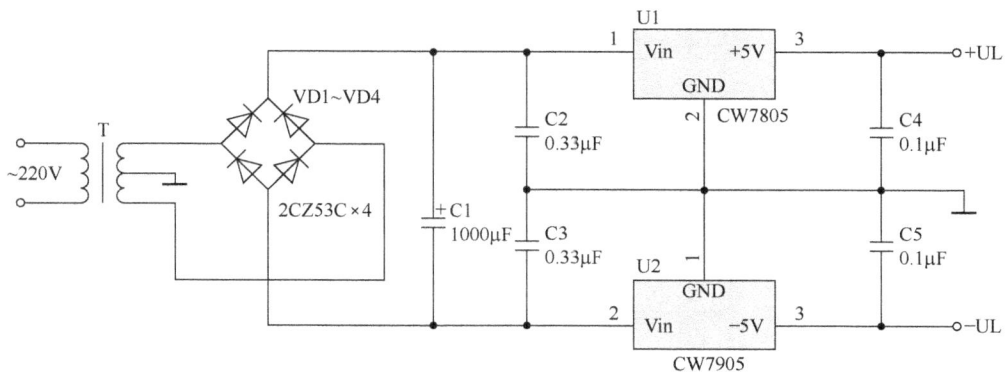

图4-4 同时输出正负电压的稳压电路.SchDoc

2)执行菜单命令"项目管理/项目管理选项",打开项目管理对话框,如图4-1所示。根据实际情况在该对话框中设置检查规则,本例中全部采用系统默认设置。

3)执行菜单命令"项目管理/Complie PCB Project 例2-1.PrjPCB",系统开始对该项目进行编译。

4)单击状态栏中的 System 标签,打开"Messages"面板,如图4-5所示。在该面板中显示了工程编译时的提示信息。如果电路的绘制正确,则"Messages"面板是空白的。

图4-5 "Messages"面板

5)如果我们误将该电路图中的电容"C2"改为"C1",保存后再对该项目进行一次编译,则编译的结果如图4-6所示。

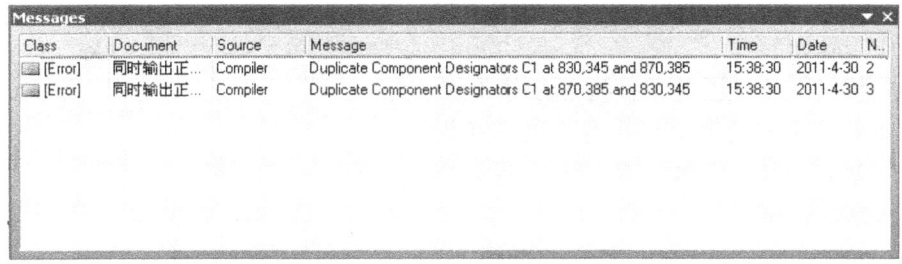

图4-6 电气规则检查"Messages"报告

6）从图 4-6 所示对话框中可以看到出现了错误信息。在"Messages"面板中"Warning"或"Error"的提示信息上双击鼠标左键，打开"Compile Errors"面板，同时原理图中与之对应的有错误或被警告的地方被高亮显示，如图 4-7 所示。

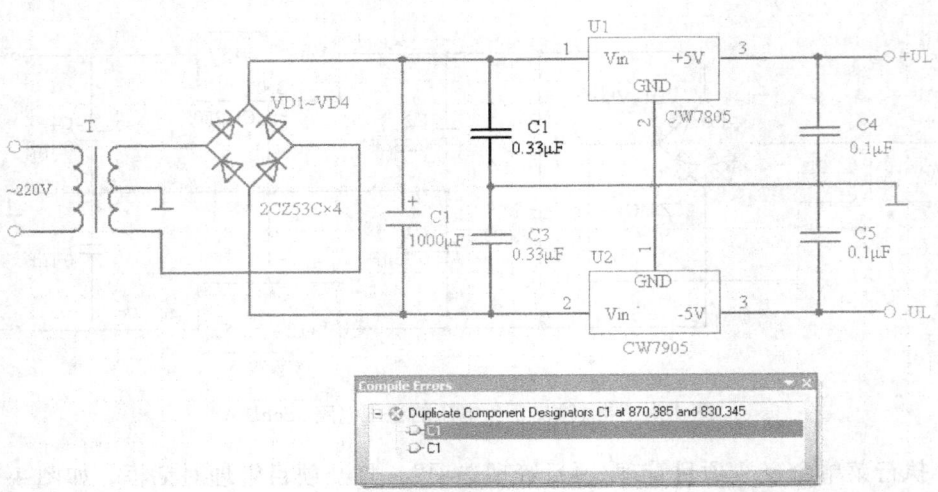

图 4-7 "Compile Errors"面板和原理图中被显示的错误

7）在原理图中对相应的错误或警告进行修改并保存后，重复以上步骤，直到检查电路图无误后再保存，即完成对该项目的电气规则检测。

4.2 创建网络表

网络表是原理图与印制电路板之间的一座桥梁，它包含了电路原理图中所有元器件的信息和网络信息。因此，完成电路原理图后，需要由原理图生成网络表才能进一步设计印制电路板。

4.2.1 单个文档的网络表

在 Protel DXP 中，网络表可以由单个原理图文档生成，也可以由项目生成。

这里我们以图 4-8 所示的"单管放大器.SchDoc"为例，由单个原理图文档生成网络表的具体操作步骤如下：

1）新建一个原理图文档，按照图 4-8 所示，完成该电路原理图的绘制并将其以"单管放大器.SchDoc"为文件名保存（图中各元器件采用系统默认封装）。

2）执行菜单命令"设计/文档的网络表/Protel"，系统会自动生成当前文档的一个网络

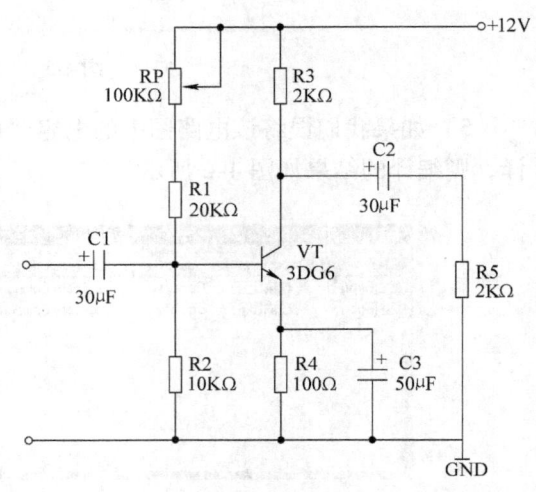

图 4-8 单管放大器.SchDoc

表，并将其命名为"单管放大器.NET"，如图 4-9 所示。

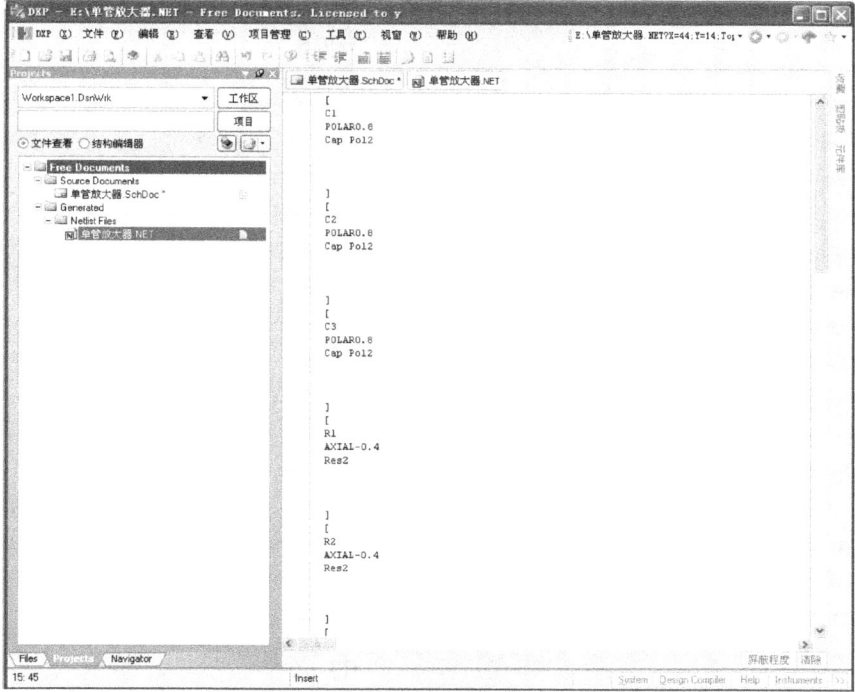

图 4-9 生成网络表的主窗口

"单管放大器.NET"的内容如下：

[
C1
POLAR0.8
Cap Pol2

]
[
C2
POLAR0.8
Cap Pol2

]
[
C3
POLAR0.8
Cap Pol2

]
[
R1
AXIAL-0.4
Res2

]
[
R2

AXIAL - 0.4
Res2

]
[
R3
AXIAL - 0.4
Res2

]
[
R4
AXIAL - 0.4
Res2

]
[
R5
AXIAL - 0.4
Res2

]
[
Rp
VR3
Res Tap

]
[

VT
BCY - W3
3DG6

]
(

C1 - 1
C3 - 2
R2 - 1
R4 - 1
R5 - 1
)
(
+12V
R3 - 2
Rp - 1
Rp - 3
)
(
NetC1_2
C1 - 2
VT - 2
)
(
NetC2_1
C2 - 1
R3 - 1
VT - 1
)
(
NetC2_2
C2 - 2
R5 - 2
)
(

NetC3_1
C3 - 1
R4 - 2
VT - 3
)
(
NetR1_1
R1 - 1

R2 - 2
)
(
NetR1_2
R1 - 2
Rp - 2
)

4.2.2 项目的网络表

1. 设置网络表选项

在由项目生成网络表之前,需要对项目选项对话框中的"Options"选项卡进行设置,如图4-10所示。下面以第3章中的项目为例进行说明,具体操作步骤如下:

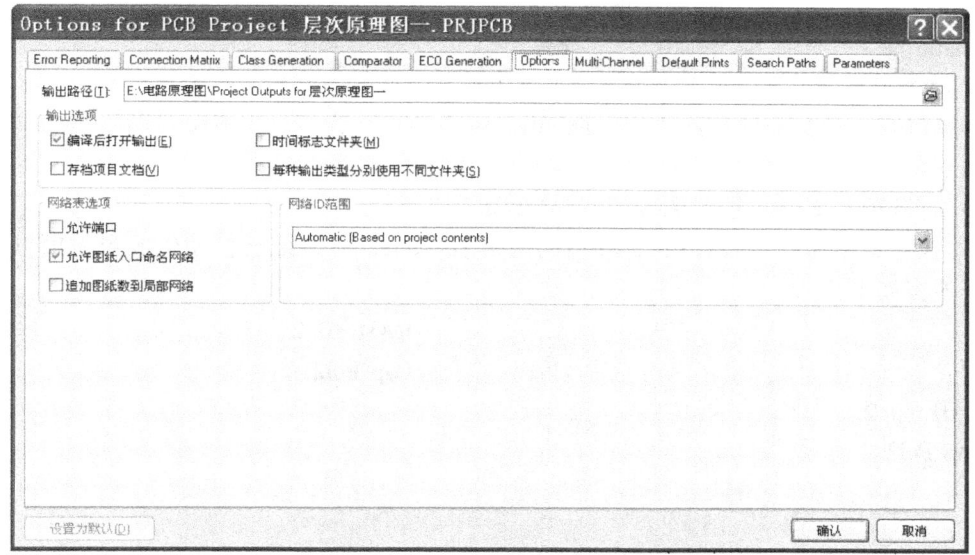

图4-10 项目管理选项对话框中的"Options"选项卡

1)执行菜单命令"项目管理/项目管理选项",打开项目管理选项对话框。

2)在该对话框中单击"Options"选项卡。在该选项卡下可以设置文件的输出路径、输出选项和网络表选项等内容。该选项卡下各选项的功能如下:

①"输出路径"文本框。用于设置输出文件的路径。默认路径是由系统在当前项目文件所在的文件夹内创建。

②"输出选项"组。用于设置文件的输出选项。

编译后打开输出:用于设置是否在项目编译后打开输出文件。本例中选中此项。

时间标志文件夹:用于设置是否在输出文件的名称中加入当前的日期和时间。

存档项目文档:用于设置是否对项目文件进行存盘。

每种输出类型分别使用不同的文件夹:用于设置是否将不同类型的输出文件放到不同的

文件夹中。

③"网络表选项"组。用于设置创建网络表的条件。

允许端口：选中该选项后，系统将采用输入/输出端口的名称来命名与其相连的网络，而不采用系统产生的网络名称。如果是由单个原理图文件生成网络表，可选择此项。

允许图纸入口命名网络：选中该选项后，系统将采用图纸入口名称命名与其相连的网络。当一个项目文件中包含多个原理图文档时，可选择此项。本例中选中此项。

追加图纸数到局部网络：选中该选项后，系统将在当地网络名称后面添加一个图纸编号后缀，这样可以根据网络名称的后缀知道该网络位于哪张图纸上。

3）"网络 ID 范围"选项 设置网络的辨识范围。单击文本框右边的 ▼ 按钮，弹出如图 4-11 所示的下拉框，其中包含有四种网络的辨识范围。一般情况下，均采用系统默认的设置"Automatic"。

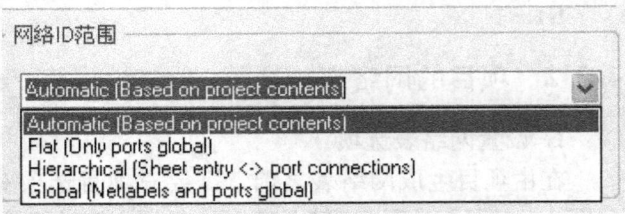

图 4-11　网络 ID 范围下拉框

2. 创建网络表

这里以第 3 章的项目文件"层次原理图一. PrjPCB"为例，生成项目网络表的具体操作步骤如下：

1）打开项目文件"层次原理图一. PrjPCB"。

2）执行菜单命令"设计/设计项目的网络表/Protel"，系统会自动生成当前项目的网络表。其内容如下：

[
C1
RAD-0.2
Cap Pol2

]
[
C2
RAD-0.2
Cap Pol2

]
[
C3

RAD-0.2
Cap Pol2

]
[
C4
RAD-0.2
Cap

]
[
C5
RAD-0.3

Cap

]
[
C6
RAD-0.3
Cap

]
[
C9
RAD-0.2
Cap Pol2

]
[
C10
RAD-0.2
Cap Pol2

]
[
C11
RAD-0.2
Cap Pol2

]
[
C86

RAD-0.3
Cap

]
[
IC1
DIP-8
Op Amp

]
[
IC2
1875
LM1875

]
[
JP1
HDR1X2
Header 2

]
[
JP2
HDR1X2
Header 2

]
[
JP3

HDR1X3
Header 3

]
[
R1
AXIAL-0.4
Res2

]
[
R2
AXIAL-0.4
Res2

]
[
R3
AXIAL-0.4
Res2

]
[
R4
AXIAL-0.4
Res2

]
[
R5

AXIAL-0.4
Res2

]
[
R6
AXIAL-0.4
Res2

]
[
R7
AXIAL-0.4
Res2

]
[
R8
AXIAL-0.4
Res2

]
[
R9
AXIAL-0.4
Res2

]
[

R10
AXIAL-0.4
Res2

]
[
R11
AXIAL-0.4
Res2

]
[
R12
AXIAL-0.4
Res2

]
[
R13
AXIAL-0.4
Res2

]
[
RP1
VR5
RPot

]
(

NetC1_1
C1-1
R1-2
R2-2
R3-2
)
(
NetC1_2
C1-2
IC1-3
R4-2
)
(
NetC2_1
C2-1
R6-2
)
(
NetC3_1
C3-1
C4-2
IC1-6
R5-1
)
(
NetC3_2
C3-2
R7-1
)
(
NetC4_1
C4-1
IC1-2
R5-2
R6-1
)
(
NetR7_2

R7 - 2
RP1 - 2
)
(
VCC
IC1 - 7
IC2 - 5
JP1 - 1
R12 - 2
)
(
NetC9_1
C9 - 1
RP1 - 3
)
(
NetC6_2
C6 - 2
IC2 - 4
JP2 - 1
R9 - 1
R11 - 1
)
(
NetJP3_2
JP3 - 2
R1 - 1
)
(
NetJP3_3
JP3 - 3
R2 - 1
)
(
GND
C2 - 2
C5 - 2
C10 - 2

C11 - 2
C86 - 1
IC1 - 4
IC2 - 3
JP1 - 2
JP2 - 2
JP3 - 1
R3 - 1
R4 - 1
R8 - 1
R13 - 1
RP1 - 1
)
(
NetC5_1
C5 - 1
C9 - 2
C11 - 1
IC2 - 1
R8 - 2
R12 - 1
R13 - 2
)
(
NetC6_1
C6 - 1
IC2 - 2
R9 - 2
R10 - 1
)
(
NetC10_1
C10 - 1
R10 - 2
)
(
NetC86_2

C86 – 2
R11 – 2

从项目网络表文件可以看出,该网络表中其实包含了项目中每个原理图文档的网络表。

4.2.3 网络表的格式

整个网络表文件可以分为两部分:第一部分为元器件描述,第二部分是网络连接描述。

1. 元器件描述

元器件的声明以"["开始,以"]"结束,中间是具体的内容。其格式如下:

[元器件声明开始
C1   元器件序号
RAD – 0.2   元器件封装
Cap Pol2   元器件注释文件
      系统保留行

]   元器件声明结束

2. 网络连接描述

网络定义以"("开始,以")"结束,内部是其具体内容。其格式如下:

(网络定义开始
NetC1_1   网络名称
C1 – 1   元器件序号 – 引脚号
R1 – 2
)   网络定义结束

4.3 生成元器件列表

元器件列表主要用于整理出一个电路或一个项目中的所有元器件,以便于对设计中的所有元器件进行检查校对。元器件列表主要包括元器件的名称、序号、封装形式等信息。以图 4-8 所示的"单管放大器.SchDoc"为例,生成元器件列表的具体操作步骤如下:

1) 打开原理图"单管放大器.SchDoc",执行菜单命令"报告/Bill of Materials",弹出元器件的列表清单对话框,如图 4-12 所示。

2) 在该对话框左侧"其它列"选项组中可选择报表的内容。被选中的选项将被添加到列表清单中。

3) 单击该对话框中的 报告 按钮,弹出"报告预览"对话框,如图 4-13 所示。

在"报告预览"对话框中可以单击 打印(P) 按钮进行打印。如果单击 输出(E) 按钮,则弹出如图 4-14 所示的导出文件对话框,在该对话框中设置好文件的保存路径、文件名及保存类型后,单击 保存(S) 按钮,即可生成一个该类型的报表文件。

4) 另外在"元器件的列表清单"对话框中可直接单击 输出(E) 按钮进行保存,或者直接单击 Excel(X) 按钮输出 Excel 格式文件。

5）查看输出的文件。这里我们输出了两种类型的文件，分别是"单管放大器.CSV"和"单管放大器.XLS"，如图4-15a、b所示。

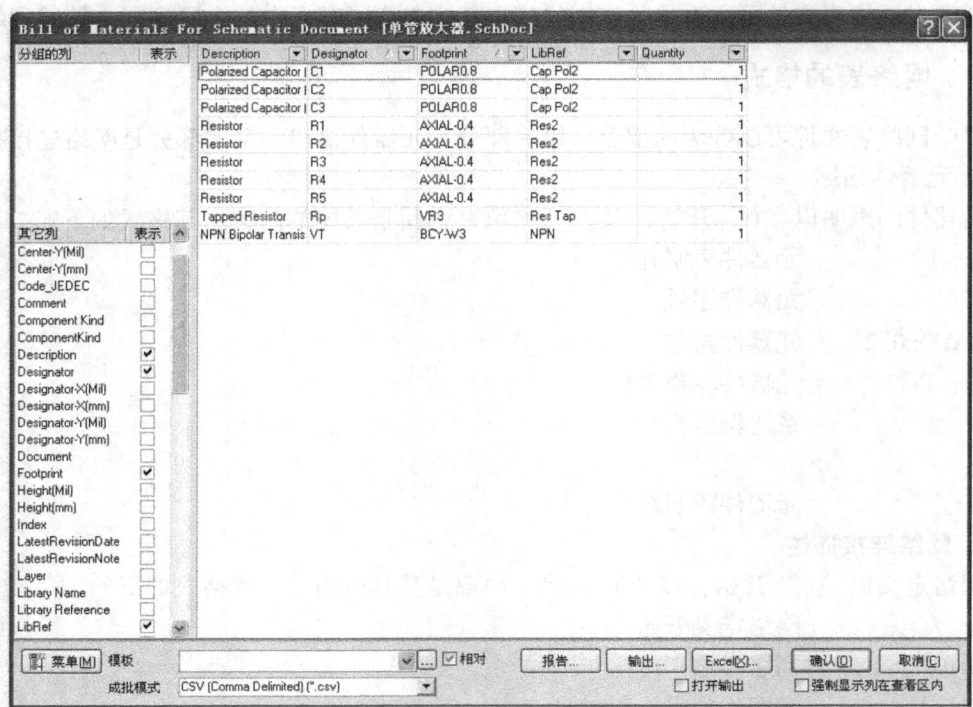

图4-12　元器件的列表清单对话框

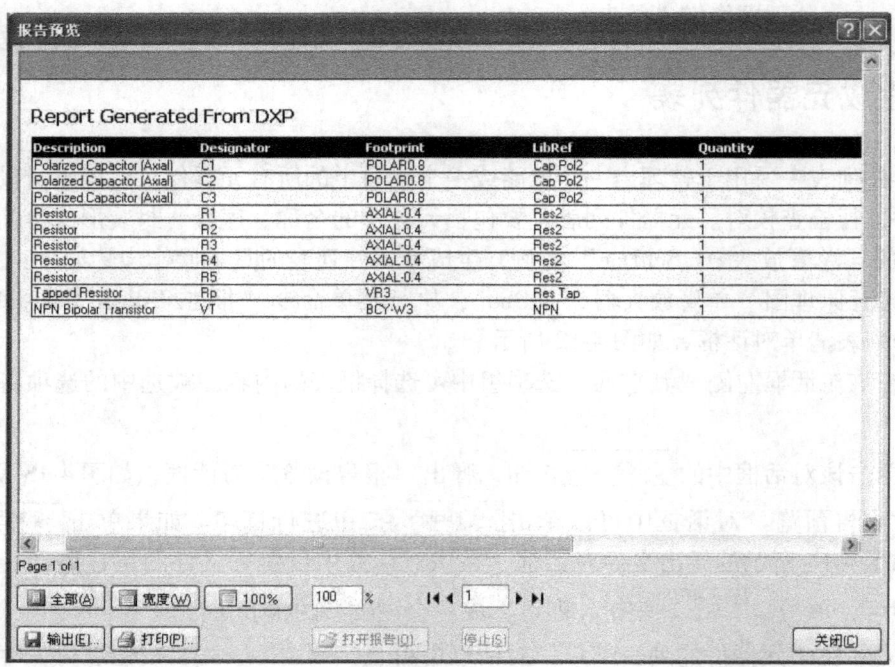

图4-13　"报告预览"对话框

第 4 章　电气规则检查和生成报表

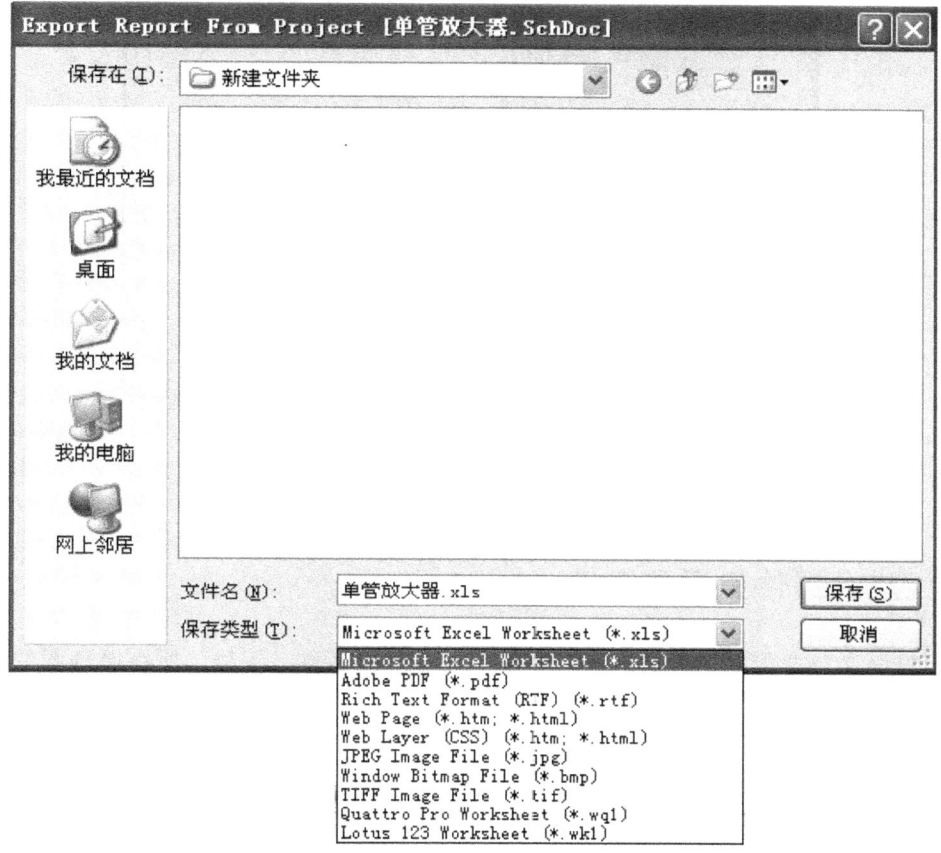

图 4-14　导出文件对话框

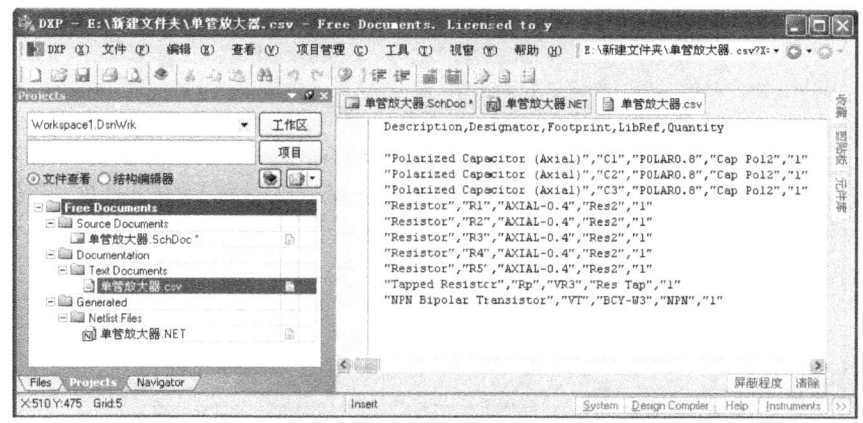

a) 单管放大电路.CSV文件

图 4-15　生成的报表文件

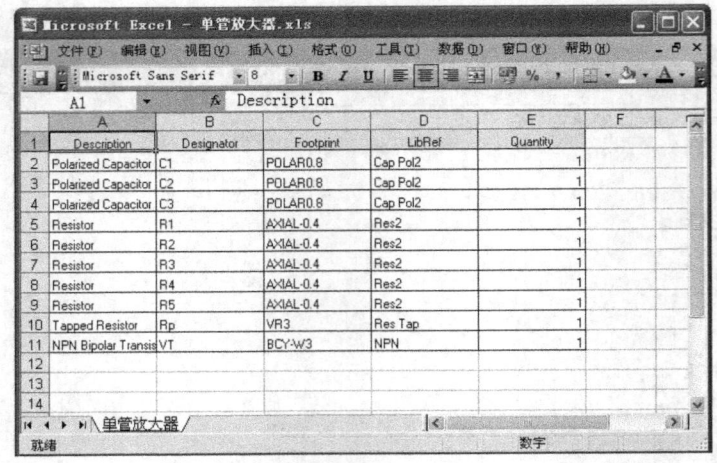

b) 单管放大电路.XLS文件

图 4-15　生成的报表文件（续）

4.4　生成元器件交叉参考表

元器件交叉参考表可用于列出项目中各个元器件的名称、编号、所在原理图的信息等。生成元器件交叉参考表的具体操作步骤如下：

1）打开项目中的任意一张原理图文档。这里打开第 3 章中项目文件"层次原理图一.PrjPCB"中的原理图文档"XinHaoFangDa.SchDoc"。

2）执行菜单命令"报告/Component Cross Reference"，生成元器件交叉参考表，如图 4-16 所示。

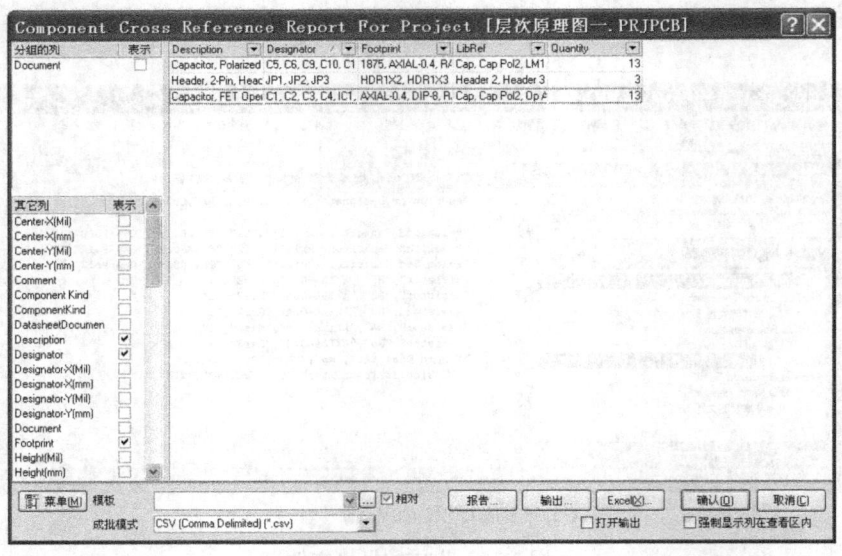

图 4-16　元器件交叉参考表

4.5 输出任务配置文件

在 Protel DXP 中允许用户根据需要单个输出各种报表文件，同时还允许用户进行批量输出操作，只需一次性配置，就可以完成所有的输出任务，包括材料报表、网络表、元器件交叉参考表、原理图打印文档的输出等。

4.5.1 创建任务输出配置文件

仍以第 3 章的项目文件"层次原理图一.PrjPCB"为例，创建输出任务配置文件的具体操作步骤如下：

1）打开项目文件"层次原理图一.PrjPCB"中的任意一个原理图，进入原理图编辑界面。这里打开"GongFangShuChu.SchDoc"。

2）执行菜单命令"文件/创建/输出作业文件"，生成任务配置文件 Job1.OutJob，同时系统打开"输出描述"对话框，如图 4-17 所示。

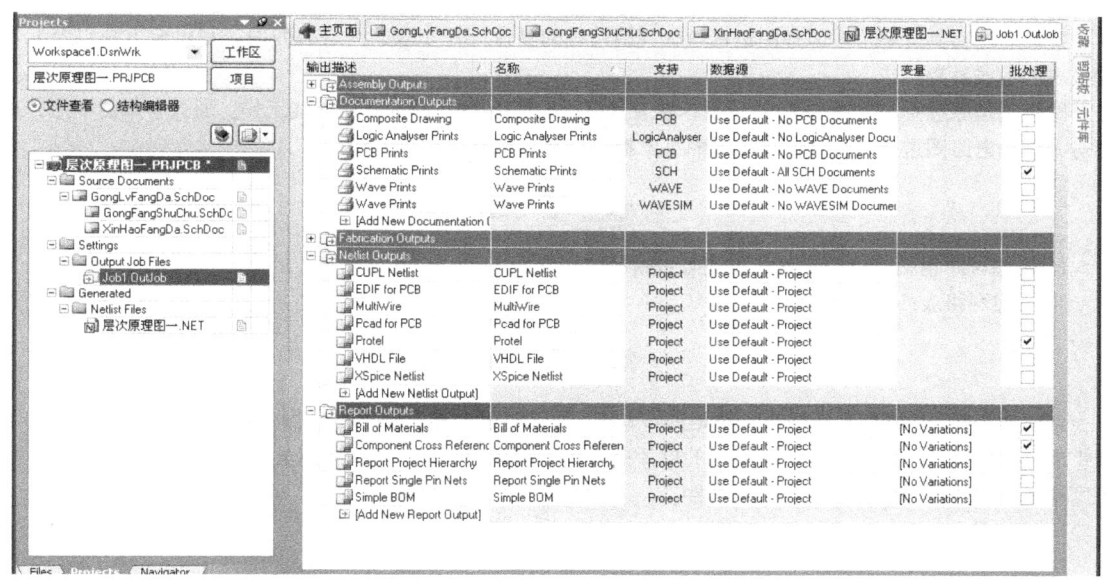

图 4-17 "输出描述"对话框

从该文件的输出描述中可以看到，按照输出数据类型可以分为以下五种：

Assembly Outputs：PCB 汇编输出文件

Documentation Outputs：原理图文档及 PCB 文档的打印输出文件

Fabrication Outputs：电路板生产输出文件

Netlist Outputs：各种网络表输出文件

Repot Outputs：各种报表文档文件

在"输出描述"对话框的"批处理"栏中对应文件后的复选框中画"√"，表明该文件被选中。本例选中的输出任务设置如图 4-17 所示。

4.5.2 数据输出

选择了需要输出的文件后，将鼠标放到任意一个输出文档上单击鼠标右键，在弹出的快捷菜单中选择"执行批处理"选项，弹出批处理任务确认对话框，如图4-18所示。

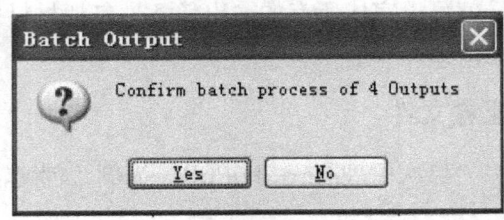

图4-18 "批处理任务确认"对话框

单击该对话框中的 Yes 按钮，则系统将根据设置一次性生成选中的输出文件。

本 章 小 结

本章通过实例讲解了对原理图进行电气规则检查的具体操作步骤、网络表的内容和生成方法以及元器件报表的生成过程。

网络表是原理图与PCB图间的桥梁，它会直接影响后面PCB图的自动布线工作。通过本章的学习，应能对一般的电路图进行电气规则检查并熟练掌握网络表的内容及生成方法。

思 考 题

1. 简述对原理图进行的电气规则检查包括哪些内容？
2. 简述网络表的格式和内容。

练 习 题

试将图2-102串联型直流稳压电源电路、2-103负反馈放大器实验电路、图2-106 8031单片机8155接口扩展电路原理图、图2-107 8031组成的单片机最小系统电路、图2-108运算放大器电路原理图进行电气规则检查并生成网络表和元器件列表文件。

第 5 章　印制电路板设计基础

对于印制电路板的初学者来说，在进行印制电路板设计之前，首先要熟悉与印制电路板设计密切相关的一些基本概念。本章将对印制电路板的结构、元器件的封装、飞线、导线、焊盘、过孔等基本概念及 PCB 的设计环境进行详细讲解，为后面进行 PCB 设计打下基础。

5.1　印制电路板的基础知识

随着电子技术的飞速发展及各种电器的普及，人们对于印制电路板已不陌生。印制电路板（PCB：Printed Circuit Board）又称电路板、印刷板或者印板。它以绝缘板为基础材料，板面上覆有铜膜，经加工后形成连接电路的导线（铜膜走线），同时还加工出各种孔（焊盘、过孔），以实现元器件之间的电气连接。

5.1.1　印制电路板的结构

一般来说，根据绝缘板上覆有铜膜的层数，印制电路板可以分为单面板、双面板和多层板三种。

1. 单面板（Single Layer PCB）

单面板在各种电器中应用最为广泛，其结构如图 5-1 所示。单面板所用的绝缘基板上只有一面是敷铜面，用于制作铜箔导线，而另一面用于放置元器件。因其具有无需过孔、制作简单、成本低廉的优点，在电路板集成度不高的电子产品中得到广泛的应用。但由于单面板走线只能在一面上进行，因此单面板的设计难度往往比双面板或多层板困难的多，因此适用于简单的 PCB 板制作。

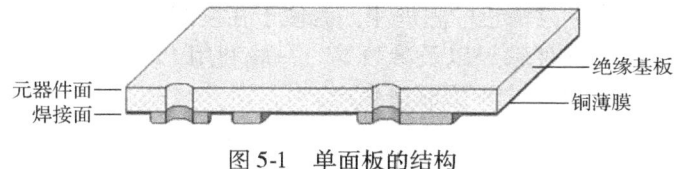

图 5-1　单面板的结构

2. 双面板（Double Layer PCB）

双面板是最常见的 PCB 板，结构如图 5-2 所示，它是在绝缘基板的上、下两面均有敷铜层，都可以制作铜膜走线。双面板包括顶层（Top Layer）和底层（Bottom Layer）两层，顶

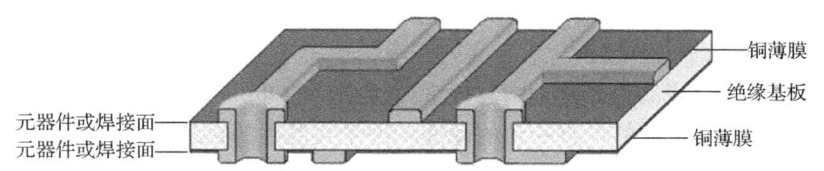

图 5-2　双面板的结构

层一般为放置元器件面,底层一般为焊接面。双面板的两面都可以敷铜布线,两层间的走线用过孔连接,具有电路复杂而布线简单的特点,因而得到广泛应用。

3. 多层板(Multi Layer PCB)

多层板除了顶层和底层外,还包括内部电源层、接地层和中间层等,其结构如图5-3所示。它是由一层铜膜与一层绝缘基板交替粘合而成的,板层之间的电气连接通过焊盘、过孔、盲孔和埋孔来实现。在多层板中可以充分利用电路板的多层结构,解决高频电路布线时的电磁干扰、屏蔽问题,同时由于设置了内部电源/接地层,化简了电源和地网络的大量连线,使布线层面的连接急剧减少。多层板的制作工艺较为复杂,成本相对较高。

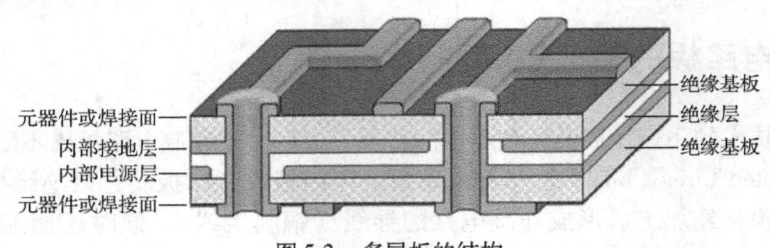

图5-3 多层板的结构

5.1.2 印制电路板的制作流程

为了更好地利用Protel DXP 2004设计实用美观的印制电路板,下面简单介绍一下印制电路板的制作工艺流程。

印制电路板的生产过程较为复杂,涉及的工艺范围很广,包括机械加工、光化学、电化学等工艺和计算机制造等多方面的知识。单面板和双面板的一般制作过程如下:下料——丝网漏印——腐蚀——去除印料——孔加工——涂助焊剂和阻焊漆——印标注——成品分割——检查测试。经过上述步骤后,印制电路板已经初步制作完成,但为了更好地装配元器件,提高其可靠性,在焊盘上要涂抹一层助焊剂,以利于焊盘和元器件引脚的焊接。在焊接过程中,为了避免和附近其他导线短接,同时防止铜箔导线在长期的工作环境下被氧化腐蚀,在铜箔导线上要涂上一层绿色的阻焊漆。为便于在装配和维修的过程中识别元器件,一般在电路板上还要印制元器件编号以及参数等。一般利用Protel DXP 2004将印制电路板设计出来后就可以直接由PCB生产厂家制造生产。

以上是单面板和双面板的制作过程,而多层板制作工艺更加复杂,这里就不具体介绍了。

5.1.3 印制电路板设计中的图件

图件是印制电路板设计中的基本元素,包括元器件封装、导线、过孔、焊盘、助焊膜、阻焊膜、矩形填充区域、字符串、坐标和尺寸标注等。

1. 元器件封装

元器件封装是实际元器件焊接到电路板上时所指示的外观形状和焊盘位置,它是使实际元器件的引脚和印制电路板上的焊点一致的保证。由于元器件的封装只是实际元器件的外形和焊点位置,仅仅是空间的概念,因此不同的元器件可以共用同一个元器件封装,同类元器件也可以有不同的封装形式,只有形状和尺寸都正确,元器件才能安装并焊接到印制电路板上。

常见的元器件封装可分为两类：直插式元器件封装和表面贴装元器件封装。

（1）直插式元器件封装　直插式元器件封装的焊盘一般贯穿整个印制电路板，从顶层穿下，在底层进行元器件的引脚焊接，如图5-4所示。

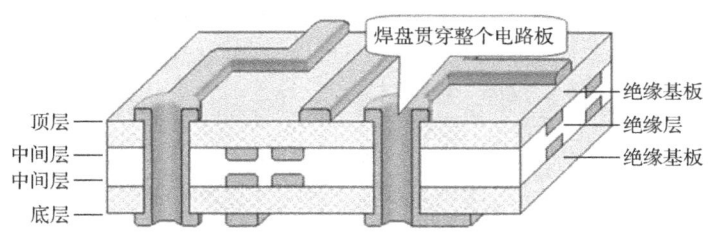

图5-4　直插式元器件焊接示意图

常见的直插式元器件及其封装形式如下：

1）电阻。电阻的种类繁多，在电路中使用得最广泛，各种类型的电阻实物如图5-5所示，常见的封装形式如图5-6所示。电阻的封装系列名称为AXIAL-xxx，其中AXIAL为轴状包装方式，后面的数字表示两个焊盘间的距离，如AXIAL-0.4表示两个焊盘间的距离为0.4英寸。AXIAL系列从AXIAL-0.3到AXIAL-1.0，数值越大，其形状也越大。

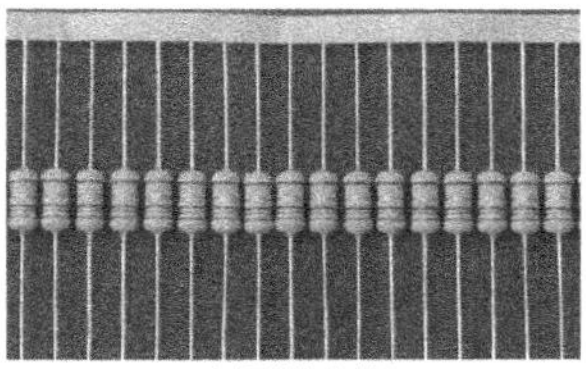

金属膜电阻 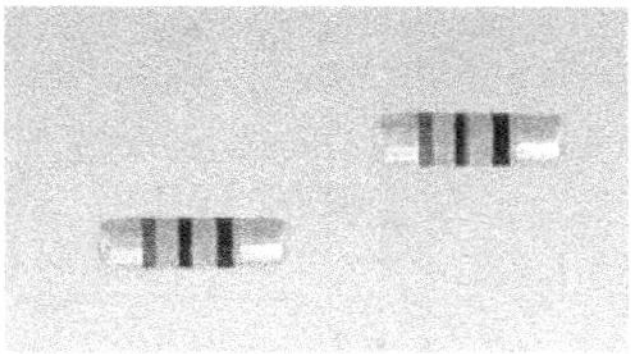　　　　柱状金属膜电阻 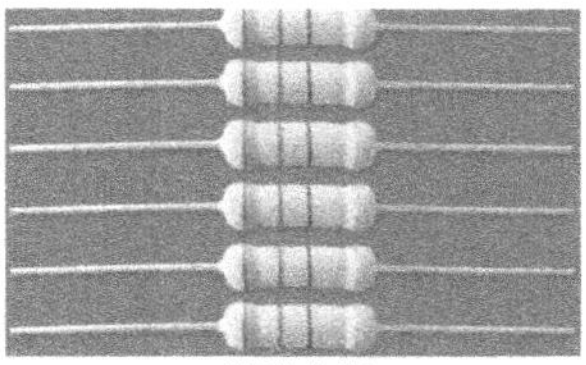　　　　碳膜电阻

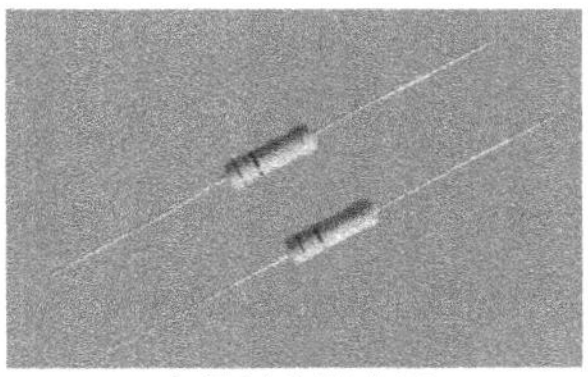

金属氧化膜电阻 　　线绕涂覆型不燃性电阻 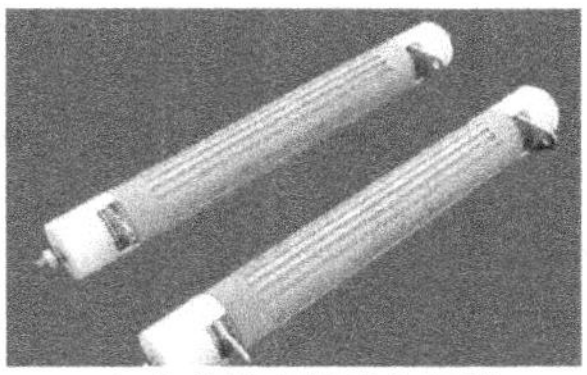　　大功率铝壳线绕电阻器

排阻 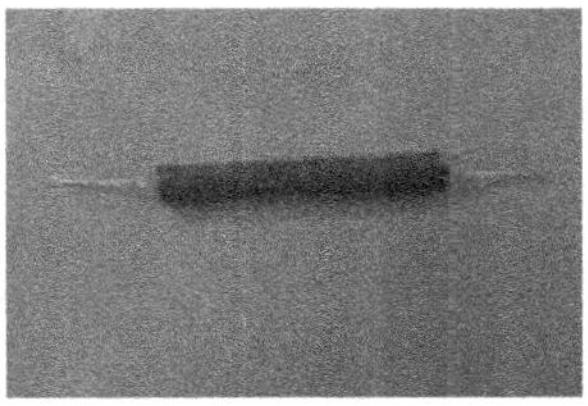　　　　　高压高阻值电阻 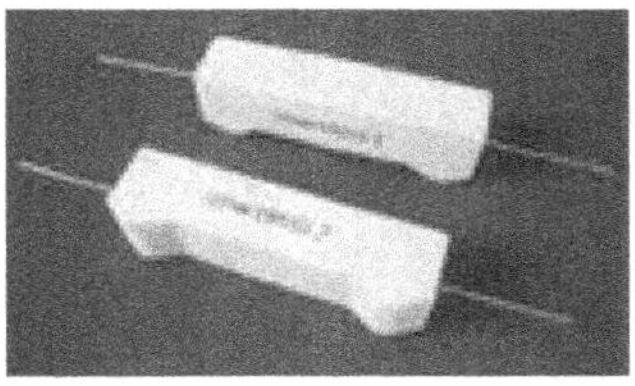　　　　水泥电阻

图5-5　电阻实物

a）AXIAL-0.3封装 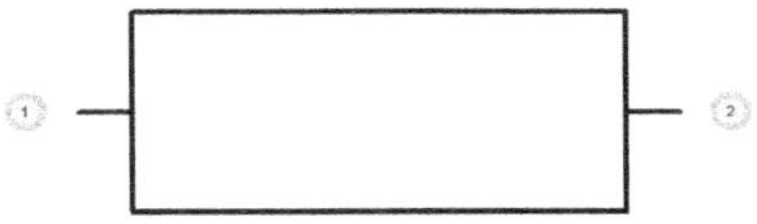　　　　b）AXIAL-1.0封装

图5-6　电阻的常见封装举例

2）电容。分为无极性电容和极性电容两种。无极性电容在元件库中的名称为 CAP，常见的无极性电容的实物如图 5-7 所示，其元件库中的符号和常用封装形式如图 5-8 所示。无极性电容的封装名称为 RAD-xxx。RAD 系列从 RAD-0.1 到 RAD-0.4，数字表示两个焊盘间的距离，如 RAD-0.3 表示两个焊盘间的距离为 0.3 英寸（=300mil），即为 7.62mm。

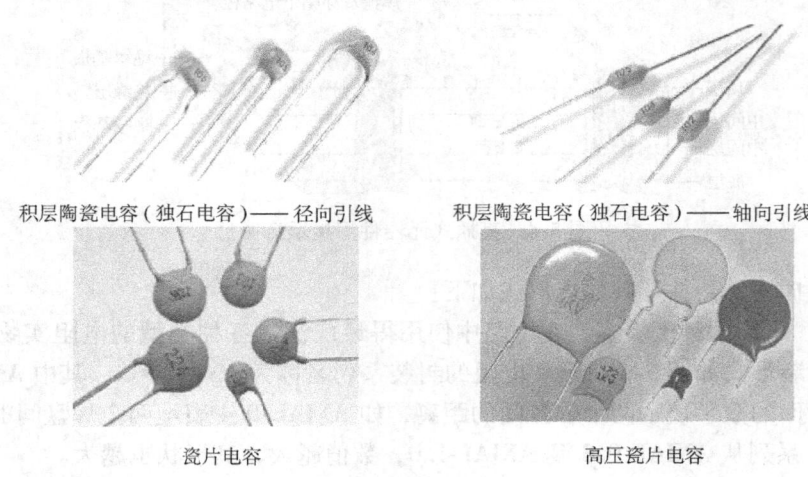

图 5-7　电容实物

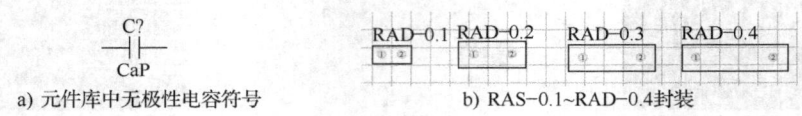

图 5-8　无极性电容的符号与常见封装举例

极性电容的实物如图 5-9 所示，其在元件库中符号和封装形式如图 5-10 所示。极性电容的封装名称为 RB-xx，如 RB5-10.5，数字 5 表示焊盘间距为 5mm，10.5 表示电容的圆筒外径为 10.5mm。根据体积的大小，极性电容可以选择 RB5-10.5 和 RB7.6-15 两种。

图 5-9　极性电容实物

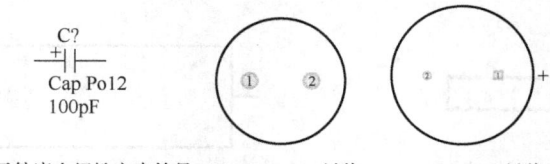

图 5-10　极性电容符号和常见封装举例

3）二极管。常见的二极管实物如图 5-11 所示，常用的封装形式如图 5-12 所示。其中 DIODE-0.4 为小功率二极管，DIODE-0.7 为大功率二极管，LED-1 为发光二极管。

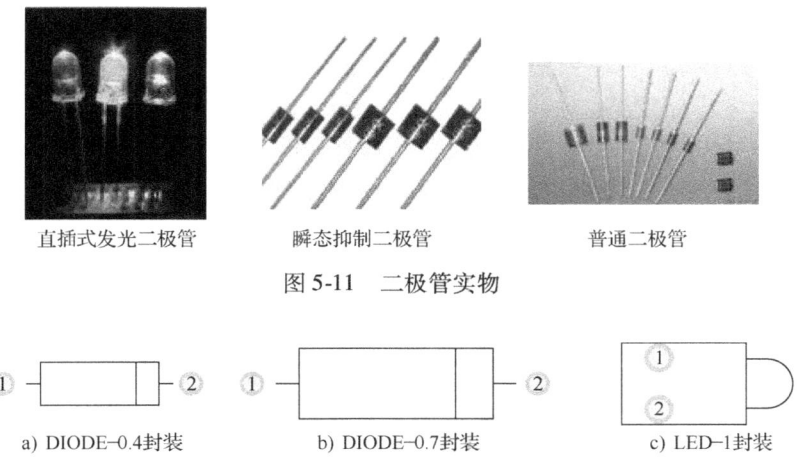

图 5-11　二极管实物

图 5-12　二极管的常用封装举例

4）晶体管。晶体管在结构上分为两种：一种是 NPN 型晶体管，一种是 PNP 型晶体管。根据其外形和材料的不同又可以分为塑封外壳晶体管和金属外壳晶体管两种。

塑封外壳晶体管的实物如图 5-13 所示，其封装形式如图 5-14 所示。小功率塑封外壳晶体管封装一般采用 BCY 系列，大功率塑封外壳晶体管封装常采用 SFM 系列封装。

a) 普通晶体管

b) 功率晶体管

图 5-13　塑封外壳晶体管

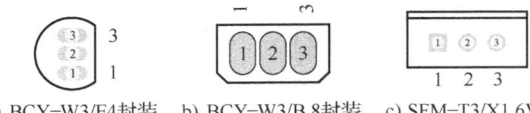

a) BCY-W3/E4封装　　b) BCY-W3/B.8封装　　c) SFM-T3/X1.6V封装

图 5-14　塑封外壳晶体管的封装举例

金属外壳晶体管的实物及其封装形式如图 5-15 所示。小功率金属外壳晶体管一般采用 CAN 系列封装，大功率金属外壳晶体管常采用 TO 系列封装。

5）整流桥。整流桥是电源电路中常用的整流元器件，其外形有长方形和方形两种。整流桥在元件库中的符号如图 5-16 所示，它的实物如图 5-17 所示，其常见封装形式举例如图 5-18 所示。

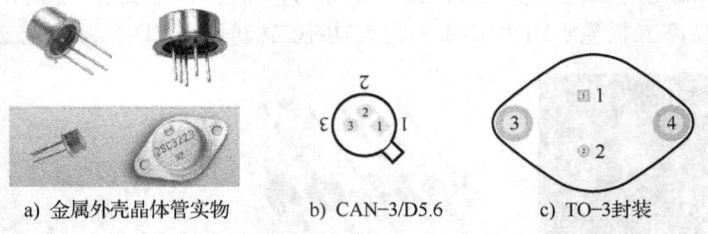

a) 金属外壳晶体管实物　　b) CAN-3/D5.6　　c) TO-3封装

图 5-15　金属外壳晶体管实物及常见封装

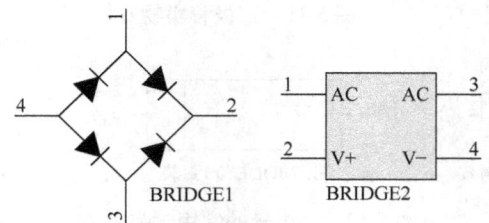

图 5-16　元件库中的整流桥符号

图 5-17　整流桥实物

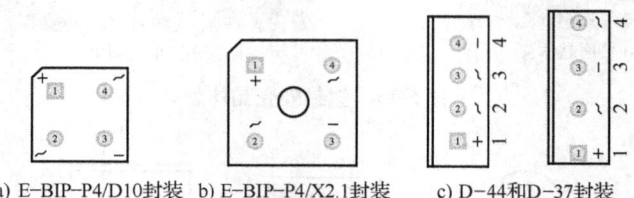

a) E-BIP-P4/D10封装　b) E-BIP-P4/X2.1封装　c) D-44和D-37封装

图 5-18　整流桥的常见封装举例

6）电位器。电位器实际上是一个可调电阻器，根据材料和精度的不同，在体积和外形上也有差别，其实物如图 5-19 所示。电位器的封装系列名称为 VRx，一般从 VR2 到 VR5，其常见封装形式举例如图 5-20 所示。

7）晶体振荡器。晶体振荡器一般用于单片机等含振荡时钟的电路，其外形有圆柱形和长方形两种。晶体振荡器在元件库中的符号如图 5-21 所示，实物如图 5-22 所示，其常见封装形式举例如图 5-23 所示。

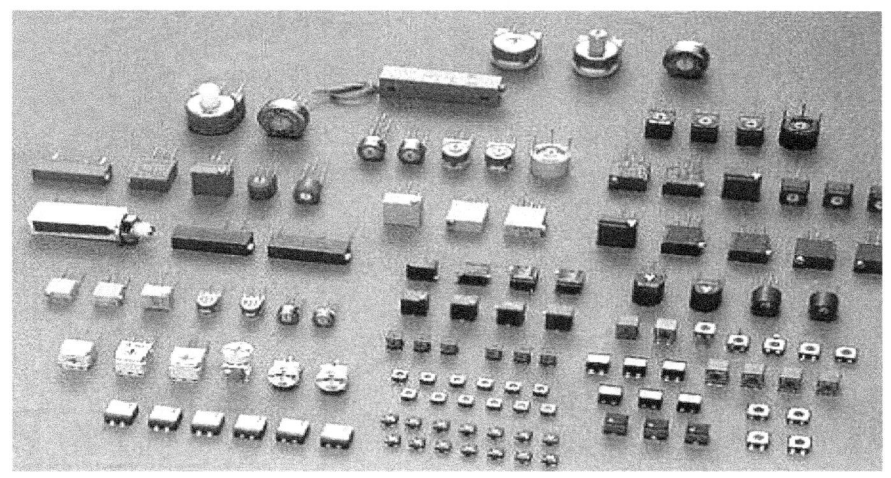

图 5-19 电位器实物

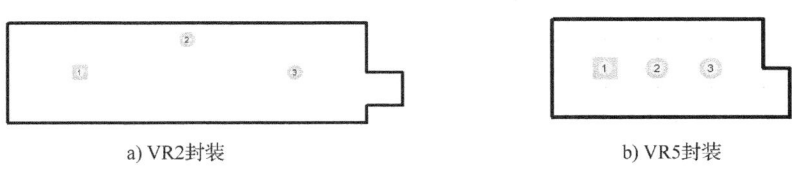

a) VR2封装 b) VR5封装

图 5-20 常见电位器的封装举例

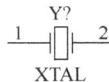

图 5-21 元件库中晶体振荡器的符号

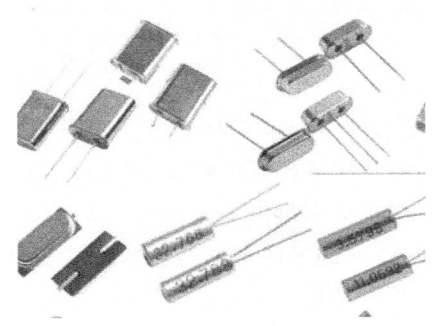   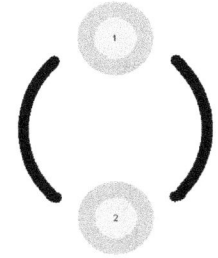

图 5-22 晶体振荡器实物　　图 5-23 晶体振荡器的常见封装举例
　　　　　　　　　　　　　　　　（BCY-W2/D3.1）

8）单排直插式元器件。单排直插式元器件是指用于不同电路板之间电信号连接的单排插座、单排集成块等元器件，其在元件库中的符号如图 5-24 所示，其实物如图 5-25 所示，其常见封装形式举例如图 5-26 所示。

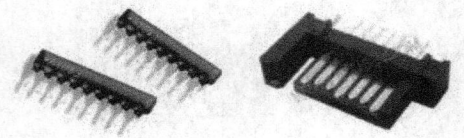

图 5-24　元件库中单排直插式元器件的符号

图 5-25　单排直插式元器件实物

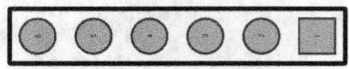

图 5-26　单排直插式元器件的常见封装
（HDR1X6）举例

9）双列直插式元器件。双列直插式元器件一般是指双列直插集成块，此类元器件种类繁多，功能大不相同。常见双列直插元器件的实物如图 5-27 所示，其常见封装形式举例如图 5-28 所示。有些集成块的插座也采用双列直插式元件的封装。

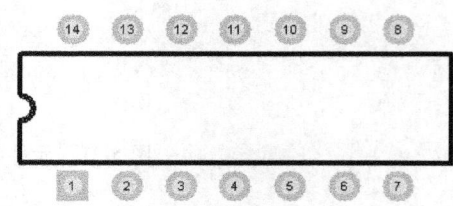

图 5-27　双列直插式元器件实物图　　图 5-28　双列直插式元器件的封装
（DIP-14）举例

（2）表面贴装式元器件封装　表面贴装式元器件（SMD）体积小，没有引脚或引脚非常细小，可以大量节省印制电路板的面积。表面贴装式元器件的封装与传统的直插式元器件的封装有很大的区别，它不需要中间的焊盘孔，焊盘也不再位于复合层，而直接位于信号层的顶层或底层，其示意图如图 5-29 所示。贴装元器件的电路符号与相应的直插式元器件相同，只是在封装上有区别。常见的贴装元器件及其封装形式如下：

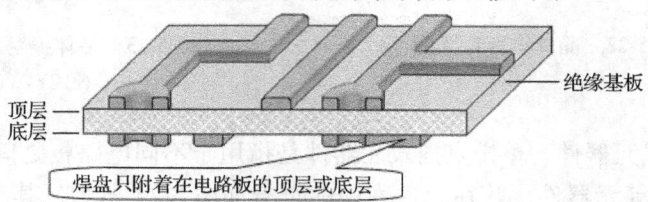

图 5-29　SMD 焊接板示意图

1）贴片电阻。贴片电阻的实物及其封装形式如图5-30所示。

a) 贴片电阻实物　　　　　　　　b) 贴片电阻常见的封装举例

图5-30　贴片电阻及其常见封装举例

2）贴片电容。贴片电容的实物及其封装形式如图5-31所示。

a) 贴片电容实物　　　　　　　　b) 贴片电容常见的封装举例

图5-31　贴片电容及其常见封装举例

3）贴片二极管　常见的贴片二极管实物及其封装形式如图5-32所示。

a) 贴片二极管实物　　　　　　　　b) 贴片二极管常见的封装举例

图5-32　贴片二极管及其常见的封装举例

4）贴片晶体管、场效应晶体管和三端稳压器。一般贴片晶体管、场效应晶体管、三端稳压器等元器件的外形很相似，如图5-33所示为常见的贴片晶体管、场效应晶体管和三端稳压器实物及其常见封装形式举例。

5）塑料方形扁平式元器件。塑料方形扁平式封装（PQFP）的元器件外形及其封装形式举例如图5-34所示。此类封装元器件四边都有引脚，引脚向外张开，引脚数目较多，而且引脚距离也很短，因此在大规模集成电路封装中经常被采用。

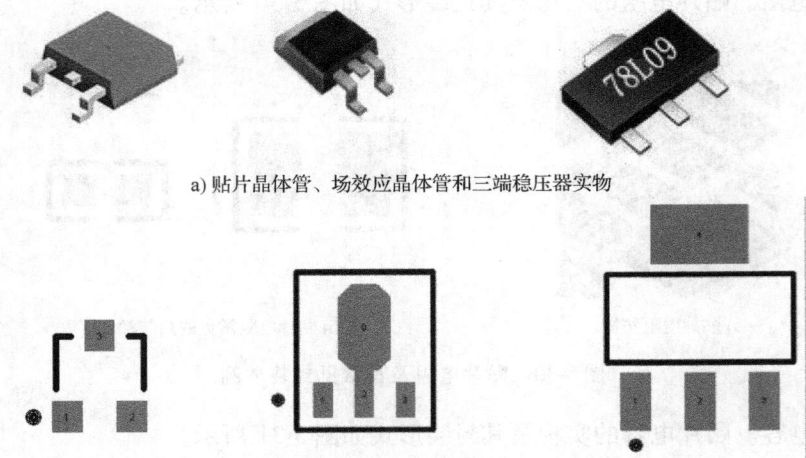

a) 贴片晶体管、场效应晶体管和三端稳压器实物

b) 贴片晶体管、场效应晶体管和三端稳压器常见的封装举例

图 5-33 常见贴片晶体管、场效应晶体管和三端稳压器及其封装举例

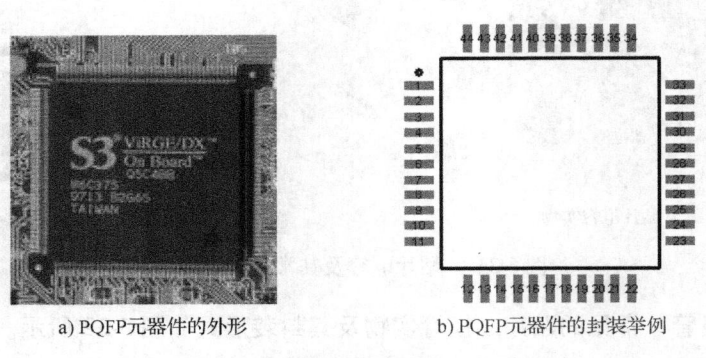

a) PQFP元器件的外形　　　　b) PQFP元器件的封装举例

图 5-34 PQFP 的元器件外形和封装举例

6）球形网格阵列元器件。球形网格阵列封装（BGA）元器件的外形及其封装形式举例如图 5-35 所示。该封装结构比较特殊，元器件表面无引脚，其引脚成球状矩阵式排列于元器件底部。

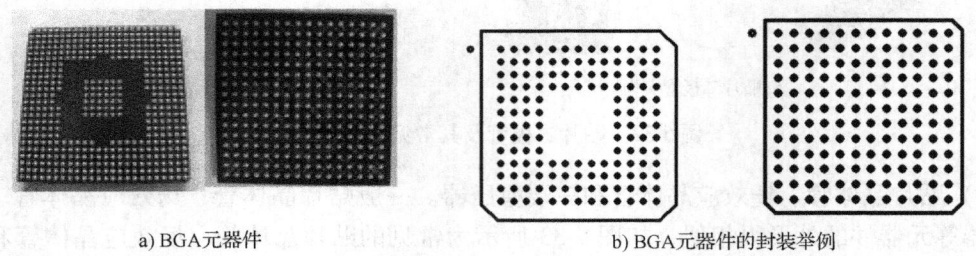

a) BGA元器件　　　　　　b) BGA元器件的封装举例

图 5-35 BGA 元器件及其封装举例

7）塑料有引线芯片载体元器件。塑料有引线芯片载体封装（PLCC）元器件的外形及其封装形式举例如图 5-36 所示。此类封装元器件四边都有引脚，引脚向芯片底部弯曲。

 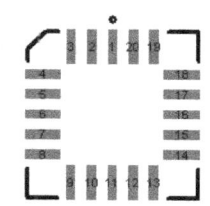

a) PLCC元器件　　　b) PLCC元器件的封装举例

图 5-36　PLCC 的元器件外形和封装举例

2. 导线

在 PCB 中导线又被称为铜膜走线，是印制电路板中用于电气连接的图件。导线可以布置于任意层上，但布置在各层上的意义和用途不大一样。例如导线在信号层中是用来布线，在机械层中是用来定义印制电路板的大小，在丝印层中是用来定义元器件轮廓，在禁止布线层则用来定义电气边界。

与导线有关的另外一种线称为"飞线"，也称为预拉线。它是用来引导布线的一种连线。飞线和导线有着本质的区别，飞线只是一种形式上的连线，即从形式上表示出各个焊盘之间的连接关系，没有实际的电气连接意义。导线则是根据飞线指示的焊盘间的连接关系而布置的，它具有电气连接意义。

3. 过孔

过孔用于连接不同板层上的导线。过孔的形状类似于圆形焊盘，它分为通孔、盲孔和埋孔三种。

1）盲孔：从表层连到内层的过孔。

2）埋孔：从一个内层连到另一个内层。

3）通孔：从顶层通到底层，允许连接所有的内部信号层。

在制作 PCB 时应该尽量少用过孔，如果使用，一定要处理好它与周围各个实体的间隙。

4. 焊盘

焊盘用于在印制电路板上固定元器件引脚，可以单独放置在一层或多个板层上。对于表面安装的元器件和边缘连接器来说，其焊盘一般需要在顶层和底层单独放置一层。焊盘的形状有圆形、矩形和八边形三种。

5. 助焊膜和阻焊膜

助焊膜是涂于焊盘上，提高可焊性的一层膜。阻焊膜是为了使制成的板子适应波峰焊接形式，使板子非焊盘处不能粘锡，因此在焊盘以外的各个部位涂上一层材料，来阻止这些部位粘锡。

6. 矩形填充块

矩形填充块可以被放置在任何板层上，在设计时有多种用途。例如在信号层上，它作为实心铜区域来屏蔽或传导大电流。

7. 字符串

字符串是指一些说明性文字，其长度包括空格在内最多不超过 254 个字符。

8. 多边形敷铜

多边形敷铜用于在 PCB 上的不规则区域内填充铜膜，以便和特殊的网络连接起来。

9. 坐标

坐标用来显示工作平面内指定点的坐标，它包括点的标记和 X、Y 坐标值。

10. 尺寸标注

尺寸标注用来标注电路板上任意两点之间的距离，是由尺寸数字和尺寸线组成的一种特殊的图件。

5.2 印制电路板的布线流程

在进行印制电路板的设计工作之前，必须了解设计工作的基本工序，也就是所谓的印制电路板的布线流程。一般情况下，我们需要设计电路板的大小、外形、环境参数等。印制电路板的布线流程大致可以分为以下几个步骤：

1. 准备原理图及网络表

印制电路板的设计工作首先是绘制原理图，然后由原理图生成相应的网络表，而网络表正是印制电路板自动布线的基础和关键。

2. 规划电路板

在制作印制电路板之前，对电路板应有一个初步的规划。例如电路板采用多大的物理尺寸、采用几层板（是单面板还是双面板）、每个元器件的封装形式及安装位置等。这是一项极其重要的工作，是电路板设计的框架。

3. 启动印制电路板（PCB）编辑器

进入 PCB 编辑器的编辑环境。

4. 设置相关参数

启动 PCB 编辑器后，就要对元器件的布置参数、板层参数、布线参数等进行相应的设置。有些参数可以直接采用系统的默认值，有些参数必须根据设计要求进行修改，而有些参数也可以根据自己的习惯进行设置。

5. 装入网络表及元器件封装

网络表是电路板自动布线的灵魂，也是电路原理图与印制电路板设计系统的接口，因此这一步也是非常重要的环节。只有将网络表装入之后，才可能完成对电路板的自动布线。由于 Protel DXP 2004 集成度很高，因此不需要手动生成网络表并把网络表和元器件封装信息载入 PCB 系统中，这些工作都是由系统在后台完成的。

6. 元器件布局

元器件布局是进行 PCB 布线前的准备工作，主要是合理安排每个元器件的位置。对于电路板上元器件较少且电路不复杂的情况，可采用 Protel DXP 2004 的自动布局功能，为整个电路板上的元器件进行自动布局。但在实际工程中，对元器件自动布局后往往还需手工调整。

7. 自动布线与手工调整

PCB 的自动布线功能相当强，只要将有关参数设置适当，元器件的位置布置妥当，自动布线的成功率几乎是 100%。不过自动布线后，有时也存在不尽人意的地方，这时候还需手工调整。

8. 文件保存及打印输出

完成印制电路板的布线工作之后，应及时地将文件进行存盘保存，同时可以打印输出。

5.3 PCB 编辑器

5.3.1 启动 PCB 编辑器

启动 PCB 编辑器有以下几种方法：

1）执行菜单命令"文件/创建/PCB 文件"，之后系统会自动生成一个默认文件名为 "PCB1.PcbDoc"的文件并进入 PCB 编辑器，如图 5-37 所示。

2）单击工作区面板下部的 Files 选项卡，在该选项卡的"新建"项目中单击 PCB File 图标，则系统自动建立一个默认文件名为"PCB1.PcbDoc"的空白文档并进入 PCB 编辑器，如图 5-37 所示。

3）单击工作区面板下部的 Files 选项卡，在该选项卡的"根据模板新建"项目中选择 PCB Templates... 图标，此时系统会弹出如图 5-38 所示的 "Choose existing Document"（选择现有文档）对话框。从中选择一个模板文件，如选择" A4 "文件后单击该对话框中的 打开(O) 按钮，系统会自动建立一个默认文件名为"PCB1.PcbDoc"的空白文档并进入 PCB 编辑器，如图 5-37 所示。

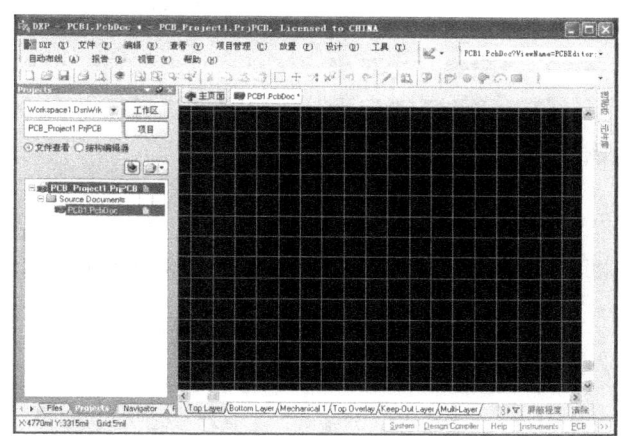

图 5-37　PCB 编辑器窗口

图 5-38　"Choose existing Document" 对话框

5.3.2 工具栏的使用

与原理图设计系统一样,PCB 也提供了各种工具栏,在实际工作中可以根据需要打开或关闭这些工具栏。

1. "PCB 标准"工具栏

打开或关闭"PCB 标准"工具栏可执行菜单命令"查看/工具栏/ PCB 标准",如图 5-39 所示。该工具栏为用户提供了缩放、复制、粘贴、选取对象等命令。

图 5-39 "PCB 标准"工具栏

2. "配线"工具栏

打开或关闭"配线"工具栏可执行菜单命令"查看/工具栏/ 配线",如图 5-40 所示。该工具栏主要为用户提供布线命令。

3. "实用工具"工具栏

打开或关闭"实用工具"工具栏可执行菜单命令"查看/工具栏/ 实用工具",如图 5-41 所示。该工具栏中包括几个常用的子工具栏。

图 5-40 "配线"工具栏

图 5-41 "实用工具"工具栏

(1)"绘图"工具栏 单击"实用工具"工具栏中的 图标可以打开"绘图"工具栏,如图 5-42 所示。该工具栏中有绘制直线、圆弧、放置坐标、设置坐标原点等命令。

(2)"元件位置调整"工具栏 单击"实用工具"工具栏中的 图标可以打开"元件位置调整"工具栏,如图 5-43 所示。利用该工具栏可以方便用户对元器件进行排列和布局。

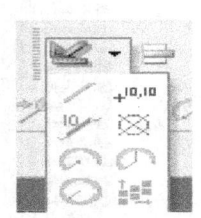

图 5-42 "绘图"工具栏

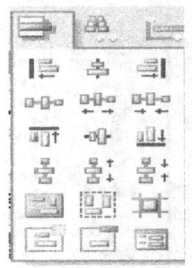

图 5-43 "元件位置调整"工具栏

(3)"查找选择集"工具栏 单击"实用工具"工具栏中的 图标可以打开"查找选择集"工具栏,如图 5-44 所示。该工具栏可以方便用户选择已选取的对象。

(4)"尺寸标注"工具栏 单击"实用工具"工具栏中的 图标可以打开"尺寸标

注"工具栏，如图 5-45 所示。该工具栏可用于标注各种类型的尺寸。

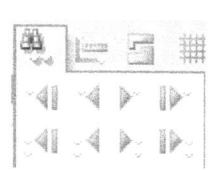
图 5-44 "查找选择"工具栏

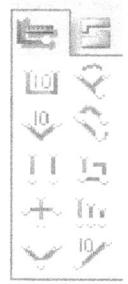
图 5-45 "尺寸标注"工具栏

（5）"放置元件集合定义"工具栏　单击"实用工具"工具栏中的 图标可以打开"放置元件集合定义"工具栏，如图 5-46 所示。在为印制电路板布线获取 PCB 图形时，可将元件、元件类或封装分配给一个空间，空间可以定义在顶层或底层，并且可以确定目标保持在其内或其外。当移动空间时，空间内的实体也随之移动，空间定义可取消也可以被锁定。

（6）"栅格设置"菜单　单击"实用工具"工具栏中的 图标可以打开栅格设置菜单，如图 5-47 所示。根据布线需要，利用该菜单中各命令可以设置栅格的大小。

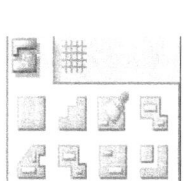
图 5-46 "放置元件集合定义"工具栏

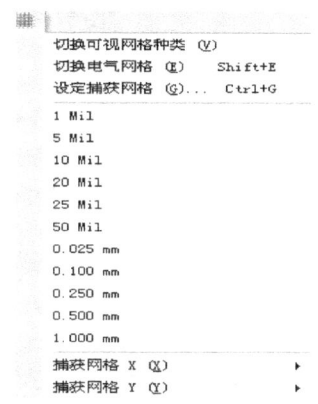
图 5-47 "栅格设置"菜单

5.4 PCB 工作层的管理

为了制作出各种不同类型的电路板，要给出电路板的一些必要信息，如电路板的层数、焊盘位置、大小等，这些参数信息都要在层上完成。电路板设计者通过工作层提供给电路板厂家所需的印制电路板参数。

5.4.1 工作层的类型

Protel DXP 2004 提供了若干个不同类型的工作层，包括信号层、内层电源/接地层、机械层等，对于不同的层面需要进行不同的操作。在设计印制电路板时，必须对工作层进行选择。在 PCB 编辑器中执行菜单命令"设计/PCB 板层和颜色"，弹出如图 5-48 所示的"板层和颜色"对话框，在该对话框中显示了系统提供的工作层，主要有以下几种类型：

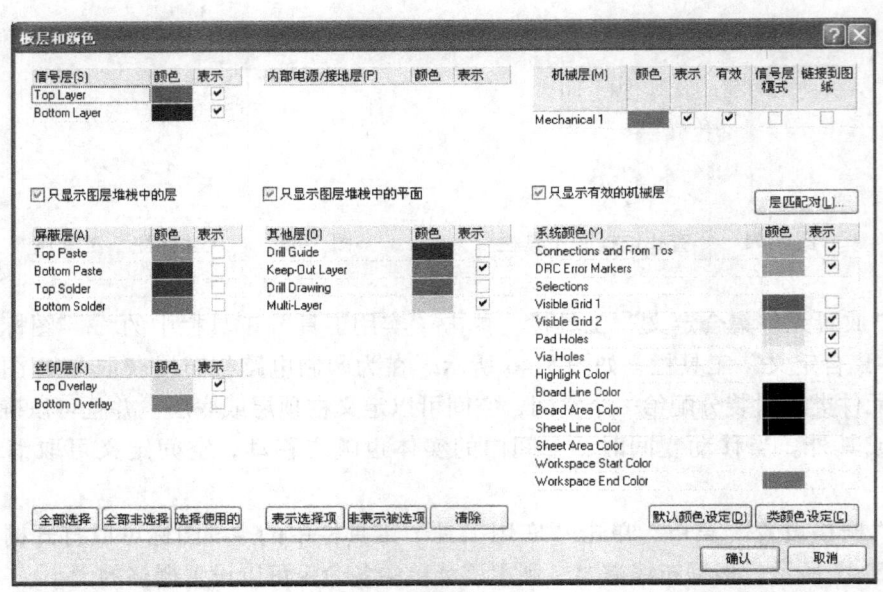

图 5-48 "板层和颜色"对话框

1. 信号层

Protel DXP 2004 已扩展到 32 个信号层，主要包括：Top Layer、Bottom Layer、Mid Layer1、Mid Layer2……。如果当前是多层板，则信号层可以全部显示出来。如果用户没有设置 Mid 层，可执行菜单命令"设计/层堆栈管理器"，弹出如图 5-49 所示的"层堆栈管理器"对话框，单击该对话框中的 追加层(L) 按钮，可添加信号层。添加信号层后的"板层和颜色"对话框"如图 5-50 所示。

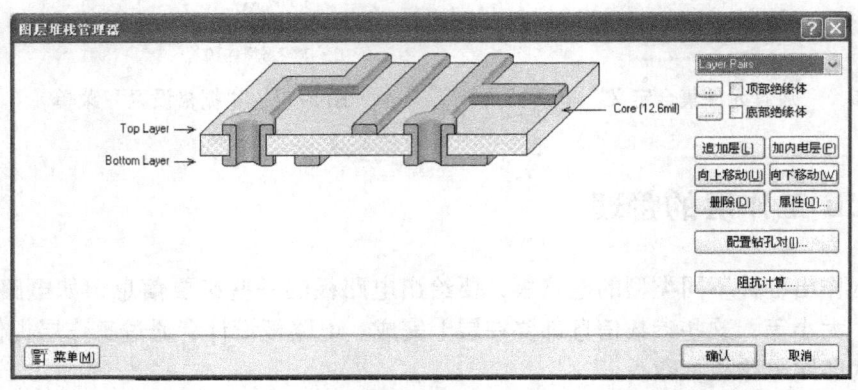

图 5-49 "层堆栈管理器"对话框

信号层主要用于放置元器件、导线等与电气信号有关的电气元素，如 Top Layer 为顶层，

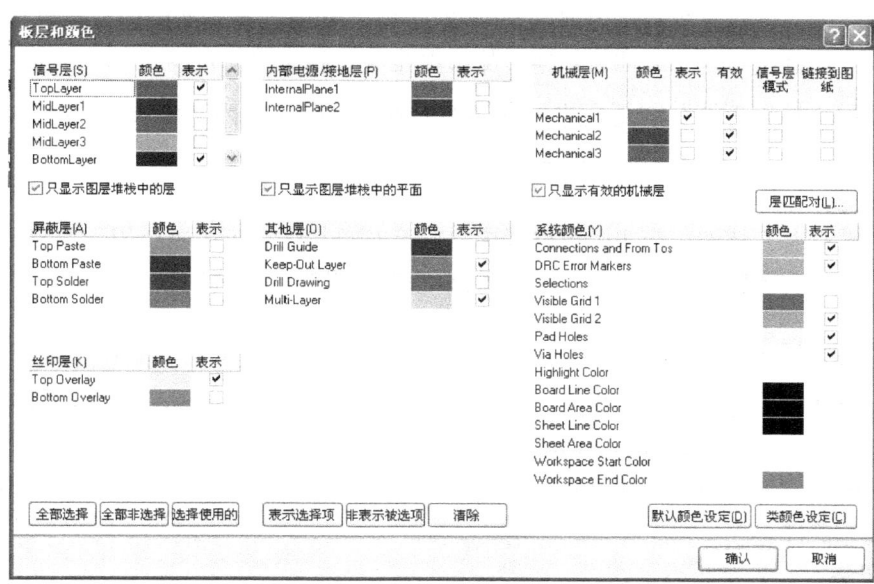

图 5-50 添加信号层、内层电源/接地层后的"板层和颜色"对话框

用于放置元器件；Bottom Layer 为底层，用做焊接面；Mid 层为中间工作层，用于布置信号线。

"层堆栈管理器"对话框中各按钮的功能如下：

追加层(L) 按钮：用于添加中间信号层。

加内电层(P) 按钮：用于添加内部电源层。

向上移动(U) 按钮：用于将当前选定工作层向上移动一层。

向下移动(W) 按钮：用于将当前选定工作层向下移动一层。

删除(D) 按钮：用于删除当前选定工作层。

属性(O)... 按钮：单击该按钮可打开当前工作层属性对话框，在该对话框中可设置绝缘层的材料和厚度等参数。

配置钻孔对(I)... 按钮：可设置钻孔的属性。

阻抗计算... 按钮：用于计算设计电路板的阻抗。

"顶部绝缘体"复选框：选中该复选框后，系统会在顶层添加绝缘层。其左边的 ... 按钮可以进行绝缘层的材料和厚度的设定。

"底部绝缘体"复选框：选中该复选框后，系统会在底层添加绝缘层。其左边的 ... 按钮可以进行绝缘层的材料和厚度的设定。

菜单(M) 按钮：单击此按钮，弹出"Menu"菜单，其中一些功能与上述的按钮功能相对应。

2. 内部电源/接地层

Protel DXP 2004 提供了 16 个内部电源/接地层，该层主要用于放置电源线和接地线。在多层板的制作中，可以充分利用内部电源/接地层将大量接电源或地线的元器件引脚通过元器件焊盘或过孔直接与电源或地线相连，从而简化电源和地线的布线。

单击"层堆栈管理器"对话框中的 加内电层(P) 按钮，可添加内部电源/接地层。添加内部电源/接地层后的"板层和颜色对话框"如图 5-50 所示。

3. 机械层

机械层没有电气特性，在实际电路板中也没有对象与之对应，主要用于放置标注和说明性文字等，属于逻辑层。Protel DXP 2004 提供了 16 个机械层，它们是 Mechanical1 ~ Mechanical16。

4. 屏蔽层

屏蔽层包括阻焊层和锡膏防护层。其中，Top Solder 和 Bottom Solder 分别称为顶层阻焊层和底层阻焊层，Top Paste 和 Bottom Paste 分别称为顶层锡膏防护层和底层锡膏防护层。

阻焊层用于放置阻焊剂，防止在焊接时由于焊锡扩张引起短路。锡膏防护层主要用于安装表面贴装元器件。

5. 丝印层

丝印层主要用于印刷标识元器件的名称、参数和形状，以便于读板。丝印层分为顶层丝印层（Top Overlayer）和底层丝印层（Bottom Overlayer），一般使用顶层丝印层，只有维修率高的电路板或底层装配有贴装元器件时才使用底层丝印层。在丝印层上标注的信息不具有电气特性，不会影响到电路的连接。

6. 其他层

除了以上的工作层外，Protel DXP 2004 还提供了 4 个其他工作层，分别是：

1）钻孔位置层（Drill Guide）：主要用于标志印制电路板上钻孔的位置。

2）禁止布线层（Keep-Out Layer）：禁止布线层在实际电路板中也没有层面与之对应，它也是一个逻辑层。该层主要用于定义电路板的电气边界或定义电路板中不能有铜箔导线穿越的区域，如电路板中的挖空区域。

3）钻孔绘图层（Drill Drawing）：用于绘制钻孔图。

4）多层（Multi Layer）：用于设置多层面。该层面上放置的对象将贯穿所有信号层、内部板层和阻焊层，如焊盘、过孔等。

5.4.2 工作层的设置

1. 打开与关闭工作层

为了方便印制电路板的设计，Protel DXP 2004 中提供了多个工作层，但在实际应用过程中并非所有的层都要打开，可以根据实际需要只打开需要的工作层。打开与关闭工作层可在图 5-48 所示的"板层和颜色"对话框中进行如下设置：

1）选中工作层后面的复选框则表示该层被打开，没有选中则表示该层处于关闭状态。

2）单击该对话框中的 全部选择 按钮则打开所有的层。

3）单击该对话框中的 全部非选择 按钮则关闭所有的层。

4）单击该对话框中的 选择使用的 按钮则显示 PCB 中打开的层。

2. 设置工作层颜色

执行菜单命令"设计/PCB 板层颜色",系统将弹出图 5-48 所示的"板层和颜色"对话框,其中显示了 PCB 各工作层的颜色及系统颜色。

一般设计时都采用各个工作层颜色的默认设置。当需要修改某个工作层的颜色设置时可通过单击该层后面的颜色块来改变其颜色。

5.5 印制电路板参数设置

5.5.1 图纸参数设置

在 PCB 设计环境下,执行菜单命令"设计/PCB 板选择项",弹出"PCB 板选择项"对话框,如图 5-51 所示。在该对话框中可对图纸的有关参数进行设置。

(1)测量单位 用于设置度量单位。系统提供了两种度量单位,即 Imperial(英制)和 Metric(公制),系统默认为英制。

(2)捕获网格 用于设置系统可以捕获到的网格的大小。其中 X、Y 文本框分别用来设置在 X 轴和 Y 轴方向上捕获网格的大小。在设计 PCB 时,元器件是以设置的网格大小为单位进行移动的。

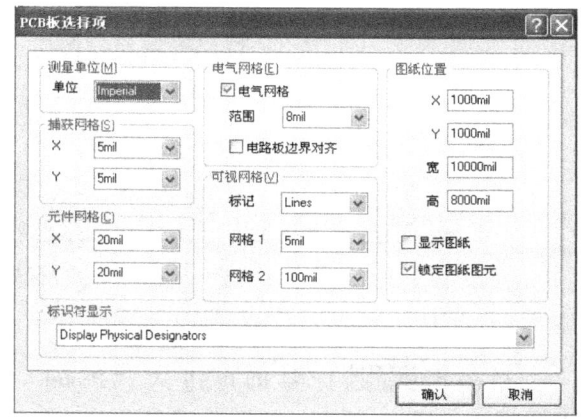

图 5-51 "PCB 板选择项"对话框

(3)元件网格 用来设置元器件移动的最小间距。

(4)电气网格 主要用于设置电气节点的捕捉。选中该选项后,系统会以当前光标为中心,以"范围"文本框中的设置值为半径捕捉电气节点,一旦捕捉到电气节点,光标会自动加到该电气节点上。

(5)可视网格 用于设置工作层上可视栅格的类型和栅格间距。系统提供了两种栅格类型,即线状(Lines)和点状(Dots),可以在"标记"选项列表中进行选择。"网格 1"和"网格 2"分别用于设置第一层可视网格和第二层可视网格的尺寸。

(6)图纸位置 用于设置图纸的大小和位置。其中 X、Y 文本框用于设置图纸左下角点的位置,宽度和高度文本框用来设置图纸的宽度和高度。"显示图纸"复选框用来设置是否显示图纸,选中该复选框则显示图纸,否则只显示 PCB 部分。"锁定图纸图元"复选框用来设置是否锁定图纸的起始点。

5.5.2 PCB 编辑器参数设置

设置系统参数是电路板设计的重要一步。系统参数包括光标显示、层颜色、系统默认设置、PCB 设置等。用户可以根据个人习惯设置个性化的设计环境。

执行菜单命令"工具/优先设定",系统将弹出如图 5-52 所示的"优先设定"对话框。在该对话框中可以对各个选项卡中的选项进行设置。

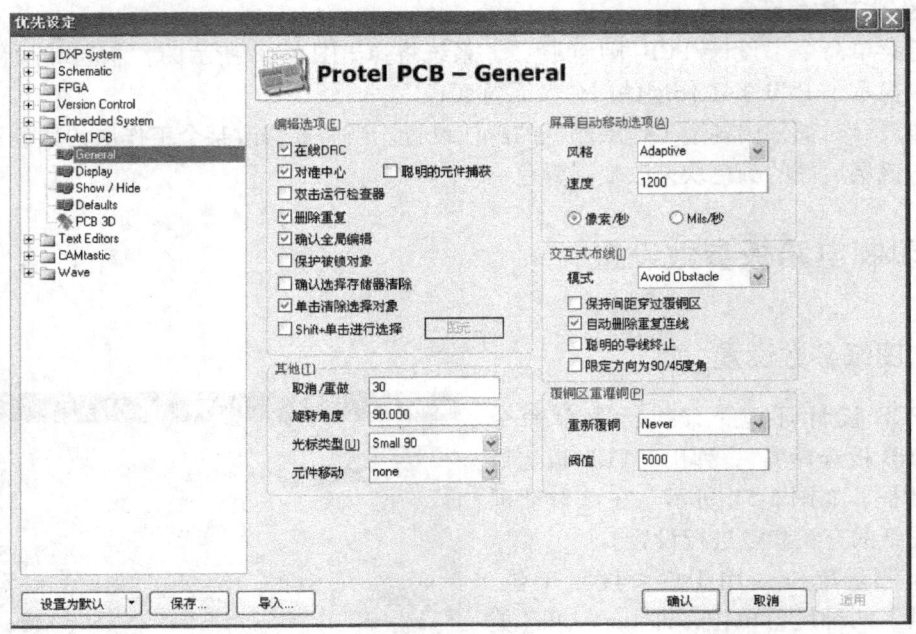

图 5-52 "优先设定"对话框

1. "Protel PCB-General"选项卡

单击 General 标签即可进入"Protel PCB-General"选项卡，如图 5-53 所示。

该选项卡包括五个选项组："编辑选项"组、"屏幕自动移动选项"组、"交互式布线"选项组、"敷铜区重灌铜"选项组和"其他"选项组。

（1）"编辑选项"组 用于设置编辑操作时的一些特性。

1）"在线 DRC"：用于设置在线设计规则检查。选中此项后，在布线过程中系统将自动根据设定的设计规则进行检查，对违反规则的错误将给出提示。系统默认为选中此项。

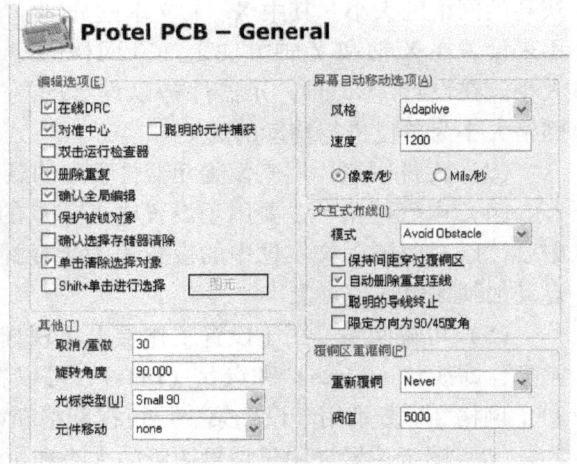

图 5-53 "Protel PCB-General"选项卡

2）"对准中心"：用于设置当移动元器件封装或字符串时，光标是否自动移动到元器件封装或字符串的参考点，系统默认为选中此项。

3）"双击运行检查器"：选中该项后，双击鼠标时启动检查器窗口，此窗口会显示所查元器件的信息。系统默认为不选中此项。

4）"删除重复"：选中该项后，系统将自动删除重复的图元。系统默认情况下选中该项。

5）"确认全局编辑"：在进行整体修改时，系统是否显示整体修改结果提示对话框。系统默认情况下为选中此项。

6)"保护被锁对象":设置对锁定对象的保护。

7)"确认选择存储器清除":选择该项后,选择集存储空间可以用于保护一组对象的选择状态,防止其存储空间被覆盖。

8)"单击清除选择对象":选中该项后,当在编辑器中选中了一个或多个对象时,单击鼠标左键即可取消该对象的选中状态。系统默认情况下选中该项。

9)"Shift+单击进行选择":选中该项后,必须使用 Shift 键,同时单击鼠标左键才能选中对象。

(2)"屏幕自动移动选项"组 该选项组用于设置自动移动功能。系统提供了 7 种移动风格,具体如下:

1)Adaptive 模式:自适应模式,选中该项后,系统将会根据当前图形的位置自适应选择移动方式。

2)Disable 模式:取消移动功能。

3)Re-Center 模式:当光标移到编辑区边缘时,系统将光标所在位置设置为新的编辑区中心。

4)Fixed Size Jump 模式:当光标移到编辑区边缘时,系统将以"步长"项中的设定值为移动量向未显示区域移动。当按下 Shift 键后,系统将以"移步"项中的设定值为移动量向未显示区域移动。

5)Shift Accelerate 模式:当光标移动到编辑区边缘时,如果"移步"项中的设定值比"步长"项中的设定值大,系统将以"步长"项中的设定值为移动量向未显示区域移动;当按下 Shift 键后,系统将以"移步"项中的设定值为移动量向未显示区域移动。如果"移步"项中的设定值比"步长"项中的设定值小,无论是否按下 Shift 键,系统都将以"移步"项的值为移动量向未显示区域移动。

6)Shift Decelerate 模式:当光标移动到编辑区边缘时,如果"移步"项中的设定值比"步长"项中的设定值大,系统将以"移步"项中的设定值为移动量向未显示区域移动;当按下 Shift 键后,系统将以"步长"项中的设定值为移动量向未显示区域移动。如果"移步"项的设定值比"步长"项的设定值小,无论按不按 Shift 键,系统都将以"移步"项的值为移动量向未显示区域移动。

7)Ballistic 模式:当光标移动到编辑区边缘时,越往编辑区边缘移动,移动速度越快。

系统默认的移动模式为"Adaptive"模式。

(3)"交互式布线"选项组 用来设置交互式布线模式,有三种方式供选择:Ignore Obstacle(忽略障碍)、Avoid Obstacle(避开障碍)和 Push Obstacle(移开障碍)。系统默认选择为避开障碍模式。

1)"保持间距穿过覆铜区":选中此项后,布线时使用多边形来检测布线障碍。

2)"自动删除重复连线":该项用于设置自动回路删除。选中此项,在绘制一条导线后,如果发现存在另一条回路,系统将自动删除原来的回路。系统默认为选中此项。

3)"聪明的导线终止":选中该项后,可以快速跟踪导线的端部。

4)"限定方向为 90/45 度角":选中该项后,布线的方向将限制为 90°和 45°。

(4)"覆铜区重灌铜"选项组 用于设置交互布线中的避开障碍和推挤布线方式。它有三种方式选择：Always（可以在已覆铜的 PCB 中修改走线，覆铜会自动重覆）、Never、（选择该种方式，系统将不采用任何推挤布线方式）、Threshold（设置一个避免障碍的阈值，当超过该值后，多边形才被推挤）。

（5）"其他"选项组　它包含 4 个可设置的文本框。

1）"取消/重做"文本框：用于设置撤销操作/重复的步数。

2）"旋转角度"文本框：用于设置旋转角度。在放置组件时，每按一次空格键，组件会旋转一个角度。系统默认值为 90°。

3）"光标类型"文本框：系统提供了三种光标类型，即 Large 90（大十字光标）、Small 90（小十字光标）、Small 45（小 X 光标）。系统默认为 Small 90（小十字光标）。

4）"元件移动"文本框：在它的下拉列表框中有两个选项：None（选中该项后，在执行菜单命令"编辑/移动/拖动"拖动元器件时，连接在元器件上的铜膜导线不会随着移动，即只拖动元器件本身。系统默认为选中此项。）和 Connected Tracks（选中该项后，在执行菜单命令"编辑/移动/拖动"拖动元器件时，连接在元器件上的铜膜导线会随着元器件一起移动。）

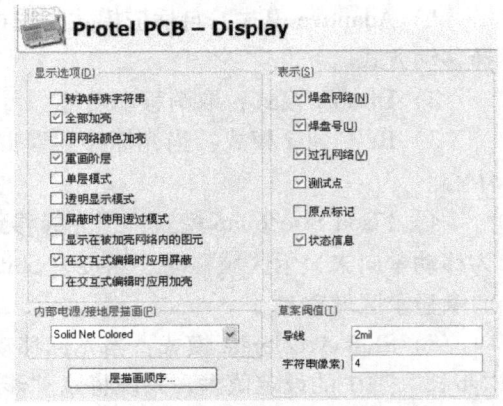

图 5-54　"Protel PCB-Display"选项卡

2. "Protel PCB-Display"选项卡

单击"优先设定"对话框中的 Display 图标，打开"Protel PCB-Display"选项卡，如图 5-54 所示。在该选项卡下可以设置屏幕显示和元器件显示模式。

3. "Protel PCB-Show/Hide"选项卡

单击"优先设定"对话框中的 Show / Hide 图标，可进入"Protel PCB-Show/Hide"选项卡，如图 5-55 所示。该选项卡用来设置印制电路板上图件的显示模式，有"最终"、"草案"及"隐藏"三种。

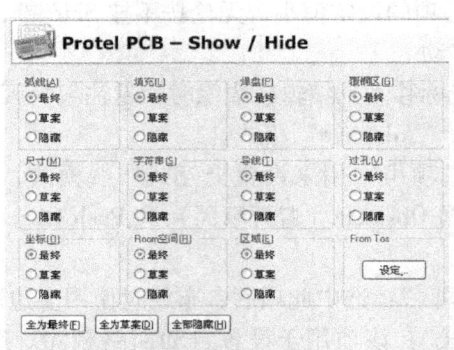

图 5-55　"Protel PCB-Show/Hide"选项卡

4. "Protel PCB-Defaults"选项卡

单击优先设定对话框中的 Defaults 标签，可进入"Protel PCB-Defaults"选项卡，如图 5-56 所示。该选项卡用来设置各个图元的系统默认值。选择"图元"列表框中的图元后，单击 编辑值(M) 按钮，即可在弹出的图元属性对话框中设置该类型图元的属性值。如选中列表框中的"圆弧（Arc）"后，单击 编辑值(M) 按钮即可进入如图 5-57 所示的"圆弧"属性对话框，在该对话框中可设置圆弧的一些默认属性值。

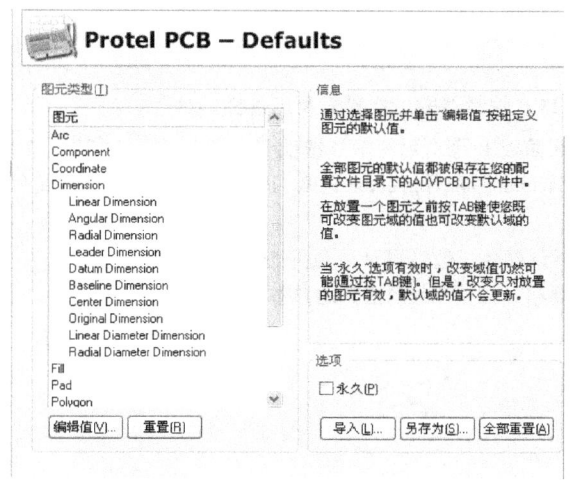
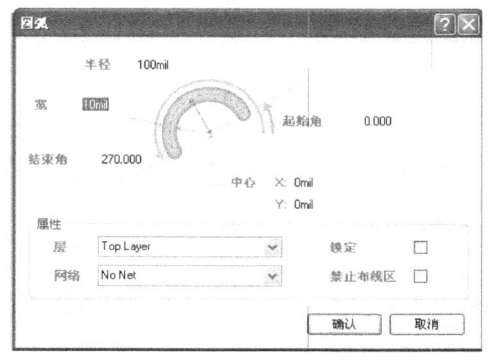

图 5-56   "Protel PCB-Defaults"选项卡   图 5-57   "圆弧"属性对话框

5. "Protel PCB-PCB 3D"选项卡

单击"优先设定"对话框中的"  PCB 3D"图标，可进入"Protel PCB-PCB 3D"选项卡，如图 5-58 所示。该选项卡主要用来设置 PCB 3D 模型的"高亮"显示及"打印质量"等属性。该对话框中的参数一般采用系统的默认设置。

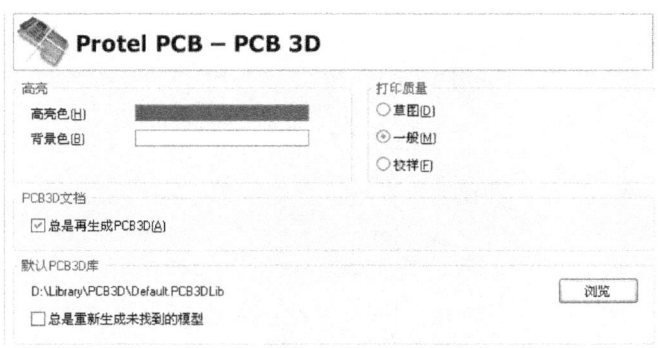

图 5-58   "Protel PCB-PCB 3D"选项卡

本 章 小 结

本章主要介绍了印制电路板的一些基础知识，包括：印制电路板的结构、常见元器件的封装、印制电路板的布线流程、PCB 编辑器的工作环境及电路板工作层、工作参数的设置。

通过本章的学习，可以对印制电路板有一个初步的认识，为以后制作印制电路板打下基础。

思 考 题

1. 简述印制电路板的概念及制作流程。
2. 印制电路板包括哪些工作层面？各层面作用如何？如何设置？
3. 印制电路板有几种？其特点是什么？

练 习 题

1. 创建一个 PCB 文档，进入 PCB 编辑器，熟悉 PCB 编辑器的工作界面及工具栏。
2. 在 PCB 编辑器的界面中，打开窗口右侧工作区面板上的"元件库"选项卡，浏览"Pcb"文件夹中的"Miscellaneous Devices PCB.PcbLib"和"Miscellaneous connector PCB.PcbLib"两个封装库文件，认识各种常见元器件的封装。
3. 打开"板层和颜色"编辑对话框，熟悉各层默认颜色，改变默认颜色并查看效果。
4. 在"PCB 板选择项"编辑对话框中设置捕捉栅格、网格 1、网格 2 的参数，查看设置后的效果。

第 6 章　制作印制电路板

用 Protel DXP 2004 进行电路系统设计的最终目的是生成 PCB。本章通过实例详细讲述了由原理图创建网络表及生成 PCB 图的全过程。

6.1　PCB 布线工具和绘图工具介绍

在 PCB 设计过程中，我们可以通过执行"放置"菜单中的命令来启动各种图件的放置命令，也可单击"配线"工具栏中相应的按钮。"放置"菜单如 6-1 所示。

图 6-1　"放置"菜单

6.1.1　放置导线

放置导线的具体操作步骤如下：

1）执行菜单命令"放置/交互式布线"，或单击"配线"工具栏上的 按钮，启动放置导线命令。

2）启动该命令后，光标变为十字形状。将光标移到绘图区适当位置，单击鼠标左键确定导线的起点，然后继续移动光标，在导线的每一个转折处单击鼠标左键确认（如果某段导线与上一段导线呈90°转折，则在转折处双击鼠标左键确认），直到单击鼠标右键结束该命令，便可完成一条导线的绘制。在导线的绘制过程中可以按键盘上<Shift+空格>键来改变导线的转折方向，有90°转折、45°转折、圆弧转折和任意角度四种形式。如图6-2所示。

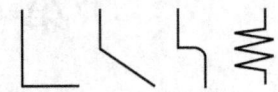

图6-2 绘制导线的四种形式

3）在导线的绘制过程中，按Tab键可以打开"交互式布线"对话框，如图6-3所示。通过该对话框可以设置导线的线宽和放置层面。

4）双击已绘制完的导线，可以打开"导线"属性对话框，如图6-4所示。在该对话框中可设置导线的线宽、所在的层及所属网络等参数。

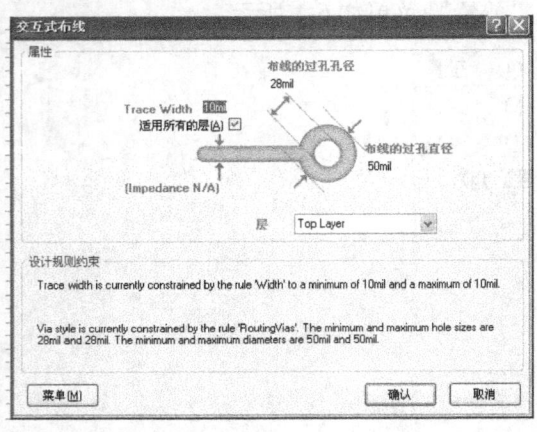

图6-3 "交互式布线"对话框

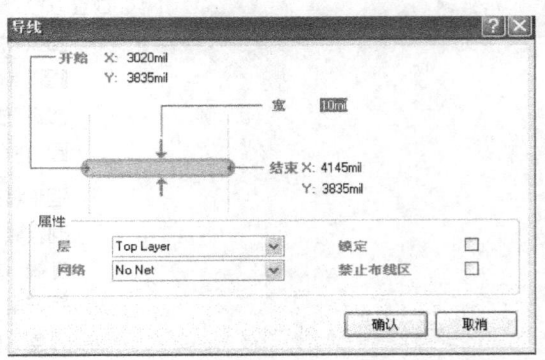

图6-4 "导线"属性对话框

6.1.2 放置焊盘

放置焊盘的具体操作步骤如下：

1）执行菜单命令"放置/焊盘"，或单击"配线"工具栏的 ● 按钮，启动放置焊盘命令。

2）启动该命令后，光标变成十字形状，并粘附着一个焊盘轮廓出现在工作平面上。

3）移动光标到所需位置处单击鼠标左键，即可将一个焊盘放置在该处。继续移动光标，可在工作平面上放置多个焊盘，如图6-5所示，单击鼠标右键结束该命令。

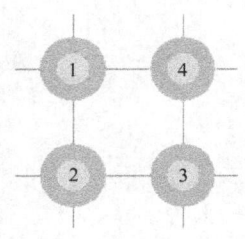

图6-5 放置多个焊盘

4）启动放置焊盘命令后按<Tab>键或双击已放置好的焊盘，打开"焊盘"属性对话框如图6-6所示。

在该对话框中可设置焊盘的孔径、旋转角度、位置坐标、尺寸及形状等属性。其中单击"形状"文本框中的 ∨ 按钮，可选择焊盘的形状。系统提供了三种焊盘形状，分别为"Round"（圆形）、"Rectangle"（矩形）和"Octagonal"（八边形），如图6-7所示。

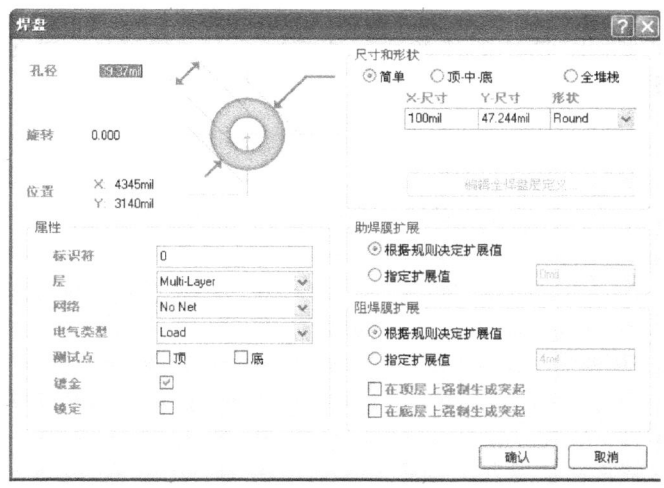

图 6-6 "焊盘"属性对话框

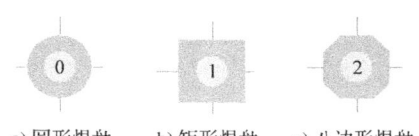

a) 圆形焊盘　b) 矩形焊盘　c) 八边形焊盘

图 6-7 焊盘的三种形状

6.1.3 放置过孔

放置过孔的具体操作步骤如下：

1）执行菜单命令"放置/过孔"，或单击"配线"工具栏中的 按钮，启动放置过孔命令。

2）启动该命令后，光标变成十字形状，并粘附着一个过孔的轮廓出现在工作平面上。

3）移动光标到所需位置处单击鼠标左键，即可将一个过孔放置在该处。继续移动光标，可在工作平面上放置多个过孔，单击鼠标右键结束该命令。

4）双击已放置好的过孔，弹出"过孔"属性对话框，如图 6-8 所示。在该对话框中可以设置过孔的孔径、起始层、结束层及所属网络等属性。

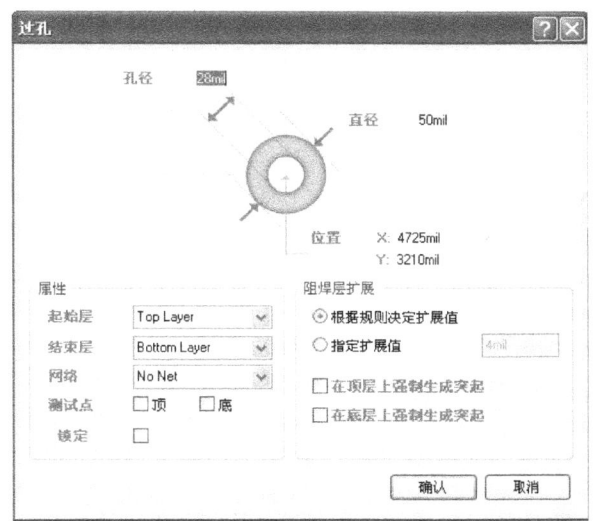

图 6-8 "过孔"属性对话框

6.1.4 放置圆弧

1. 中心法绘制圆弧

中心法绘制圆弧的具体操作步骤如下：

1）执行菜单命令"放置/圆弧（中心）"，启动放置圆弧命令。

2）启动该命令后，光标变成十字形状，并粘附着一个小圆点出现在工作平面上。

3）移动光标到适当位置处分别单击鼠标左键，依次确定圆弧的圆心、半径、起点和终点，即可完成一段圆弧，如图 6-9 所示，单击鼠标右键结束该命令。图中数字表示鼠标左键单击的位置和顺序。

4）双击已绘制好的圆弧，弹出如图6-10所示的"圆弧"属性对话框。通过该对话框中相应参数的设置，可进一步精确地调整圆弧的大小。

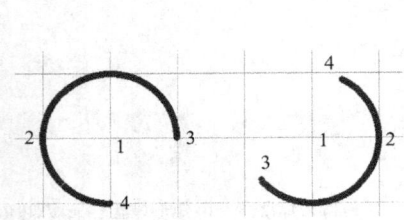

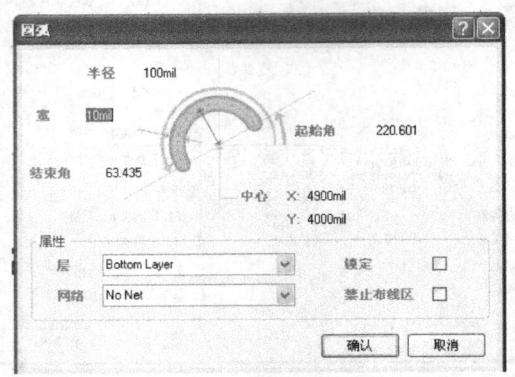

图6-9　绘制好的圆弧　　　　　　　　　图6-10　"圆弧"属性对话框

2. 边缘法绘制圆弧

边缘法绘制圆弧的具体操作步骤如下：

1）执行菜单命令"放置/圆弧（90°）"，或单击"配线"工具栏中的 按钮，启动边缘法绘制圆弧命令。

2）启动该命令后，光标变成十字形状，并粘附着一个小圆点出现在工作平面上。

3）移动光标到适当位置处单击鼠标左键，确定圆弧上第一点，然后移动光标，此时可以看到一个半径和圆心位置随着光标的位置不同而改变的90°圆弧，如图6-11所示。调整好圆弧的大小和圆心位置后，再单击鼠标左键便完成了一段90°圆弧的绘制，如图6-12所示。

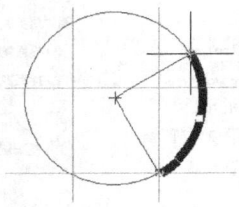
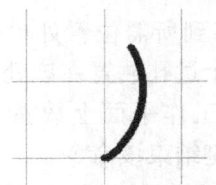

图6-11　光标移动时变化的圆弧　　　图6-12　绘制好的一段90°圆弧

3. 角度法绘制圆弧

角度法绘制圆弧的具体操作步骤如下：

1）执行菜单命令"放置/圆弧（任意角度）"，启动角度法绘制圆弧命令。

2）启动该命令后，光标变成十字形状，并粘附着一个小圆点出现在工作平面上。

3）移动光标到适当位置处分别单击鼠标左键，依次确定圆弧的起点、圆心和终点，即可完成一段圆弧，如图6-13所示，图中数字表示鼠标左键单击的位置和顺序。单击鼠标右键结束该命令。

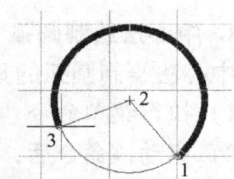

图6-13　绘制好的一段圆弧

6.1.5 绘制圆

绘制圆的具体操作步骤如下：

1) 执行菜单命令"放置/圆"，启动绘制圆的命令。

2) 启动该命令后，光标变成十字形状，并粘附着一个小圆点出现在工作平面上。

3) 移动光标到适当位置处单击鼠标左键，确定圆心位置，接着移动光标调整半径的大小，调整好后再单击鼠标左键便完成一个圆，如图 6-14 所示。单击鼠标右键可结束该命令。

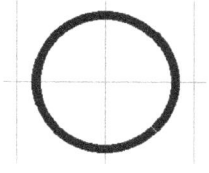

图 6-14 绘制好的圆

6.1.6 放置矩形填充

放置矩形填充的具体操作步骤如下：

1) 执行菜单命令"放置/放置矩形填充"，或单击"配线"工具栏中的 ![] 按钮，启动放置矩形填充的命令。

2) 启动该命令后，光标变成十字形状且在中心有一个小圆圈。

3) 移动光标到适当区域，单击鼠标左键确定矩形填充的一个顶点，然后移动光标，至适当大小后单击鼠标左键确定矩形填充的对角点，便完成了矩形填充的绘制，如图 6-15 所示。

4) 启动放置矩形填充的命令后按 Tab 键，或双击已放置好的矩形填充，可打开"矩形填充"属性对话框，如图 6-16 所示。在该对话框中可以对矩形填充的两个拐角点的坐标、旋转角度及放置层等属性进行设置。

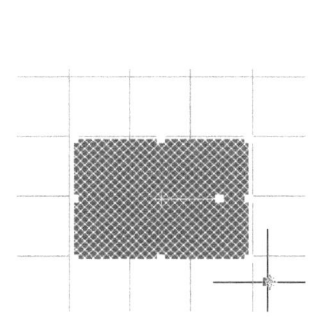

图 6-15 绘制完成的矩形填充

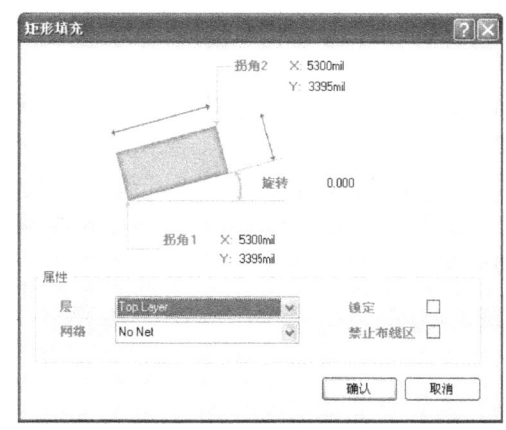

图 6-16 "矩形填充"属性对话框

6.1.7 放置铜区域

放置铜区域的具体操作步骤如下：

1) 执行菜单命令"放置/铜区域"，或单击"配线"工具栏中的 ![] 按钮，启动放置铜区域的命令。

2) 启动该命令后，光标变成十字形状。

3）移动光标到适当区域后，依次单击鼠标左键确定多边形铜区域的每一个顶点，便完成了铜区域的绘制，单击鼠标右键可结束该命令，如图 6-17 所示。图中的数字表示鼠标左键单击的位置和顺序。

4）启动放置铜区域命令后按 Tab 键，或双击已放置好的铜区域填充，可打开"区域"属性对话框，如图 6-18 所示。在该对话框中可以对该区域所在的层及所属网络等属性进行设置。

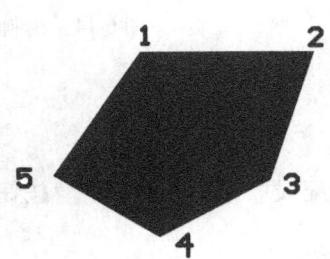

图 6-17 放置的多边形铜区域

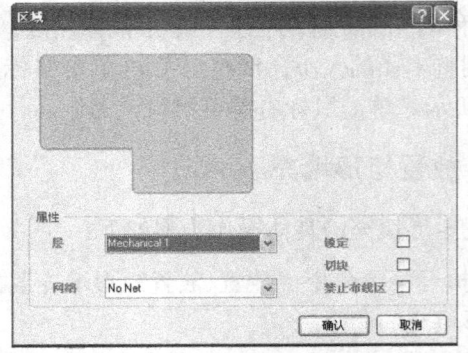

图 6-18 "区域"属性对话框

6.1.8 放置字符串

字符串一般放置在丝印层上，用于对电路板进行注释。放置字符串的具体操作步骤如下：

1）执行菜单命令"放置/字符串"，或单击"配线"工具栏中的 A 按钮，启动放置字符串的命令。

2）启动该命令后，按 Tab 键，弹出"字符串"属性设置对话框，如图 6-19 所示。在该对话框中可以设置字符串的高度、宽度、旋转角度、文本内容、字体以及放置层等属性。

3）设置好字符串的属性后单击"确认"按钮，十字光标将带着浮动的字符串出现在工作平面上。移动光标到适当位置后单击鼠标左键，即可完成字符串的放置。放置好的字符串如图 6-20 所示。

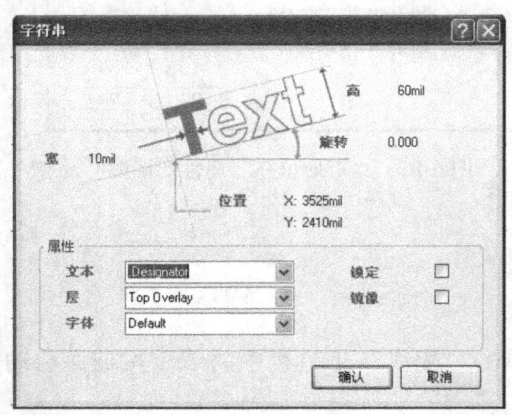

图 6-19 "字符串"属性设置对话框

图 6-20 放置好的字符串

6.1.9 放置元器件

放置元器件的具体操作步骤如下:

1) 执行菜单命令"放置/元件",或单击"配线"工具栏中的 按钮,启动放置元器件的命令。

2) 启动该命令后,弹出"放置元件"对话框,如图 6-21 所示。

3) 根据要求在该对话框的"放置类型"一栏中选择"封装"。单击"元件详细"一栏中"封装"文本框后的 按钮,打开如图 6-22 所示的"库浏览"对话框,从中选择所需的元器件后单击 确认 按钮,回到"放置元件"对话框。在"放置元件"对话框的"标识符"文本框中键入该元器件的序号后单击 确认 按钮。

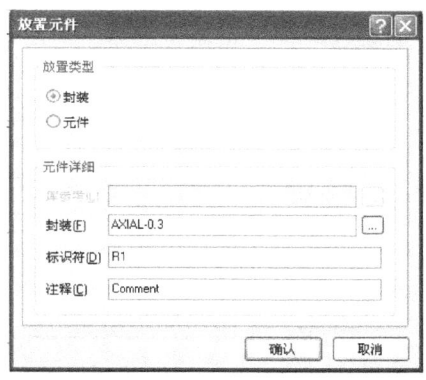

图 6-21 "放置元件"对话框

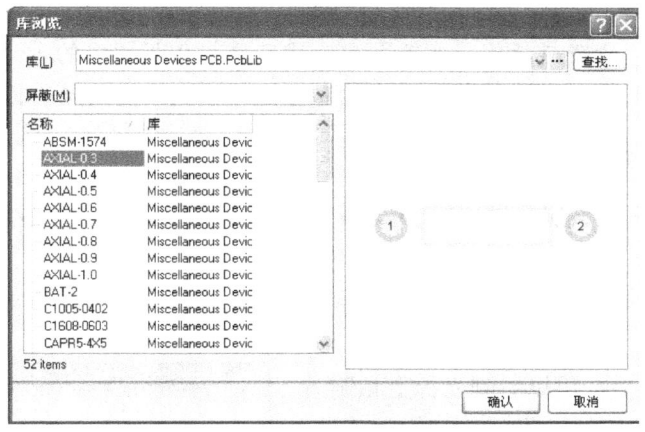

图 6-22 "库浏览"对话框

4) 此时,十字光标粘附着所选元器件的轮廓出现在工作平面上,如图 6-23 所示。移动光标到适当位置,单击鼠标左键即可完成该元器件的放置。再次单击鼠标左键可继续放置下一个元器件,单击鼠标右键结束该命令。

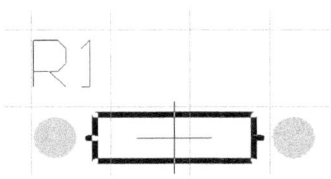

图 6-23 光标上粘附的元器件轮廓

5) 双击已放置好的元器件,弹出"元件"属性对话框,如图 6-24 所示。在该对话框中可对元器件放置的工作层、放置方向及放置位置等属性进行设置。

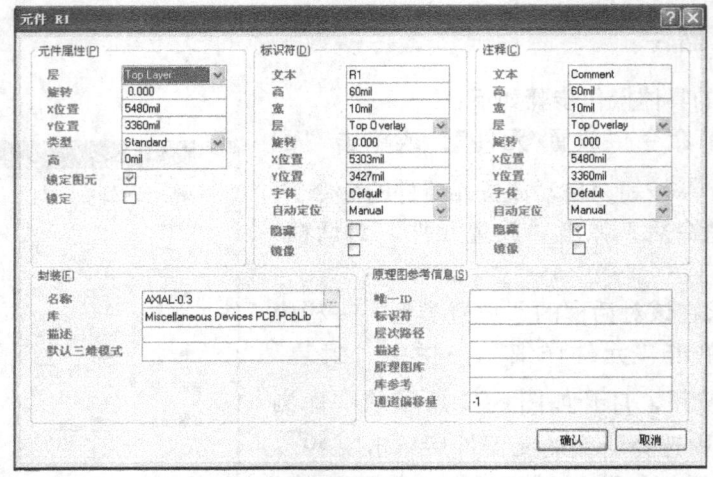

图 6-24 "元件"属性对话框

6.1.10 放置直线

执行菜单命令"放置/直线",或单击"实用工具"工具栏中的 按钮启动放置直线的命令。该命令可用来绘制 PCB 板的边界,绘制方法与绘制导线的方法相同。

6.1.11 放置坐标

坐标一般放置在机械层,用于对 PCB 板上的位置进行标注。放置坐标的具体操作步骤如下:

1) 执行菜单命令"放置/坐标",或单击"实用工具"工具栏中的 +10,10 按钮,启动放置坐标的命令。

2) 启动该命令后,可以看到光标上粘附着一个坐标值出现在绘图区,且随着光标的移动,坐标值在不断变化。

3) 移动光标到适当位置处单击鼠标左键,可放置该点的坐标。之后再次单击鼠标左键,可以继续下一点坐标的放置,单击鼠标右键结束该命令。

4) 启动"放置/坐标"命令后按 Tab 键,或双击已放置的坐标,打开"坐标"属性对话框,如图 6-25 所示。在该对话框中可对坐标的文本宽度、文本高度以及放置层等参数进行设置。

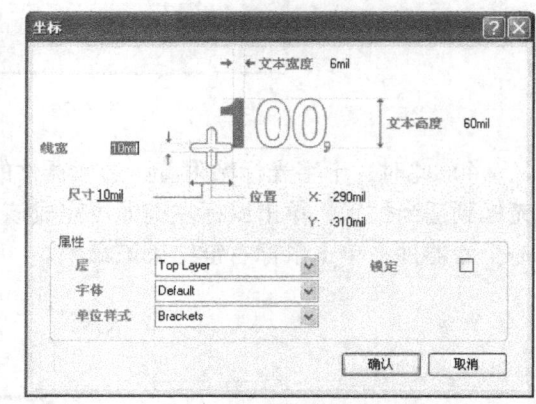

图 6-25 "坐标"属性对话框

6.1.12 放置尺寸标注

尺寸可用来限定电路板上各元器件间的距离及电路板的实际大小,通常放置在机械层,由带箭头的尺寸线和尺寸数字组成。执行菜单命令"放置/尺寸",可以看到放置尺寸的子菜单，如图6-26所示。通过执行该子菜单中的命令可以放置各种类型的尺寸标注。图6-27所示为放置的直线尺寸标注。

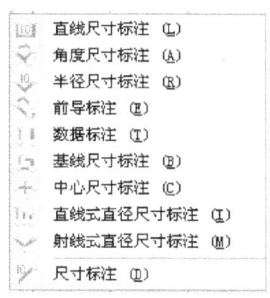

图6-26 放置尺寸子菜单

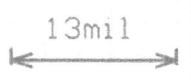

图6-27 放置的直线尺寸标注

6.2 印制电路板的设计

印制电路板有单面板、双面板和多层板。在印制电路板的设计中，单面板设计是一个重要的组成部分，也是印制电路板设计的基础。双面板的电路一般比单面板复杂，但是由于其两面都能布线，设计起来并不比单面板困难，因此深受广大设计人员的喜爱。

单面板与双面板的设计过程类似，均可按照电路板设计的一般步骤进行。下面通过实例详细讲解印制电路板设计的基本过程。

6.2.1 准备原理图与网络表

在设计印制电路板之前，必须准备相应的电路原理图和网络表，它们是制作电路板的前提。下面我们以图6-28所示的"简易温度控制器电路"为例来制作一块单面印制电路板。具体操作步骤如下：

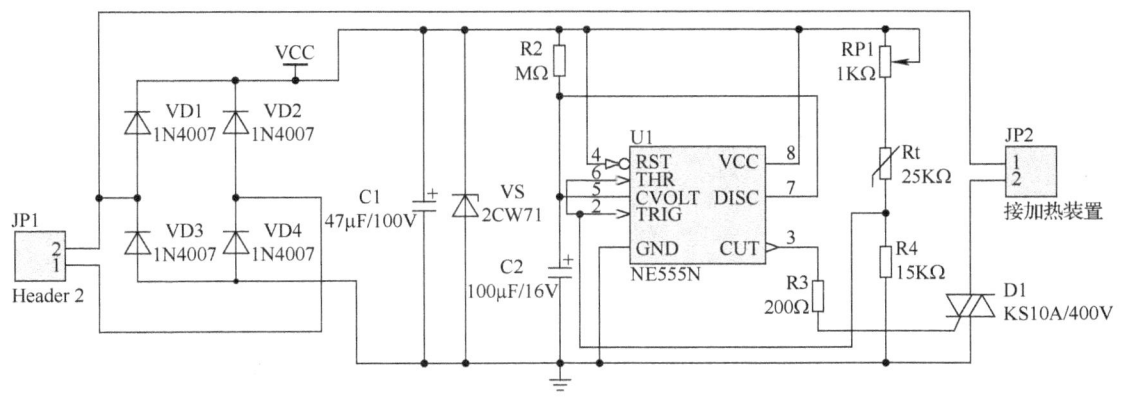

图6-28 简易温度控制器电路

（1）创建PCB项目文件 执行菜单命令"文件/创建/项目/PCB项目"，创建一个PCB项目文件，并将其命名为"例6-1.PrjPcb"保存在路径"E：\ PCB图 \ "下。

（2）创建原理图文件 在项目文件"例6-1.PrjPcb"中新建一个名为"Sheet1.SchDoc"

的原理图文件,按照图 6-28 所示,完成该电路原理图,并将其以"简易温度控制器.SchDoc"为文件名保存。

(3) 创建网络表 执行菜单命令"设计/文档的网络表/Protel",系统自动生成一个名为"简易温度控制器.NET"的网络表文件。双击该网络表文件,打开网络表,其内容如下:

[
C1
RB5 - 10.5
Cap Pol2
]
[
C2
CAPPR2 - 5x6.8
Cap Pol2
]
[
D1
SFM - T3/A2.4V
KS10A/400V
]
[
JP1
HDR1X2
Header 2
]
[
JP2
HDR1X2
接加热装置
]
[
R2
AXIAL - 0.4
Res2
]
[
R3
AXIAL - 0.4
Res2
]
[
R4
AXIAL - 0.4
Res2
]
[
RP1
VR5
RPot

第 6 章 制作印制电路板

]
[
Rt
AXIAL - 0.4
25KΩ

]
[
U1
DIP - 8
NE555N

]
[
VD1
DIO10.46 - 5.3x2.8
1N4007

]
[
VD2
DIO10.46 - 5.3x2.8
1N4007

]
[
VD3
DIO10.46 - 5.3x2.8
1N4007

]
[
VD4
DIO10.46 - 5.3x2.8
1N4007

]
[
VS
DIODE - 0.7
2CW71

]
(
GND
C1 - 2
C2 - 2
D1 - 1
R4 - 1
U1 - 1
VD3 - 1
VD4 - 1
VS - 1
)
(
NetC2_1
C2 - 1
R2 - 1
U1 - 5
U1 - 7
)
(

NetD1_2
D1 - 2
JP2 - 2
)
(
NetD1_3
D1 - 3
R3 - 1
)
(
NetJP1_1
JP1 - 1
VD2 - 1
VD4 - 2
)
(
NetJP1_2
JP1 - 2
JP2 - 1
VD1 - 1
VD3 - 2
)
(
NetR3_2
R3 - 2
U1 - 3

)
(
NetR4_2
R4 - 2
Rt - 1
U1 - 2
U1 - 6
)
(
NetRP1_1
RP1 - 1
Rt - 2
)
(
VCC
C1 - 1
R2 - 2
RP1 - 2
RP1 - 3
U1 - 4
U1 - 8
VD1 - 2
VD2 - 2
VS - 2
)

6.2.2 规划电路板

在制作印制电路板之前,需要根据电路板的设计要求及放置元器件的多少来确定电路板的尺寸大小。除用户特殊要求外,电路板外形尺寸应尽量满足国家标准 GB9316—88 中的规定。

规划电路板的边界通常有两种方法:一种是手动设计规划电路板的物理边界和电气边界,另一种是利用 PCB 板向导规划电路板的边界。

1. 手动规划电路板

手动规划电路板的具体操作步骤如下:

(1) 确定电路板的物理边界 电路板的物理边界是在机械层(Mechanical)中设置的。在"例6-1. Prjpcb"项目文件中新建一个名为"简易温度控制器.PcbDoc"的PCB文件,并进入PCB编辑界面,如图 6-29 所示。

单击工作窗口下方的 Mechanical1 标签,将当前工作层设置为"Mechanidal1"层,如

第 6 章 制作印制电路板

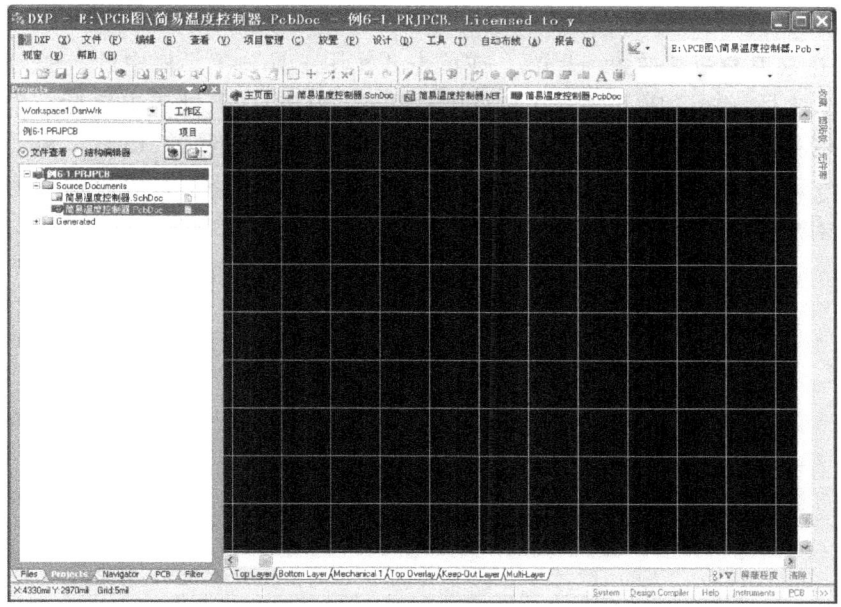

图 6-29 PCB 编辑界面

图 6-30 设置当前工作层为 Mechanical1 层

图 6-30 所示。

（2）设置坐标原点　单击"实用工具"工具栏中的⊗按钮，或执行菜单命令"编辑/原点/设定"（快捷键组合 <E + O + S>），之后光标变成十字形状。将光标移到绘图区适当位置处单击鼠标左键，即可将一个带叉的圆圈放置在该点处，该点即为用户设置的坐标原点，如图 6-31 所示。（PCB 编辑界面的系统默认颜色为黑色，为了印刷清楚此处

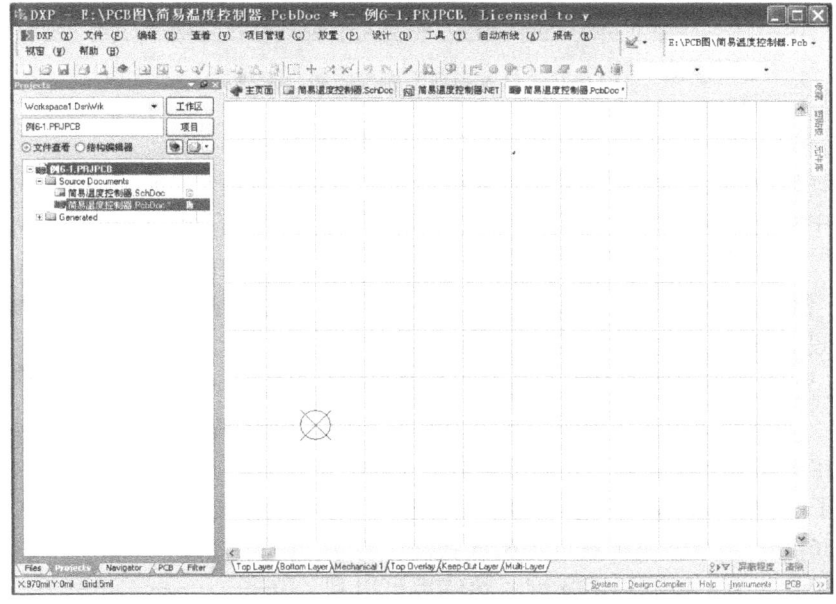

图 6-31 设置坐标原点

改为白色）。

（3）执行菜单命令"放置/直线"，或单击"实用工具"工具栏中的 按钮，启动绘制直线的命令，之后光标变成十字形状。将光标移到（0，0）点处单击鼠标左键，确定直线的起点，接着移动光标依次到点（2700，0）、（2700，1500）、（0，1500）和（0，0）处分别双击鼠标左键，绘制出一个长 2700mil，宽 1500mil 的封闭矩形，该矩形即为电路板的物理边界，如图 6-32 所示。

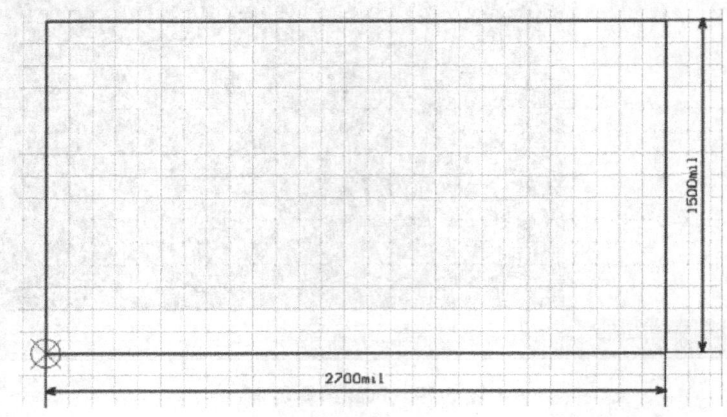

图 6-32 规划好的物理边界

（4）绘制电路板的电气边界 电气边界用来限定布线和元器件放置的范围，它是通过在禁止布线层（Keep Out Layer）绘制边界来实现的。规划电气边界的方法与规划物理边界的方法相同，通常情况下可将电气边界的范围与物理边界的范围规划成相同大小。

1）单击编辑区下方的 Keep-Out Layer 标签，将当前工作层切换到禁止布线层（Keep-Out Layer），如图 6-33 所示。

图 6-33 设置当前工作层为禁止布线层

2）启动绘制直线命令，绘制一个与物理边界相同的矩形。

3）双击已绘制好的矩形的任意一条边，弹出如图 6-34 所示的"导线"属性对话框。在该对话框中可进行线宽、工作层、起点坐标、终点坐标等属性的设置，从而进行精确定位。

（5）按规划好的矩形边界将板子切割出来 执行菜单命令"设计/PCB 板形状/重定义 PCB 板形状"，之后光标变为十字状，界面变为绿色，如图 6-35 所示。

移动十字光标按已规划好的矩形边界再描画一遍，则截成了一块长 2700mil、宽 1500mil 的矩形 PCB 板，如图 6-36 所示。单击鼠标右键退出该状态。在手工规划电路板时，为了提高绘图速度，熟练后可以利用系统提供的快捷键。

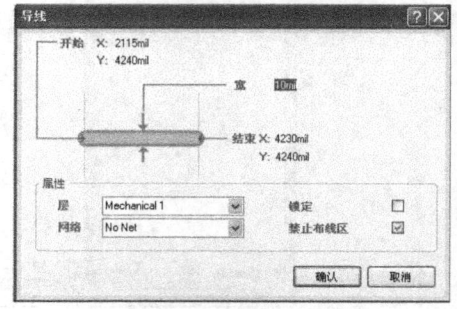

图 6-34 "导线"属性对话框

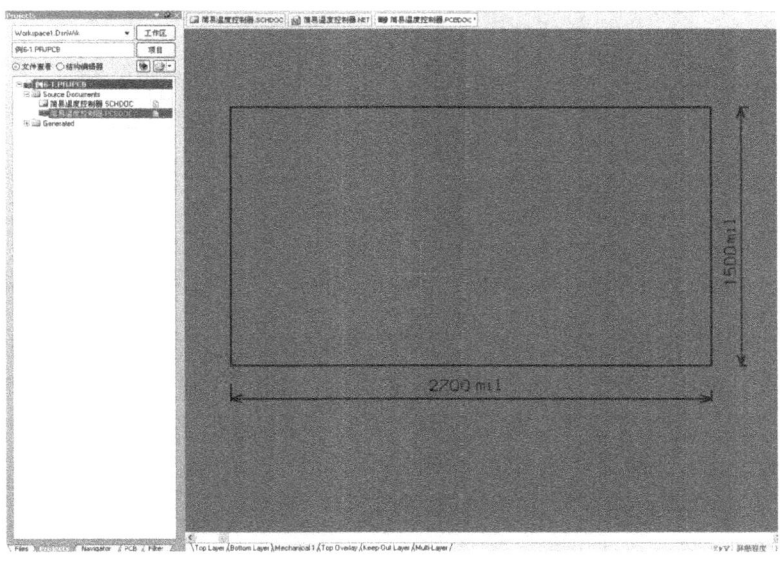

图 6-35　PCB 板重定义界面

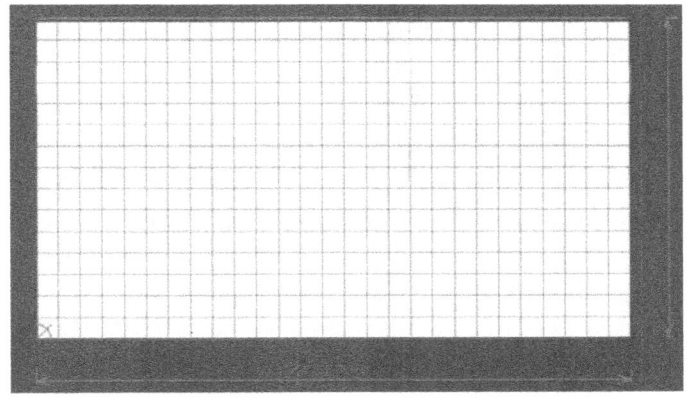

图 6-36　重定义后的 PCB 板

利用快捷键规划电路板的具体操作步骤如下：

1）进入 PCB 编辑界面，将工作层设置为 "Mechanical1"。

2）设置坐标原点。按顺序按下 <E+O+S> 键，之后光标变为十字形状。移动鼠标到绘图区适当位置单击鼠标左键，将坐标原点放置在该处，如图 6-31 所示。

3）接下来，不动鼠标，直接按下 <J+O> 键，鼠标指向原点位置。

4）按下键盘上的 <P+L> 键，鼠标变为十字形状。之后按下 <J+L> 键，弹出如图 6-37 所示的对话框，在该对话框中设置所画线段的长度。我们在 "X 位置" 后的文本框中输入 2700，然后按 Tab 键，输入状态跳到 "Y 位置" 后的文本框中，在该文本框内输入 0。之后连按两下回车键，作用是确定输入的数值和确定画线段。该步操作完成后便得到一段以原点为起始点，长 2700mil 的直线，如图 6-38 所示。

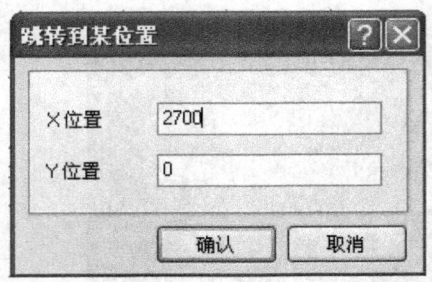

图 6-37 按 <J+L> 键后的对话框

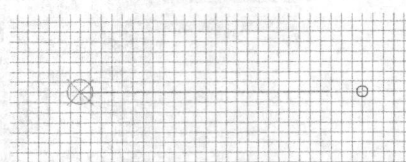

图 6-38 画好的线段

5）接下来继续画矩形的另一条边。同样是按键盘的 <J+L> 键，弹出如图 6-37 所示的对话框，在该对话框中"X 位置"后的文本框内输入 2700，然后按键盘上的 Tab 键，输入状态跳到"Y 位置"的文本框中，输入 1500，按两下回车键。

6）继续按 <J+L> 键，弹出如图 6-37 所示的对话框，在对话框中"X 位置"后的文本框中输入 0，然后按 Tab 键，输入状态跳到"Y 位置"文本框中，该文本框中的 1500 数值保持不变，按两下回车键。

7）继续按键盘上的 <J+L> 键，弹出如图 6-37 所示的对话框，直接按 Tab 键，在"Y 位置"栏内输入 0。按两下回车键确定后，单击鼠标右键退出画线状态，便完成了矩形框的绘制，如图 6-39 所示。

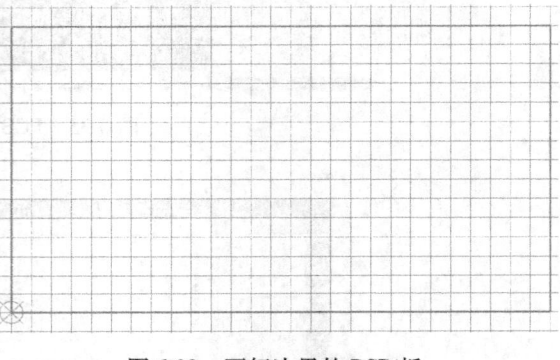

图 6-39 画好边界的 PCB 板

8）将" 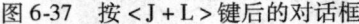 "置为当前工作层，重复上面的操作，定义一个与板子外框重叠的电气边界。

9）按画好的矩形框切割电路板。按 <D+S+R> 键，重复画矩形的操作，便按矩形边界大小切割出一块长 2700mil，宽 1500mil 的电路板，如图 6-40 所示。

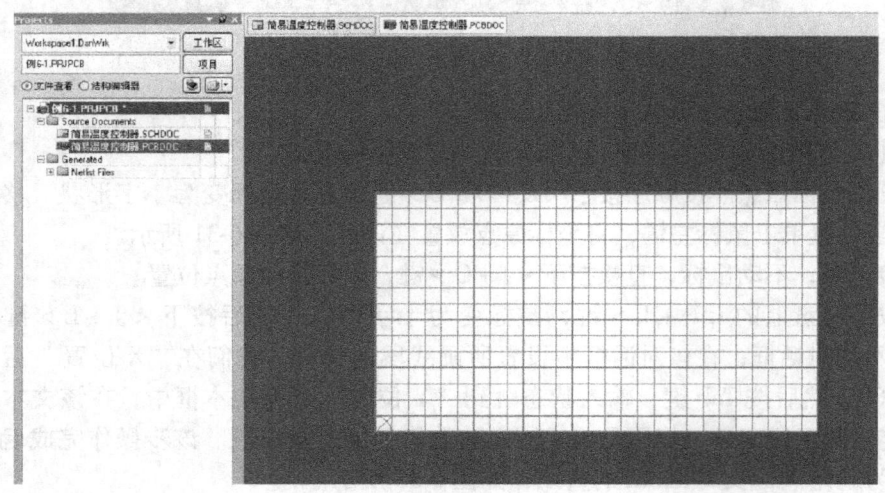

图 6-40 切割完的 PCB 板

如果板子的外形不规则，其画法与上面讲的矩形板子画法一样，利用好＜J＋功能代码＞就容易多了。画完板子后的后期处理以及原理图的绘制同样可以使用快捷键，这里就不多介绍了。

2. 使用向导生成电路板

使用向导生成电路板的具体操作步骤如下：

1）在 PCB 编辑界面中，单击工作区面板下方的 Files 标签，弹出如图 6-41 所示的"Files"面板。单击该面板中的"根据模板新建"选项组中的"PCB Board Wizard"选项，进入如图 6-42 所示的"PCB 板向导"界面。

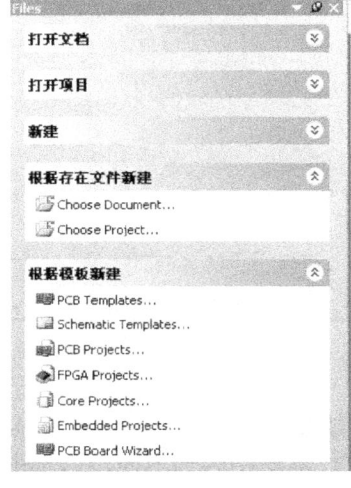 

图 6-41　"Files"面板　　　　　　　　图 6-42　"PCB 板向导"界面

2）单击 下一步(N)> 按钮，进入如图 6-43 所示的"选择电路板单位"对话框。系统提供了 mil（英制）和 mm（公制）两种单位。本例中选择英制单位。

3）单击 下一步(N)> 按钮，进入如图 6-44 所示的"选择电路板配置文件"对话框。在该对话的列表框中提供了多种板型供用户选择。本例中选择"Custom"，自定义 PCB 尺寸。

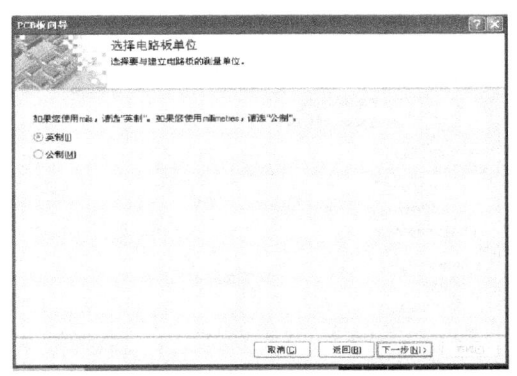 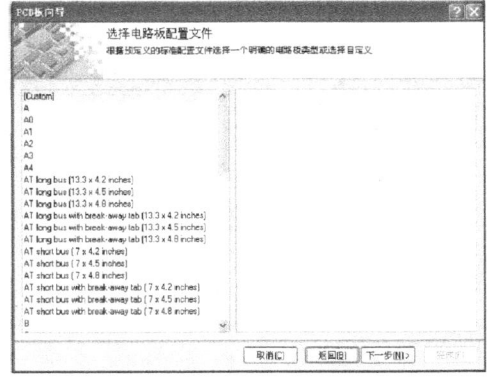

图 6-43　"选择电路板单位"对话框　　　　图 6-44　"选择电路板配置文件"对话框

4）单击 下一步(N)> 按钮，出现如图 6-45 所示的"选择电路板详情"对话框。在该对话框中选择电路板的"轮廓形状"为"矩形"；在"电路板尺寸"文本框中分别输入电路板的宽为"2700mil"、高为"1500mil";在"放置尺寸于此层(D)"下拉框内选择"Mechanical Layer 3",在"禁止布线区与板子边沿的距离(K)"文本框中键入数值0,其他选项可选择系统的默认设置。

5)单击 下一步(N)> 按钮,出现如图6-46所示的"选择电路板层"对话框。其中信号层默认为两层,可不必修改,而内部电源层默认为两层,对于本例制作的单面板来讲不使用内部电源层,故将其设置为0。

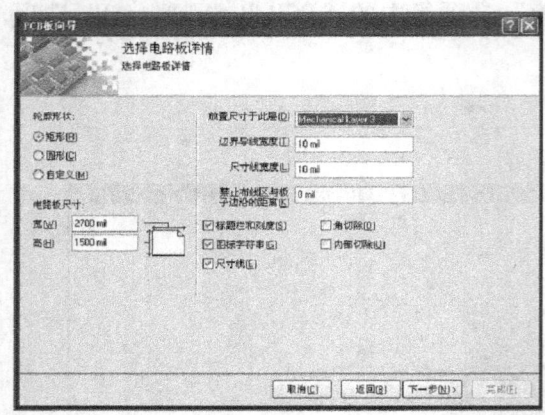
图6-45 "选择电路板详情"对话框

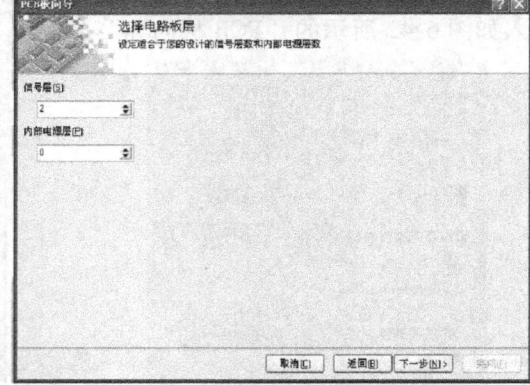
图6-46 "选择电路板层"对话框

6)单击 下一步(N)> 按钮,出现如图6-47所示的"选择过孔风格"对话框。如果电路板中有内部电源和接地层,则可选择"只显示盲孔或埋过孔"。本例中因为不使用内部电源层故选择系统的默认设置即可。

7)单击 下一步(N)> 按钮,出现如图6-48所示的"选择元件和布线逻辑"对话框。如果电路板中大部分元器件为直插式元器件,则选择"通孔元件"。选择该项后,还需在如图6-49所示的"选择元件和布线逻辑"对话框中选择"邻近焊盘间的导线数"。如果电路板中大部分元器件是表面贴装元器件,则选择"表面贴装元件"项,之后将根据电路板的层数选择是否在电路板的两面放置元器件。本例中选择"通孔元件",其他选项采用系统的默认设置。

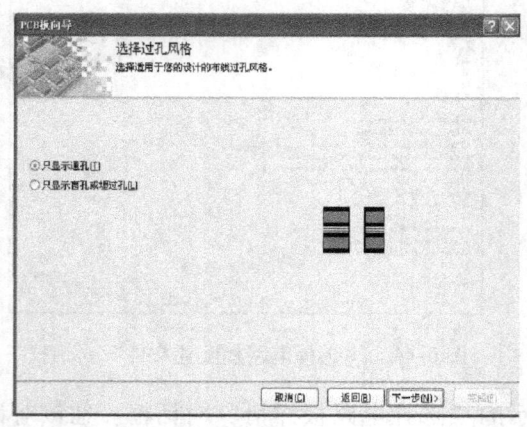
图6-47 "选择过孔风格"对话框

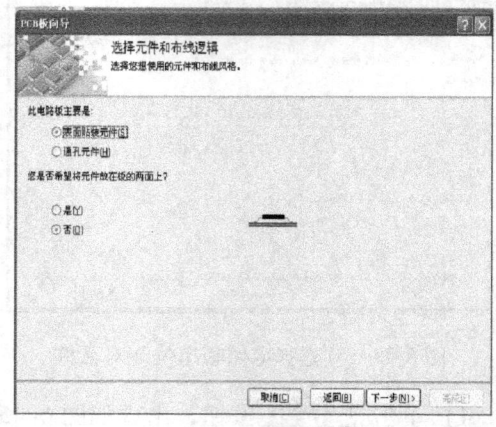
图6-48 "选择元件和布线逻辑"对话框

8）设置完毕后，单击 下一步(N)> 按钮，弹出如图 6-50 所示的"选择默认导线和过孔尺寸"对话框。在该对话框中可以设置电路板的最小导线尺寸、最小过孔宽度、最小过孔孔径和最小导线间隔等参数。本例中我们采用系统的默认值。

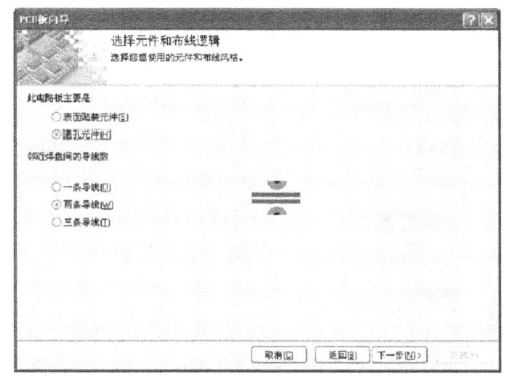
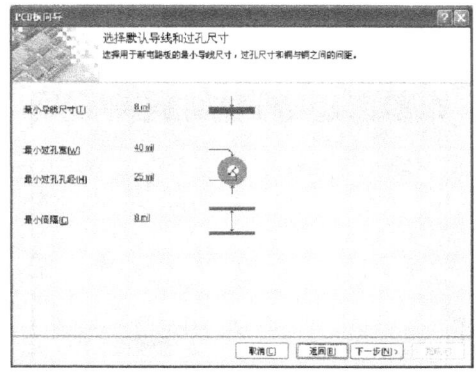

图 6-49　"选择元件和布线逻辑"对话框　　　图 6-50　"选择默认导线和过孔尺寸"对话框

9）单击 下一步(N)> 按钮，弹出如图 6-51 所示的"PCB 板向导"完成对话框。单击该对话框中的 完成(E) 按钮，关闭向导对话框。此时系统将自动生成一个由 PCB 向导制作完成的电路板，其默认文件名为"PCB1.PcbDoc"，如图 6-52 所示。
（注意：完成后要及时保存 PCB 文件，否则无法载入元器件封装与网络表。）

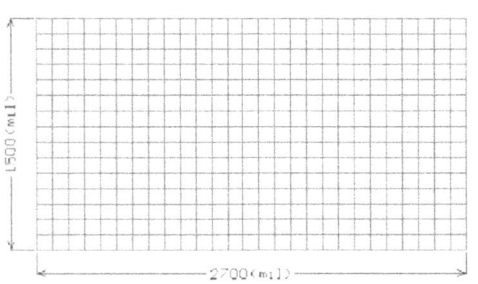

图 6-51　"PCB 板向导"完成对话框　　　　图 6-52　PCB 板向导制作完成的电路板

6.2.3　载入网络表和元器件封装

规划好电路板后，接着可以导入网络表和元器件封装。在导入网络表之前，还必须装入所需的 PCB 元件库，否则程序只装入网络表而无法装入元器件封装。

1. 装入 PCB 元件库

本例中元器件涉及到的封装库有"Miscellaneous Devices.IntLib"和"Miscellaneous Connectors.IntLib"两个库，我们将其添加进来。具体操作步骤如下：

1）在 PCB 编辑界面中执行菜单命令"设计/追加/删除库文件"，或单击窗口右侧工作区面板上的"元件库"选项卡，打开"元件库"控制面板对话框。单击该对话框中的 元件库... 按钮，弹出如图 6-53 所示的"可用元件库"对话框。

2）在"可用元件库"对话框中的"项目"标签下，单击 加元件库(A) 按钮，弹出如图6-54所示的"添加库文件"对话框。在该对话框中选中"Miscellaneous Devices.IntLib"和"Miscellaneous Connectors.IntLib"两个元件库后单击 打开(O) 按钮，便将选中的两个元件库添加进来。

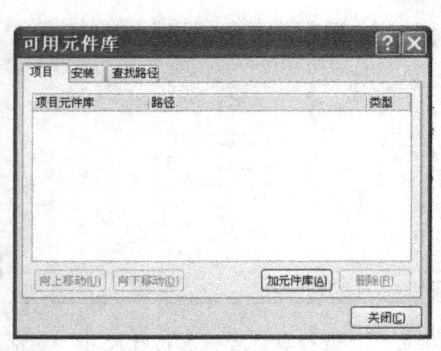
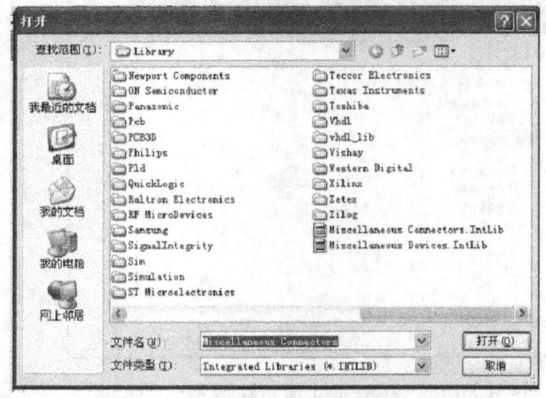

图6-53　"可用元件库"对话框　　　　　图6-54　添加库文件对话框

3）添加完所需的元件库后，单击"可用元件库"对话框中的 关闭(C) 按钮，便完成了加载元件库的操作。

2. 浏览元件库

在装入元件库后，可以浏览元件库，查看该库中的元器件是否满足设计要求。具体操作方法如下：

1）执行菜单命令"设计/浏览元件库"，或单击窗口右侧工作区面板上的"元件库"选项卡，打开"元件库"控制面板对话框，如图6-55所示。

2）在"元件库"对话框中单击 查找... 按钮，弹出"元件库查找"对话框，如图6-56所示。在该对话框中输入需要查找的元器件名称、设置好搜索路径后系统便自动查找该元器件。系统默认在可用元件库中查找，也就是我们加载到元件库编辑器里的元件库。

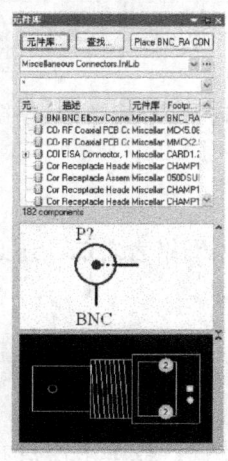
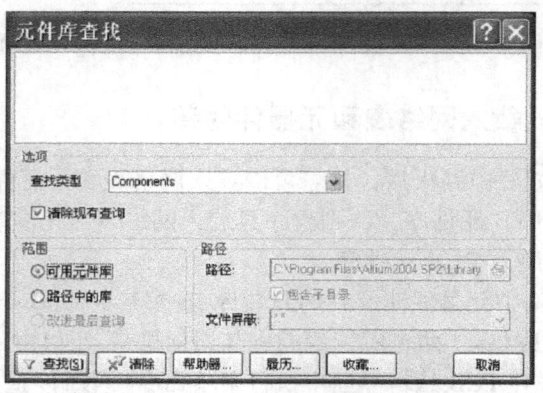

图6-55　"元件库"对话框　　　　　图6-56　"元件库查找"对话框

3. 导入网络表

Protel DXP 2004 实现了真正双向同步设计，元器件封装和网络信息既可通过在原理图编辑器中更新 PCB 文件来实现，也可以通过在 PCB 编辑器中导入原理图的变化来实现。本例中通过在 PCB 编辑器中导入原理图的变化来导入网络表。具体操作步骤如下：

1）在 PCB 编辑器中，执行菜单命令"设计/Import Changes From 例 6-1. PRJPCB"，出现如图 6-57 所示的更新 PCB 文件对话框。

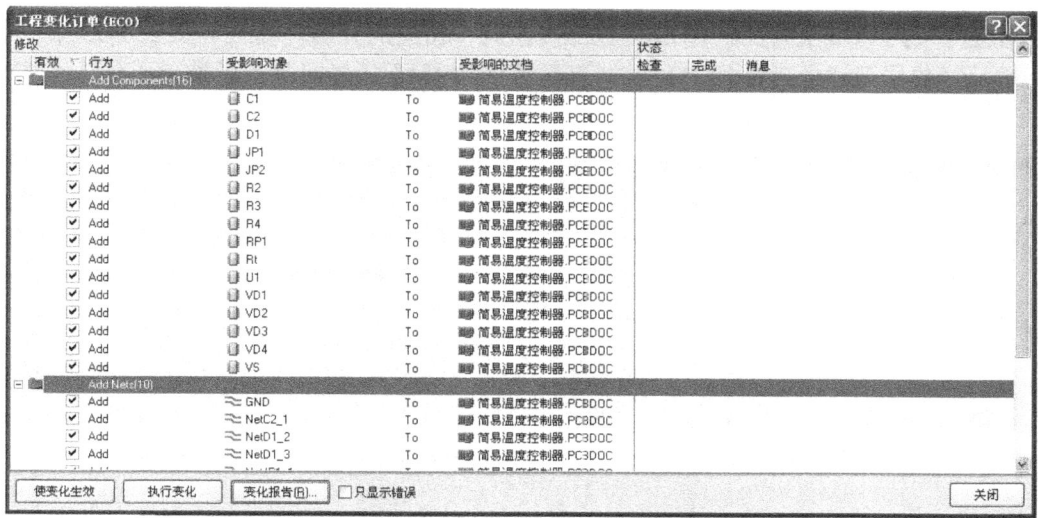

图 6-57　更新 PCB 文件对话框

2）在更新 PCB 文件对话框中，单击 [使变化生效] 按钮，则在"检查"一列中会显示出该步操作是否正确。其中正确的显示为绿色的"√"，错误的标志为红色的"×"，如图 6-58 所示。

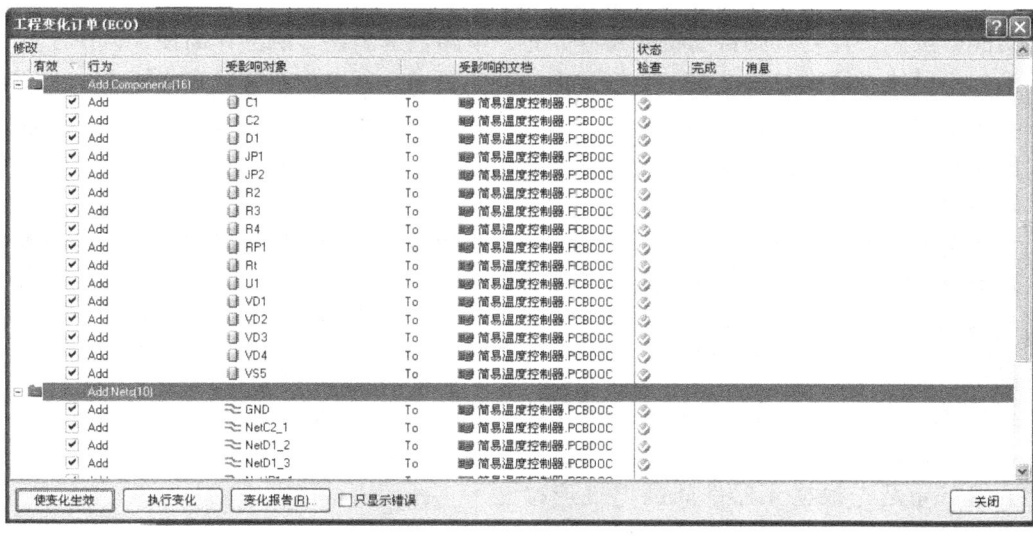

图 6-58　检查更新是否有效对话框

在该对话框中,如果检查标志都为绿色的" ",说明 PCB 编辑器可以在 PCB 元件库中找到所有元器件的封装,网络连接也正确。

如果在检查更新过程中出现错误的标志" ",说明 PCB 编辑器在当前的元件库中找不到相应元器件的封装或封装有错误,此时应该分析错误原因,并回到原理图中进行修改,否则有错误标志的元器件封装或网络连接将不会导入到 PCB 文件中。

3)单击图 6-58 所示对话框中的 执行变化 按钮,执行更新,系统会自动将网络表和元器件封装导入到 PCB 文件中。单击 关闭 按钮后,相应的元器件便被导入到 PCB 中,如图 6-59 所示(单击元器件后面的"例 6-1 简易温度控制器"文档背景后按 Delete,可将背景删掉)。

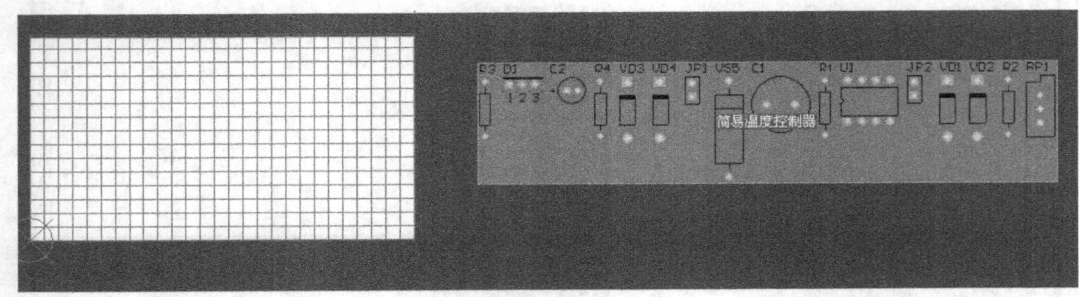

图 6-59 导入网络表后的 PCB 图

6.2.4 元器件布局

在导入网络表后,元器件并没有出现在规划的电路板上,此时需要将元器件按电路板的设计要求放在电路板的电气边界之内,才能进行布线操作。因此在布线之前,应首先进行元器件的布局操作。

元器件布局有自动布局和手动调整布局两种方法。自动布局是利用 PCB 编辑器的自动布局功能,按照一定的规则自动将元器件分布在电路板上。该方法操作简便,但由于其智能化不高,不可能考虑到具体电路在电气方面的特性要求,所以很难满足实际要求。手动调整布局取决于设计者的经验,可以充分考虑电气特性方面的要求,但花费时间较多。一般情况下,先进行自动布局操作,然后再进行手工调整。

1. 元器件的自动布局

具体操作步骤如下:

1)执行菜单命令"工具/放置元件/自动布局",弹出如图 6-60 所示的"自动布局"对话框。

2)在该对话框中有两种布局方式可供选择:分组布局和统计式布局。

分组布局是先根据元器件间的电气连接关系将元器件划分成组,然后再根据它们之间的几何关系放置元器件组,这种方式适合

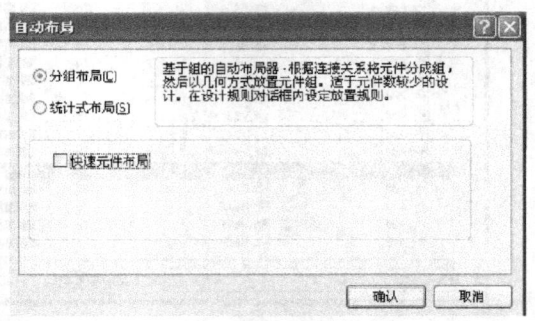

图 6-60 "自动布局"对话框

元器件较少的电路。统计式布局是以元器件间连线长度最短为原则,使用统计型算法,适合元器件比较多的电路。本例中选择分组布局方式。设置好后,用鼠标左键单击该对话框中的  按钮,开始元器件的自动布局。自动布局后的 PCB 板如图 6-61 所示。

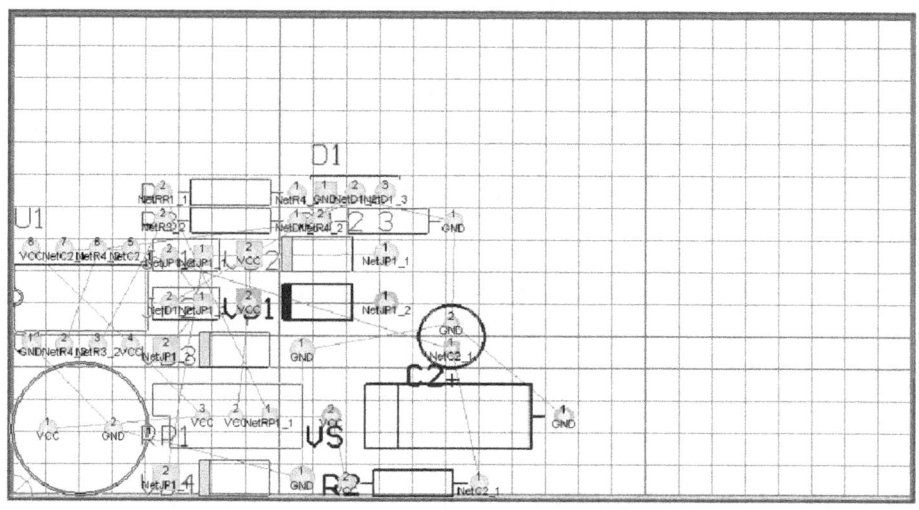

图 6-61　自动布局后的 PCB 板

这里需要注意的是:每次执行自动布局后的 PCB 图不可能完全一样,可以通过合适的参数设置实现恰当的布局。自动布局参数的设置可以通过执行菜单命令"设计/规则",在弹出的如图 6-62 所示的"PCB 规则和约束编辑器"对话框中进行相应的设置。

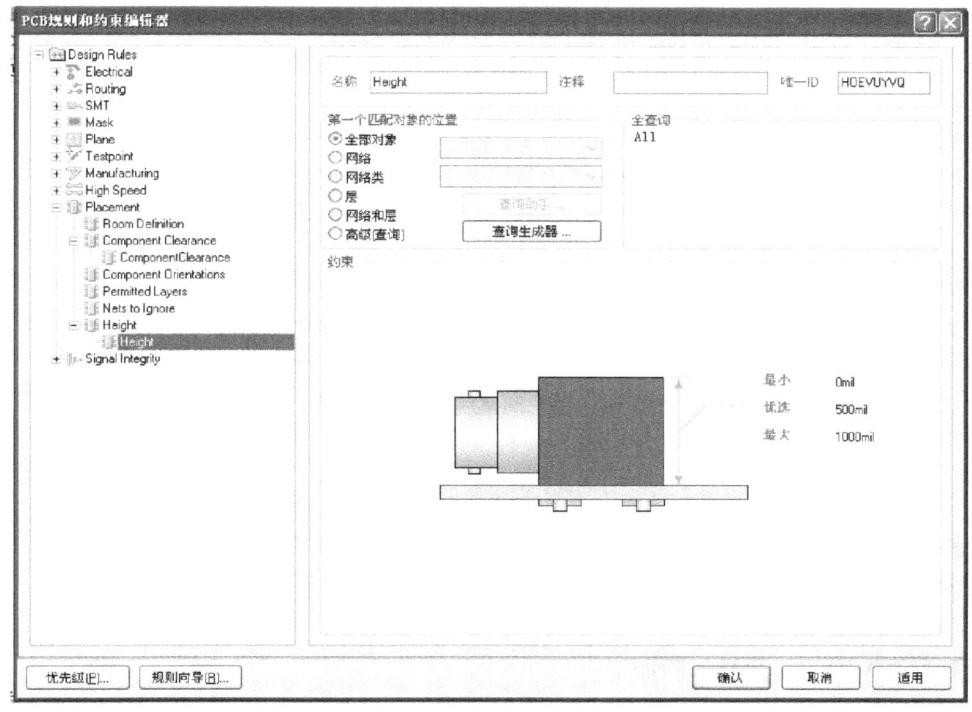

图 6-62　"PCB 规则和约束编辑器"对话框

2. 元器件的手动调整布局

对元器件布局进行手动调整的目的主要是对元器件进行移动、旋转等操作，以调整自动布局中不合理的地方。

在 PCB 编辑环境下，将光标移到某一元器件上按住鼠标左键不放，之后光标变成十字形状，接着拖动光标，便可完成元器件的移动。如果此时按下 Space 键，可以旋转元器件。每按一次 Space 键，元器件旋转 90°。按下 X 键可使元器件水平翻转；按下 Y 键，可使元器件垂直翻转。在翻转元器件的过程中系统会弹出一个如图 6-63 所示的元器件翻转"确认"提示框，可以单击 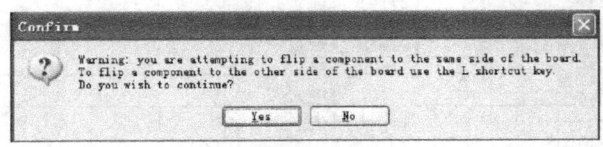 按钮进行确认。对于贴片元件，如果想将其放到焊锡面，则可以使用 L 键。

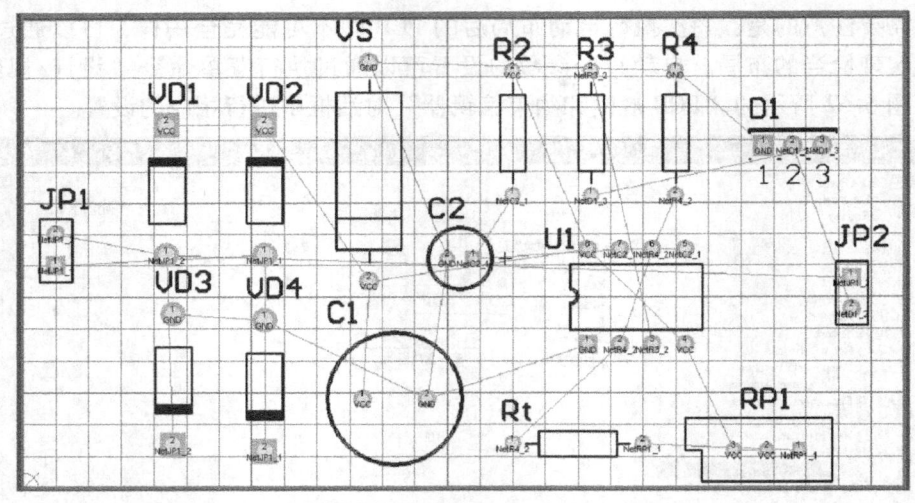

图 6-63　元件翻转"确认"提示框

本例中，根据实际设计需要，调整了元器件的位置，并使元器件对齐、排列均匀。调整后的元器件布局如图 6-64 所示。

图 6-64　手工调整后的元器件布局

6.2.5　自动布线

元器件布局完成后，接下来就可以考虑布线了。在对 PCB 进行自动布线之前，一般需要设置布线的规则。布线规则设置是否合理将直接影响到布线的质量和成功率。

1. 设置布线规则

设置布线规则的具体操作骤如下：

1）执行菜单命令"设计/规则"，系统弹出如图 6-65 所示"PCB 规则和约束编辑器"

对话框。

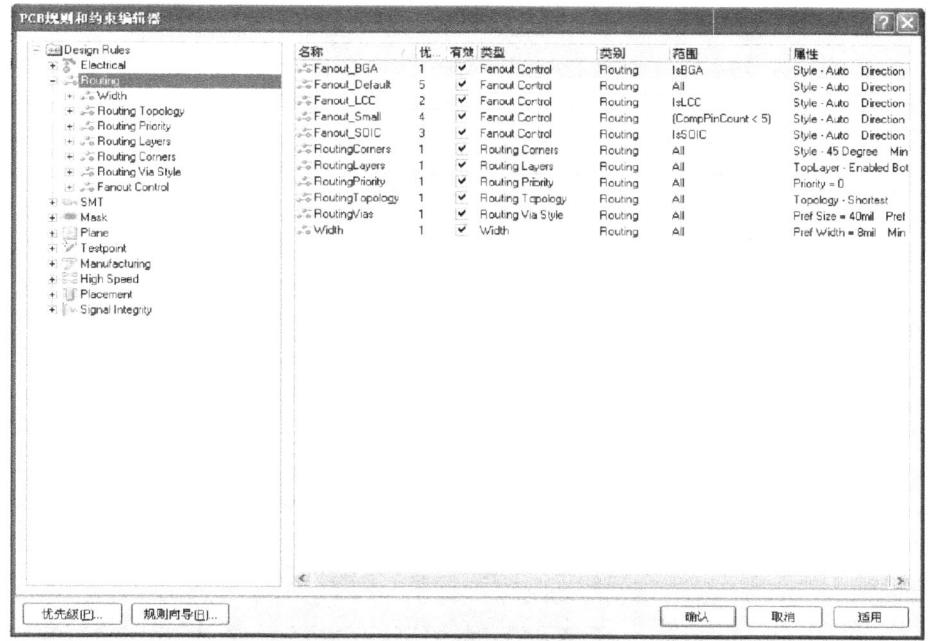

图 6-65 "PCB 规则和约束编辑器"对话框

2) 在"PCB 规则和约束编辑器"对话框中,单击"Electrical"选项可进行电气规则的设置,在"Routing"选项下可进行布线规则的设置。

电气规则包括设置安全距离(Clearance)、短路原则(Short-Circuit)、未布线网络原则(Un-Routed Net)和未连接引脚规则(Un-Connected Pin)。对于简单的电路板,这些规则可以采用默认值。本例中也选择系统的默认设置。

布线规则设置的选项包括:Width(布线宽度)、Routing Topology(布线的拓扑结构)、Routing Priority(布线优先级)、Routing Layers(布线工作层)、Routing Corners(布线拐角模式)、Routing Via Style(过孔的类型)和 Fanout Control(扇出控制)。

1) Width(布线宽度)。该选项用于设置走线的不同宽度。单击"PCB 规则和约束编辑器"对话框中"Routing"选项下的"Width"选项,在该对话框的右边将显示布线宽度规则设置,如图 6-66 所示。

根据布线的实际需要,如果电路板中有多种不同线宽的走线时,则需要添加新的布线规则。添加新规则的方法是将光标移到"Width"选项上单击鼠标右键,弹出如图 6-67 所示的快捷菜单。选择菜单命令"新规则",则可以创建一个新的宽度约束规则,如图 6-68 所示。

本例中,普通信号线的宽度为10mil,VCC、GND 和 NetJP1_2 信号线的宽度为30mil。在"Width"规则中再添加"Width_1、Width_2 和 Width_3"三种宽度选项,其设置如图 6-66 和 6-68 所示。

2) Routing Topology(布线的拓扑结构)。该选项主要用于设置自动布线时布线的拓扑结构规则。单击"PCB 规则和约束编辑器"对话框中的"Routing Topology"选项,则在该对话框的右边显示出已经存在的布线拓扑结构约束设置,如图 6-69 所示。移动光标到"拓

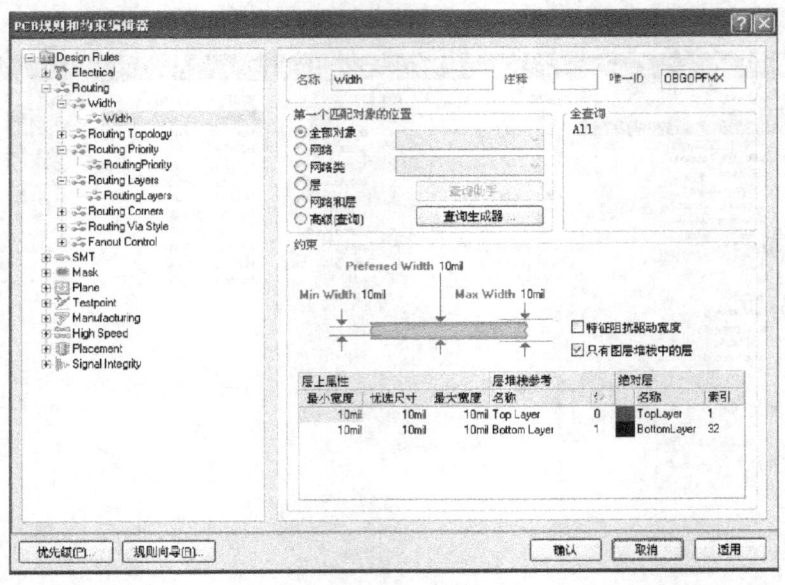

图 6-66 布线宽度规则设置界面

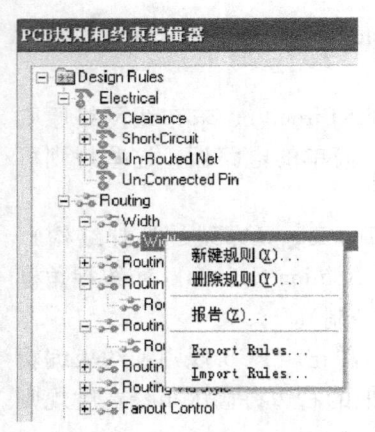

图 6-67 右键快捷菜单

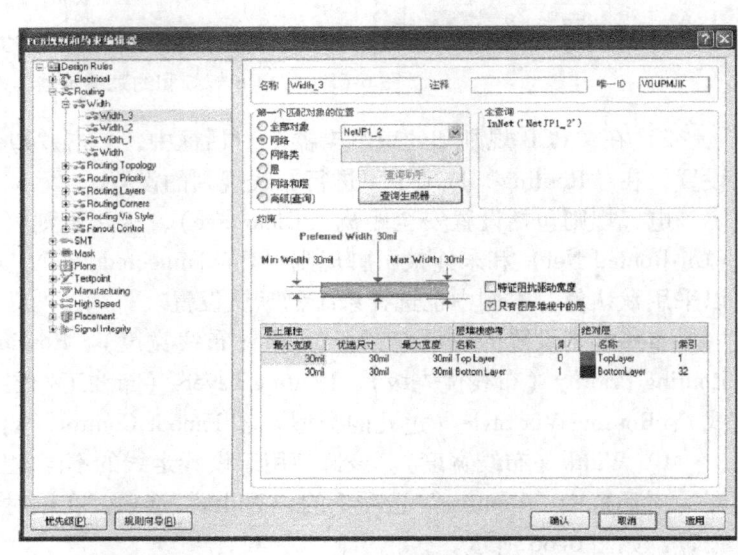

图 6-68 添加了新规则的界面

扑逻辑"的下拉文本框上单击其下拉按钮,可在弹出的列表框中选择拓扑结构的类型。系统提供了 7 种拓扑类型,通常情况下,在自动布线时是以整个布线的线长最短为目标,即默认选项为"Shortest"。本例中选择系统的默认设置。

3) Routing Priority(布线优先级)。该选项主要用于设置布线的先后次序,先布线网络的优先级比后布线网络的优先级要高。Protel DXP 2004 提供了多达 100 个优先级的设计。单击"PCB 规则和约束编辑器"对话框中的"Routing Priority"选项,可在该对话框的右边显示布线优先级约束的相关参数设置,如图 6-70 所示。

图 6-69　拓扑结构约束设置界面

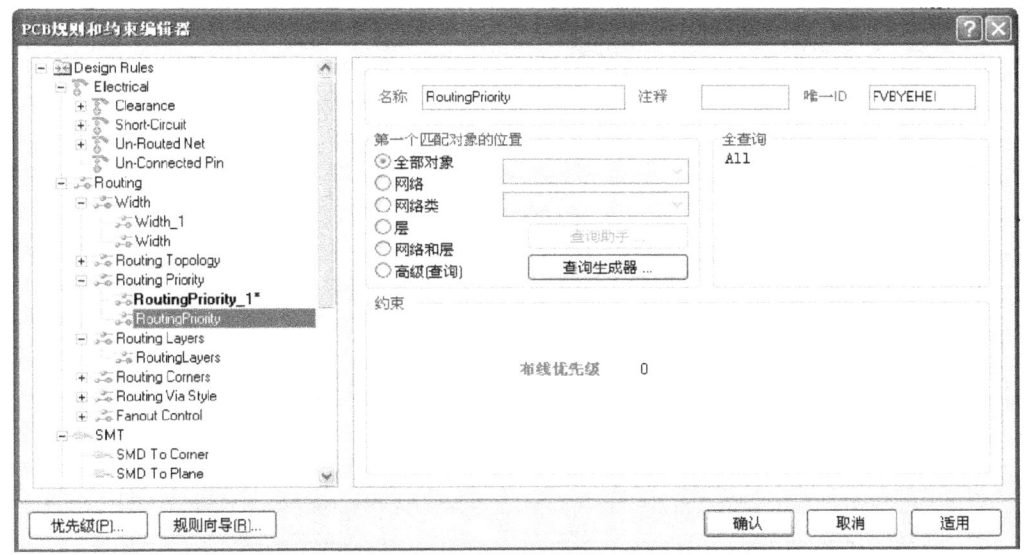

图 6-70　布线优先级约束设置界面

选中"Routing Priority"选项后单击鼠标右键，可以从弹出的快捷菜单中创建新的布线优先级约束。本例中创建的两个布线优先级约束分别为"Routing Priority"和"Routing Priority1"，其参数设置如图 6-70 和 6-71 所示。

4）Routing Layers（布线工作层）。该选项主要用于设置布线的工作层面及各个布线层上走线的方向。单击"PCB 规则和约束编辑器"对话框中的"Routing Layers"选项，可以在该对话框的右边设置相关参数，如图 6-72 所示。

图 6-71 布线优先级约束"Routing Priority_1"的设置界面

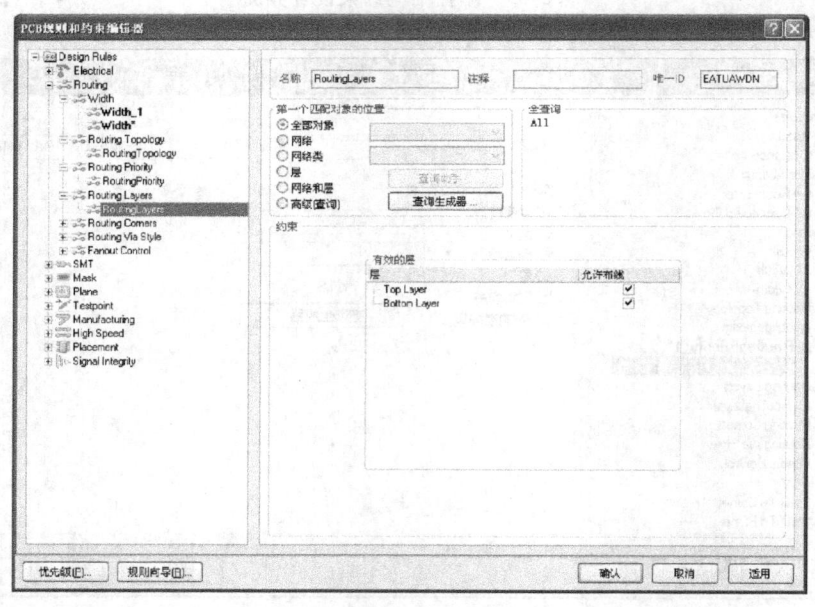

图 6-72 布线工作层设置界面

系统默认状态下为顶层和底层都布线,布线方向分别设置为水平方向和垂直方向,中间信号层不使用。在双面板的设计中可采用默认设置。本例设计的是单面板,因此,在"有效层"的选项中只选择"Bottom Layer"。(也就是只有"Bottom Layer"后的复选框中有"√"。)

5) Routing Corners(布线拐角模式)。该选项主要用于定义布线拐弯的样式。单击"PCB 规则和约束编辑器"对话框中的"Routing Corners"选项,可在该对话框的右边设置布线拐角模式约束中的相关参数，如图 6-73 所示。系统提供了 3 种拐角方式：90°、45°和圆形，默认为 45°拐角方式。本例中选择系统的默认设置。

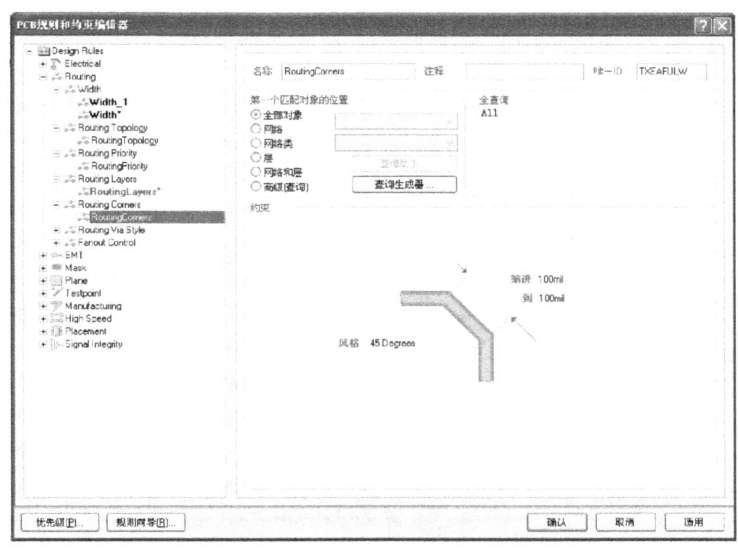

图 6-73　布线拐角模式约束设置界面

6）Routing Via Style（布线过孔类型）。该选项主要设置自动布线过程中使用的过孔的最大和最小尺寸。单击"PCB 规则和约束编辑器"对话框中的"Routing Via Style"选项，可在该对话框的右边设置布线过孔约束中的相关参数，如图 6-74 所示。本例中选择系统的默认设置。

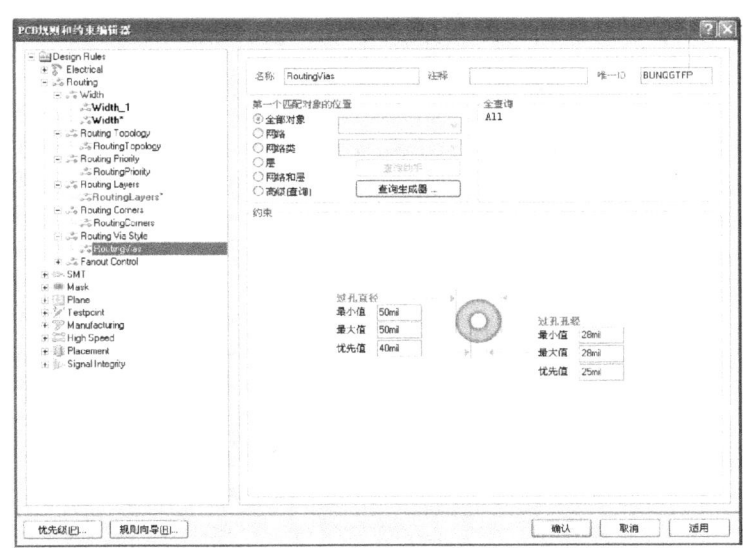

图 6-74　布线过孔约束设置界面

7）Fanout Control（扇出控制）。该选项主要用于设置表面安装器件的扇出控制方式。单击"PCB 规则和约束编辑器"对话框中的"Fanout Control"选项，可在该对话框的右边设置相关参数，如图 6-75 所示。本例中采用系统的默认设置。

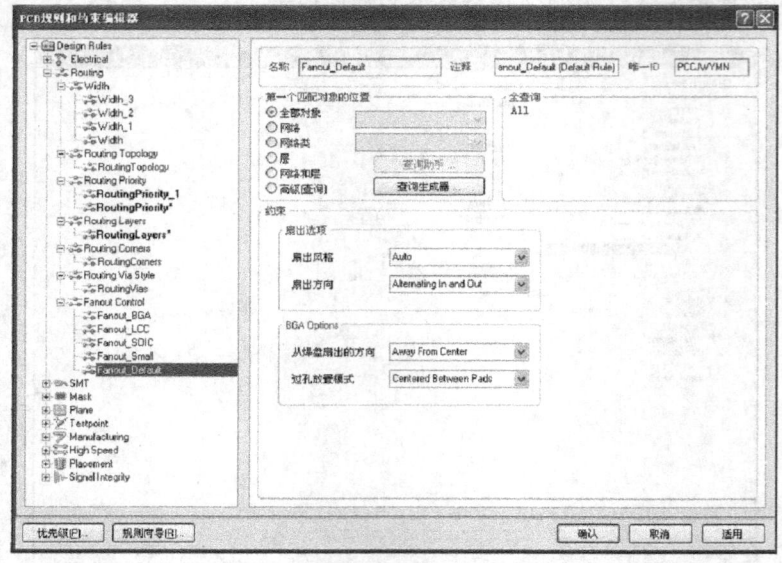

图 6-75　扇出控制约束设置界面

2. 自动布线的种类及方法

布线规则设置好以后，就可以利用 Protel DXP 2004 提供的强大的自动布线功能进行布线了。自动布线常用的方法主要有以下几种：

（1）全局布线　具体操作步骤如下：

1）首先执行菜单命令"自动布线/全部对象"，对整个电路板进行布线。

2）执行该命令后，系统弹出如图 6-76 所示的"Situs 布线策略"设置对话框。单击该

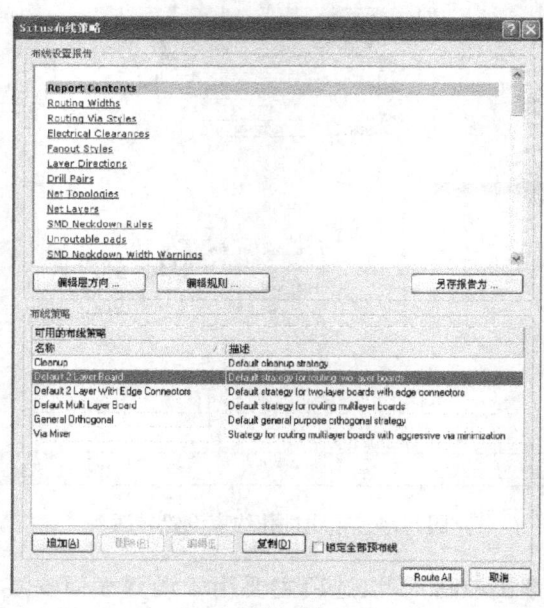

图 6-76　"Situs 布线策略"设置对话框

对话框中的 Route All 按钮，系统开始对电路板进行全局布线。布线完成后会弹出相应的布线过程信息提示框，如图 6-77 所示。

Messages

Class	Document	Source	Message	Time	Date	No.
Situs Ev...	简易温度控...	Situs	Routing Started	9:44:23	2011-5-12	1
Routing ...	简易温度控...	Situs	Creating topology map	9:44:23	2011-5-12	2
Situs Ev...	简易温度控...	Situs	Starting Fan out to Plane	9:44:23	2011-5-12	3
Situs Ev...	简易温度控...	Situs	Completed Fan out to Plane in 0 Seconds	9:44:23	2011-5-12	4
Situs Ev...	简易温度控...	Situs	Starting Memory	9:44:23	2011-5-12	5
Situs Ev...	简易温度控...	Situs	Completed Memory in 0 Seconds	9:44:23	2011-5-12	6
Situs Ev...	简易温度控...	Situs	Starting Layer Patterns	9:44:23	2011-5-12	7
Routing ...	简易温度控...	Situs	Calculating Board Density	9:44:23	2011-5-12	8
Situs Ev...	简易温度控...	Situs	Completed Layer Patterns in 0 Seconds	9:44:23	2011-5-12	9
Situs Ev...	简易温度控...	Situs	Starting Main	9:44:23	2011-5-12	10
Routing ...	简易温度控...	Situs	Calculating Board Density	9:44:24	2011-5-12	11
Situs Ev...	简易温度控...	Situs	Completed Main in 0 Seconds	9:44:24	2011-5-12	12
Situs Ev...	简易温度控...	Situs	Starting Completion	9:44:24	2011-5-12	13
Situs Ev...	简易温度控...	Situs	Completed Completion in 0 Seconds	9:44:24	2011-5-12	14
Situs Ev...	简易温度控...	Situs	Starting Straighten	9:44:24	2011-5-12	15
Situs Ev...	简易温度控...	Situs	Completed Straighten in 0 Seconds	9:44:24	2011-5-12	16
Routing ...	简易温度控...	Situs	30 of 30 connections routed (100.00%) in 0 Seconds	9:44:24	2011-5-12	17
Situs Ev...	简易温度控...	Situs	Routing finished with 0 contentions(s). Failed to complete 0 connectio...	9:44:24	2011-5-12	18

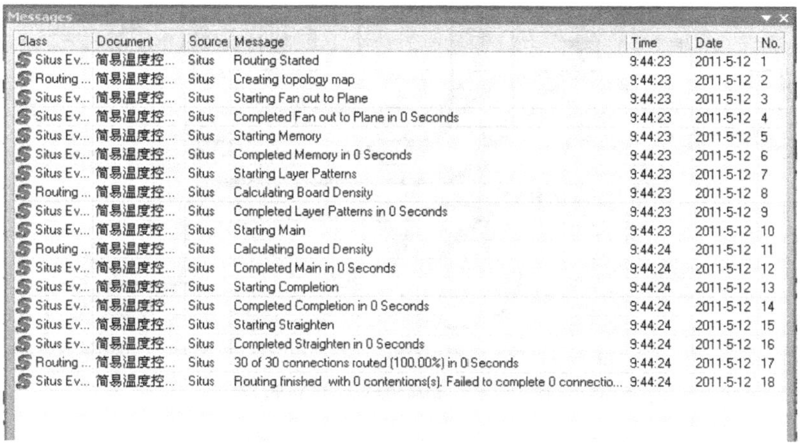

图 6-77　布线过程信息提示框

该提示框将给出布线的成功率是否是 100%。如果布线不成功，就需要拆除原有布线，此时可单击“PCB 标准”工具栏上的按钮，也可以执行菜单命令“工具/取消布线/全部对象”来取消当前的布线，重新设置相关的参数后重新布线。本例对电路板进行全局自动布线后的结果如图 6-78 所示。

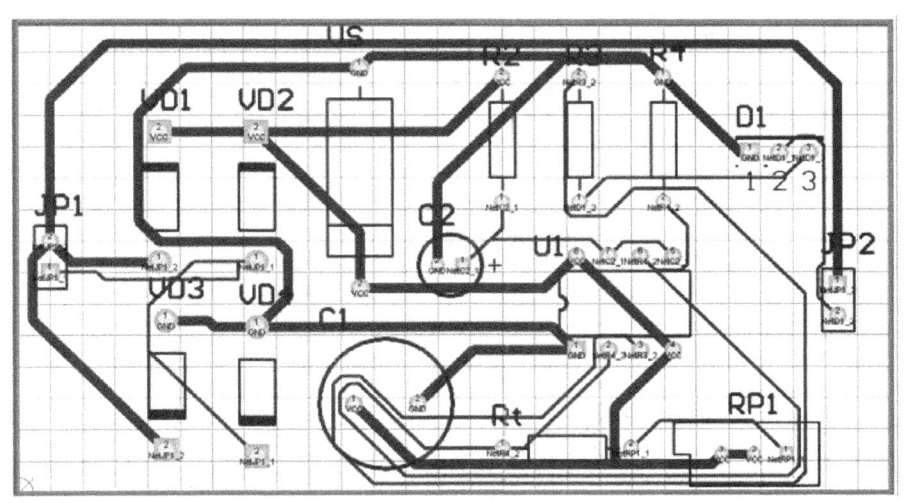

图 6-78　自动布线后的 PCB 板

如果设计的是双面板，只要在“PCB 规则和约束编辑器”对话框中将“Routing Layers”选项中的“有效的层”设置为两层即可。即在如图 6-72 所示的“Routing Layers”选项下选中“Top Layer”和“Bottom Layer”两个工作层面，其他设置与制作单面板相同。完成全局自动布线的双面板如图 6-79 所示。

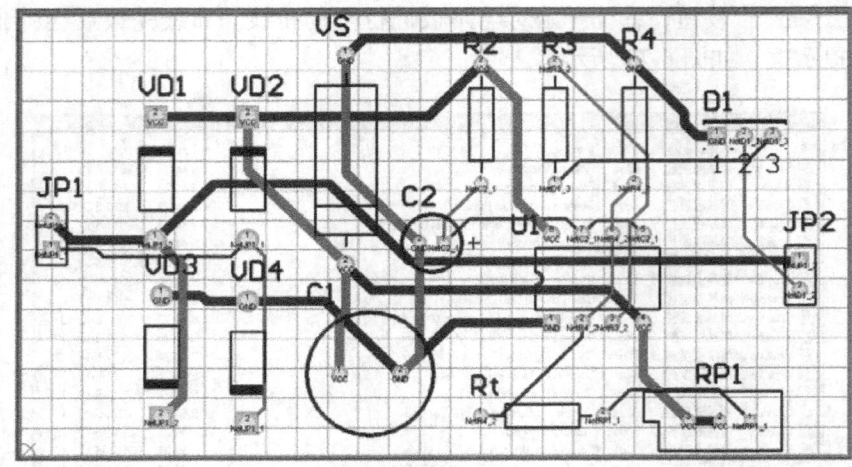

图 6-79 完成布线后的双面板

(2) 对 ROOM 空间进行自动布线 具体操作步骤如下：

1）首先定义一个 ROOM 空间。本例执行菜单命令"设计/ROOM 空间/放置矩形 ROOM 空间"，放置了一个矩形 ROOM 空间，这里把整流桥的四个二极管定义在 ROOM 空间里。如图 6-80 所示。

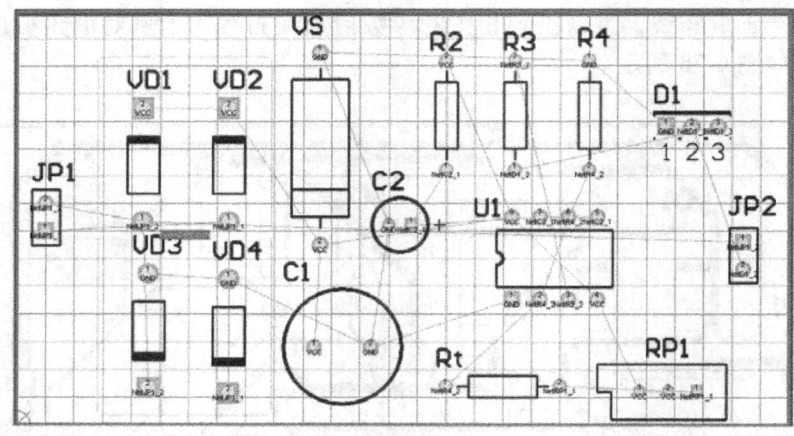

图 6-80 放置矩形 ROOM 空间

2）执行菜单命令"自动布线/ROOM 空间"，之后光标变成十字形状。将光标移到 ROOM 空间上单击鼠标左键，系统会对该 ROOM 空间进行自动布线。单击鼠标右键退出布线，会弹出布线过程信息提示框。布线结果如图 6-81 所示。

(3) 指定网络布线 下面在图 6-64 所示的"手工调整后的元器件布局"的基础上，指定元器件 JP2 第 1 引脚所属的网络并对其进行自动布线。具体操作步骤如下：

1）执行菜单命令"自动布线/网络"，对指定的网络进行布线。

2）执行该命令后，光标变成十字形状。移动光标到器件 JP2 的第 1 引脚上单击鼠标左键，系统弹出如图 6-82 所示的网络布线方式选项菜单，从中选择"Pad JP2-1（2540mil，660mil）Multi-Layer"选项，确定需要布线的网络，之后系统会自动对该网络进行自动布线。布线结果如图 6-83 所示。

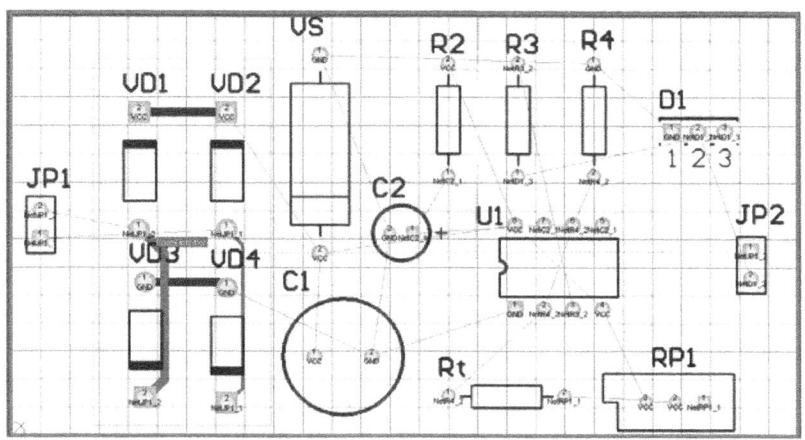

图 6-81　对 ROOM 空间布线后的结果

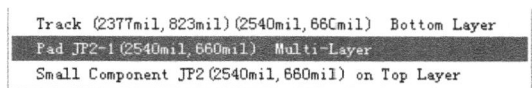

图 6-82　网络布线方式选项菜单

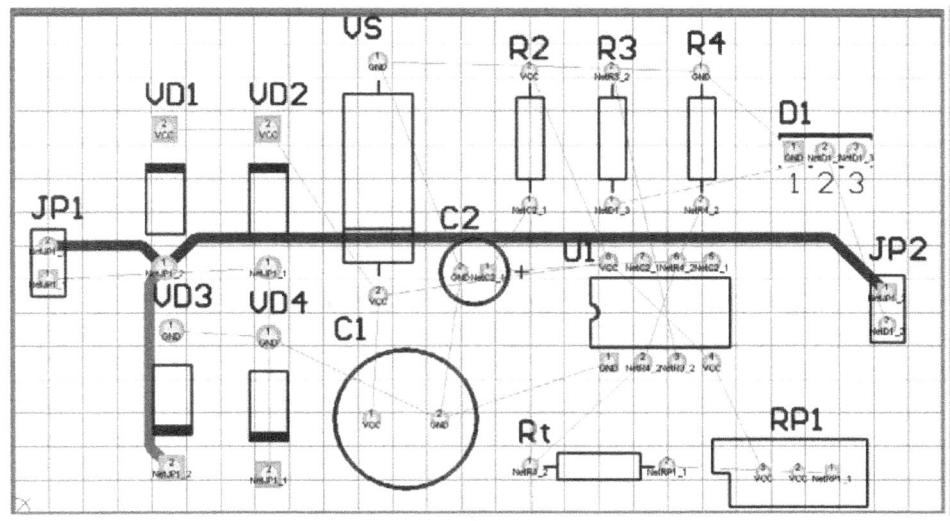

图 6-83　指定网络布线的结果

（4）指定元器件布线　用户可以指定某个元器件，使系统只对与该元器件相连的网络进行自动布线。具体操作步骤如下：

1）执行菜单命令"自动布线/元件"，对指定的元器件进行布线。

2）执行该命令后，光标变成十字形状。移动光标到指定的元器件（如"U1"）上单击鼠标左键，系统会自动对与该元器件相连的网络进行自动布线。布线结果如图 6-84 所示。

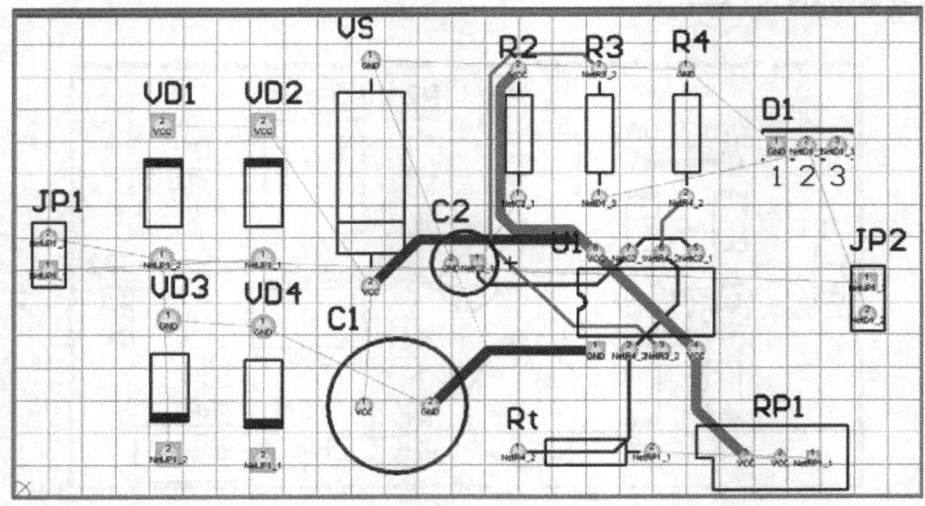

图 6-84 指定元器件布线的结果

（5）指定两连接点之间布线　用户可以指定两个连接点，使系统只对这两个连接点之间进行布线。具体操作步骤如下：

1）执行菜单命令"自动布线/连接"，对指定的两个连接点进行布线。

2）执行该命令后，光标变成十字形状。移动光标到两个连接点之间的飞线（如元器件 JP2 第 1 引脚与元器件 VD1 的第 1 引脚之间的飞线）上单击鼠标左键，系统会自动对这两个连接点之间进行布线，单击右键退出该命令。布线结果如图 6-85 所示。

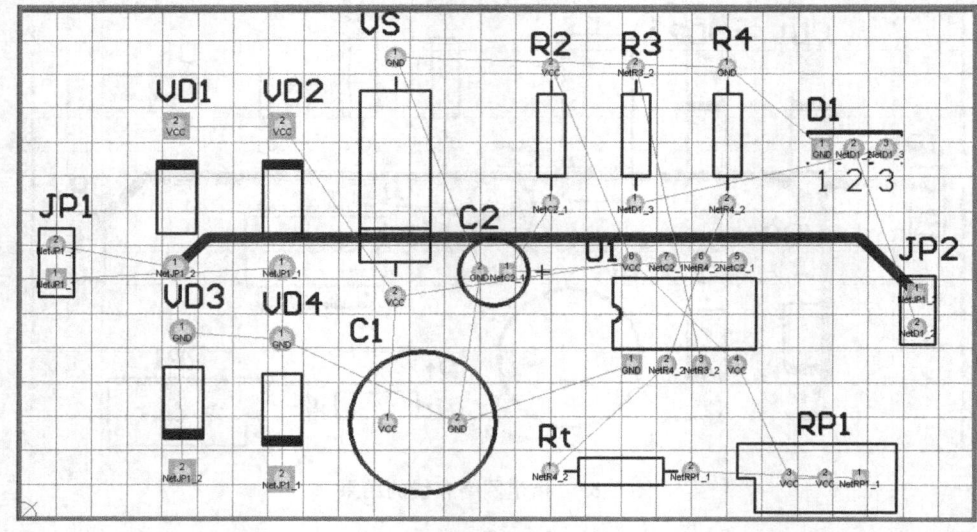

图 6-85 指定两连接点之间布线的结果

3. 手工调整布线

尽管 Protel DXP 2004 提供了强大的自动布线功能，但当线路板比较复杂时，自动布线后总会存在一些令人不满意的地方。手工调整布线主要是对自动布线后不合理的地方进行调整,这就要求先拆除电路板中的导线。

在菜单命令"工具/取消布线"的子菜单下,提供了几个常用于手工调整布线的命令,如图 6-86 所示。通过该子菜单中的选项可以对自动布线后的 PCB 板进行不同方式的调整。

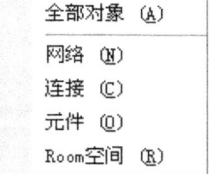

图 6-86　取消布线子菜单

1) 全部对象。拆除电路板上所有布线,进行手工调整。
2) 网络。拆除所选布线网络,进行手工调整。
3) 连接。拆除所选的一条布线,进行手工调整。
4) 元件。拆除与所选的元器件相连的所有导线,进行手工调整。

拆除了不符合要求的布线后,执行菜单命令"放置/交互布线"或单击"配线"工具栏中的  按钮,对已拆除的布线可再进行手工连接。本例手工调整后的效果如图 6-87 所示。

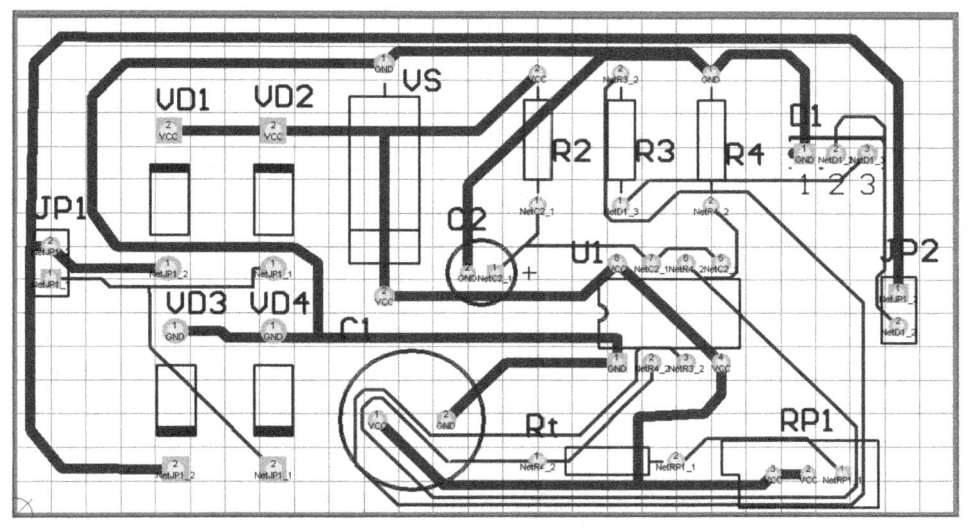

图 6-87　调整布线后的 PCB 图

6.2.6　补泪滴

泪滴是导线与焊盘或过孔之间的过渡区域,呈泪滴状。电路板进行补泪滴操作可以增强电路板的强度,避免导线与焊盘的接触点处出现应力集中而断裂的情况。补泪滴的具体操作步骤如下:

1) 执行菜单命令"工具/泪滴焊盘",弹出如图 6-88 所示的"泪滴选项"对话框。

2) 在该对话框中,可根据设计的实际需要设置相关的选项。设置完成以后,单击 确认 按钮,系统便自动实现补泪滴的操作。本例中各选项采用系统的默认设置,补泪滴后的电路板如图 6-89 所示。

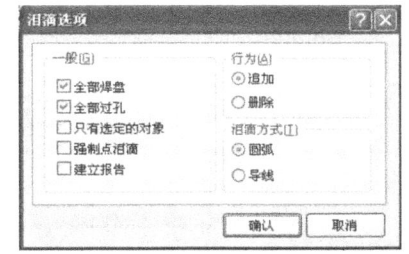

图 6-88　"泪滴选项"对话框

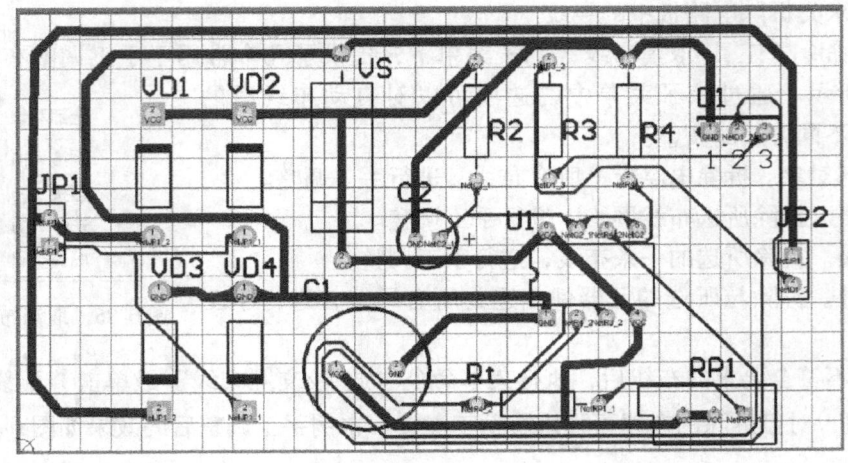

图 6-89　补泪滴后的电路板

6.2.7　放置覆铜平面

为了使印制电路板具有较好的抗干扰、降低接地阻抗、屏蔽和散热等性能，一般在印制电路板的设计过程中要进行覆铜设计。放置覆铜就是在电路板上放置一层铜膜，一般情况下，覆铜是与地线相连接的。放置覆铜平面的具体操作步骤如下：

1）执行菜单命令"放置/覆铜平面"，或单击"配线"工具栏的 按钮，启动放置覆铜平面的命令。

2）启动该命令后，弹出"覆铜"属性对话框。在该对话框中可以设置覆铜平面的填充模式、导线宽度、网格尺寸、所在层、连接的网络及删除死铜等属性。本例中的设置如图 6-90 所示。

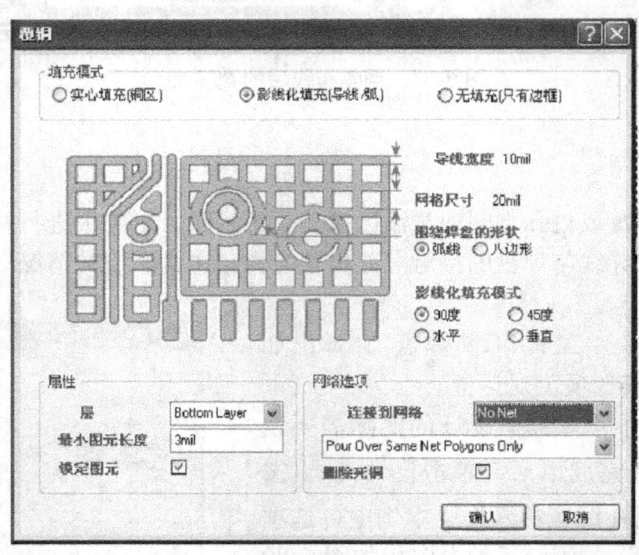

图 6-90　"覆铜"属性对话框

3）设置好覆铜平面的属性后，单击 [确认] 按钮，之后光标变成十字形状。移动光标至适当位置，确定覆铜平面的第一个顶点位置，然后绘制出一个封闭的矩形，单击鼠标右键退出该命令，电路板上便会出现刚刚绘制的覆铜区域，如图 6-91 所示。

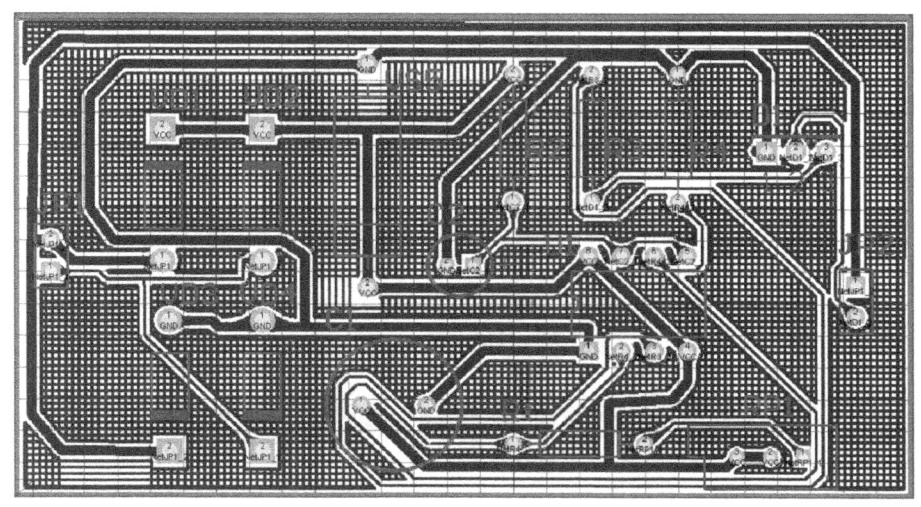

图 6-91　覆铜后的 PCB 板

关于覆铜属性的设置可以根据设计需要，修改相应选项的值，读者可以改变各选项的参数观看效果，这里就不再一一举例了。

6.3　设计规则检查

设计规则检查（DRC）是一个有效的自动检查功能，该功能可以确认自动布线后的结果是否满足设定的布线要求。在设计任何印制电路板时均应运行该功能，对涉及的规则进行检查，以确保设计符合要求。

进行设计规则检查的具体操作步骤如下：

1）执行菜单命令"工具/设计规则检查"，系统将弹出"设计规则检查器"对话框，如图 6-92 所示。

该对话框中包括两个选项："Report Options"（DRC 报告）和"Rules To Check"（设计规则检查）。其中在"Rules To Check"选项中包括"Electrical"、"Routing"等八个子项，分别对电路板中各图元之间的安全间距、走线宽度、是否存在短路等内容进行检测。

2）单击"Report Options"选项，在"设计规则检查器"对话框的右边窗口中显示该项的内容。其中包括"建立报告文件"、"建立违规"等五个选项，系统默认为全部选中，如图 6-92 所示。

3）单击"Rules To Check"选项中的任一子项，在"设计规则检查器"对话框的右边窗口中将显示相应的内容，用以设置检查规则。如图 6-93 所示。

4）各项规则设置完成以后，单击 [运行设计规则检查(R)...] 按钮进行检测。之后，系统将弹出"Messages"对话框。如果电路板有错误，将在"Messages"对话框中显示错误信息，同时

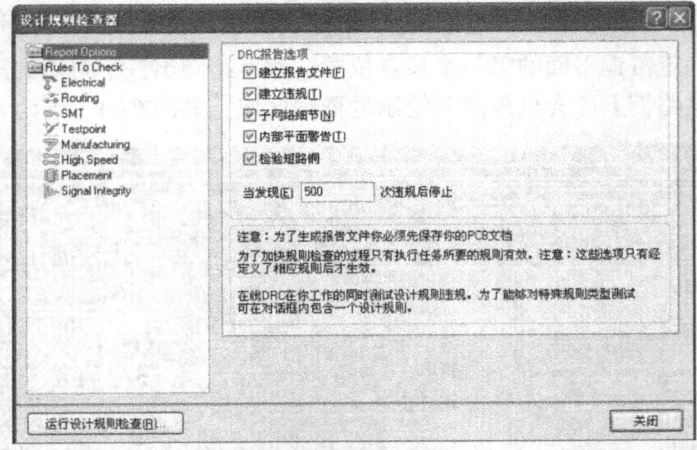

图 6-92 "设计规则检查器"对话框

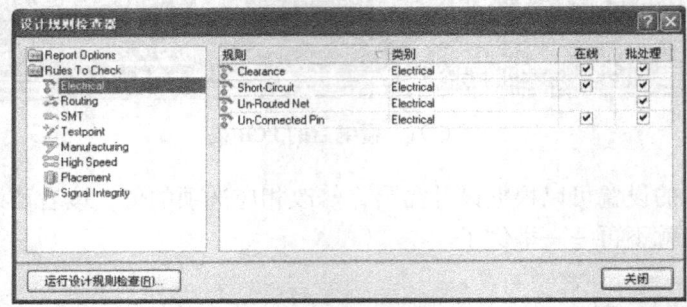

图 6-93 "Electrical"子项的内容

违反规则的布局和布线将在电路板上以高亮的绿色显示出来，用户可以根据错误信息对电路板进行修改。如果没有错误，"Messages"对话框中将不显示任何信息。同时，系统自动生成后缀名为".DRC"的报表文件并切换到该文件界面。图 6-94 所示为对"简易温度控制

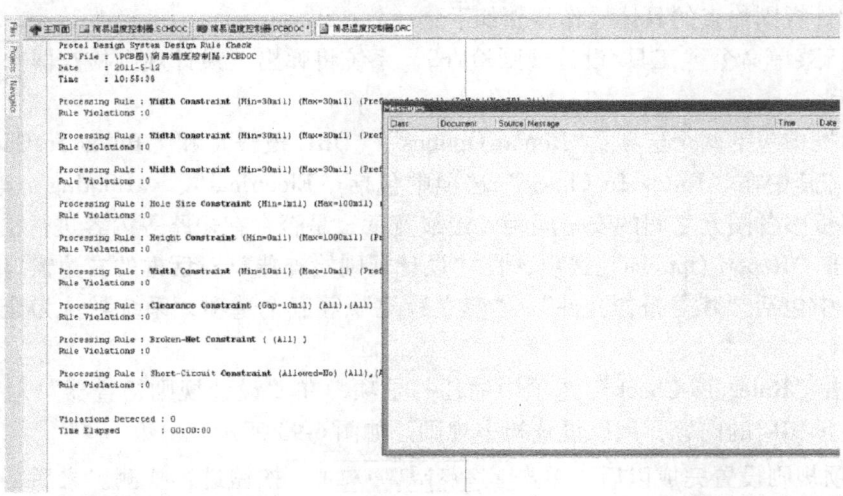

图 6-94 "简易温度控制器.DRC"报表文件内容及 Messages 对话框

器.PcbDoc"进行电气规则检查后生成的"简易温度控制器.DRC"文件和 Messages 对话框。

6.4 印制电路板的 3D 效果显示

印制电路板的 3D 显示功能可以清晰地显示 PCB 板的三维实体效果,方便设计者预览电路板中元器件的整体分布情况,提高设计效率。

以生成"简易温度控制器.PcbDoc"的 3D 效果图为例,具体操作步骤如下:
(1) 打开"简易温度控制器.PcbDoc"文件。
(2) 执行菜单命令"查看/显示三维 PCB 板"。之后,系统会自动生成 PCB 的 3D 效果图,如图 6-95 所示。可通过设置 PCB3D 编辑器中参数对该三维 PCB 板进行操作。

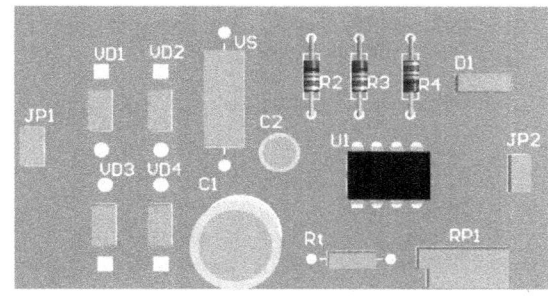 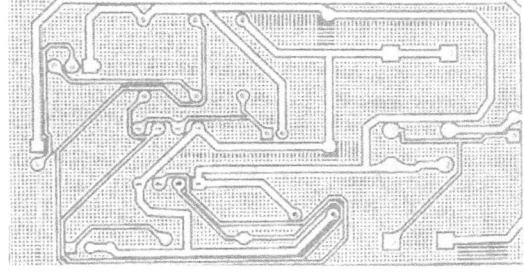

a) PCB 板正面　　　　　　　　　　　　　　b) PCB 板反面

图 6-95　PCB 板 3D 显示效果图

6.5 印制电路板的打印输出

PCB 图的打印输出和原理图的打印输出操作相似,由于 PCB 图有板层的概念,在打印时可以将各层一起打印输出,也可以由用户自己选择打印的层面,方便制作和校对。具体操作步骤如下:

1) 执行菜单命令"文件/页面设定",系统弹出如图 6-96 所示的页面设定对话框。在

图 6-96　页面设定对话框

该对话框中，可以设置打印纸张的大小、打印的方向、打印输出的比例及色彩等参数。

2）单击"页面设定"对话框中的 高级... 按钮，弹出如图 6-97 所示的"PCB 打印输出属性"对话框。在该对话框中"Multilayer Composite Print"栏下的层名上双击鼠标左键，打开如图 6-98 所示的"层属性"对话框。在"层属性"对话框中可以选中需要打印的层，并进行相应的设置。

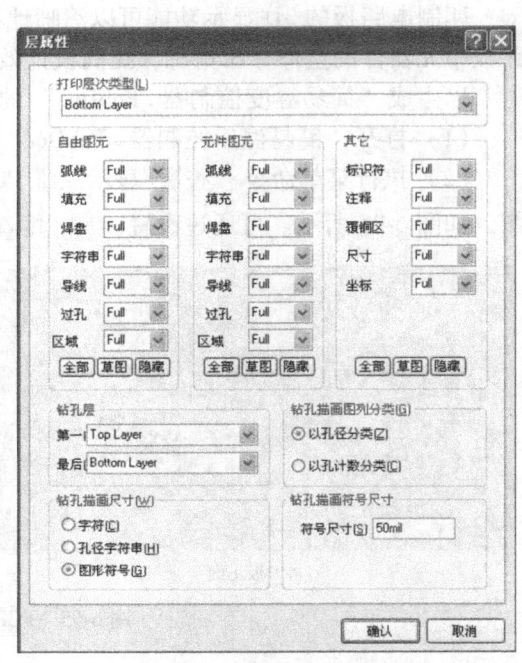

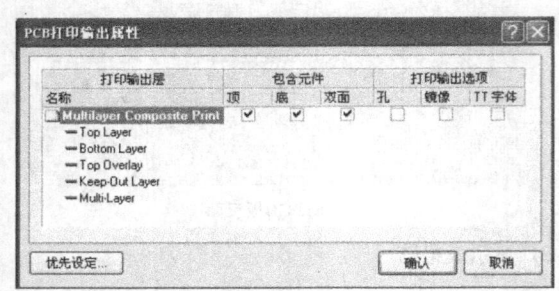

图 6-97 "PCB 打印输出属性"对话框   图 6-98 "层属性"对话框

3）单击"页面设定"对话框中的 打印设置... 按钮，弹出如图 6-99 所示的打印设置对话框。在该对话框中可对打印机型号、打印页数等参数进行设置。设置完成后，单击 确认 按钮，执行打印操作。

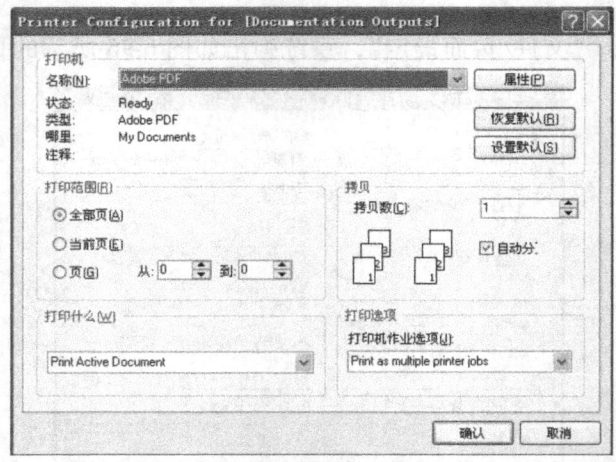

图 6-99 打印设置对话框

本 章 小 结

本章以制作单面、双面印制电路板为例,详细地讲解了单面板的制作过程。主要内容有:由原理图生成网络表、规划电路板、加载网络表,元器件的封装、布局、自动布线功能的使用,手工调整布线的方法及印制电路板的打印输出等。

通过本章的学习,应熟练地掌握设计单面印制电路板的过程和方法,能够根据电路原理图制作单面印制电路板。但要想设计出更为理想的电路板仅靠这些知识是不够的,还需在实践中不断地积累和探索。

思 考 题

1. 在进行 PCB 设计时,如果装入网络表和元器件后出现错误提示信息该如何处理?
2. 简述印制电路板的自动布线规则。
3. 布线时为什么要对电源线和地线进行加宽处理?

练 习 题

1. 绘制如图 6-100 所示的电路原理图并将其设计成单面印制电路板。设计要求如下:

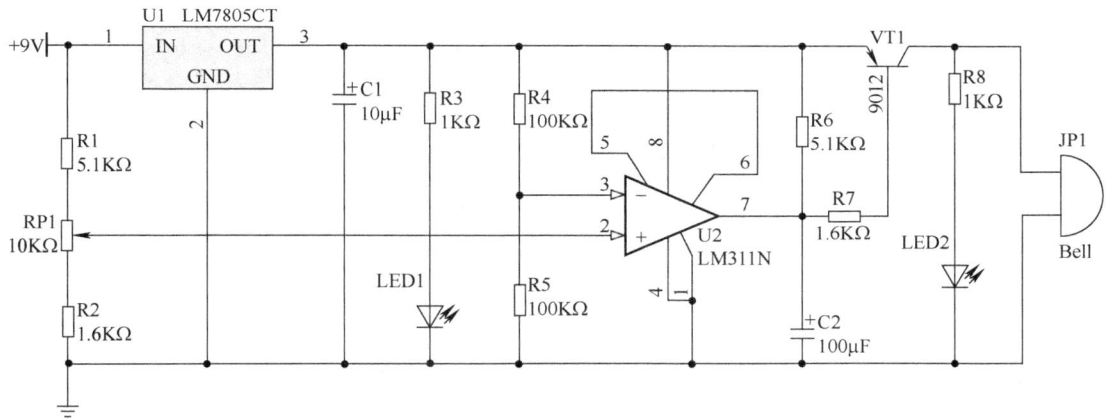

图 6-100　电路原理图

(1) 绘制电路原理图并由原理图创建网络表。
(2) 规划印制电路板的电气边界为 60 mm × 55 mm。
(3) 一般布线宽度为 10mil,电源、地线宽度为 30mil。
(4) 对元器件 U2 周围进行覆铜处理,覆铜参数采用系统默认设置。

2. 根据图 6-101 所示的正负电源电路原理图,完成以下要求:

(1) 以"正负电源电路"为项目文件名创建一个项目文件,在该项目文件中分别建立一个原理图文件和一个 PCB 文件,原理图文件和 PCB 文件名采用系统默认文件名。
(2) 绘制电路原理图并由原理图创建网络表。
(3) 创建材料清单并用 Excel 表格形式保存在存放设计的文件夹中。
(4) 制作单面板印制电路板,电路板的电气边界为 2000mil × 1700mil;元器件采用直插式的封装,要求按照信号的流程合理布局。
(5) 自动布线,要求一般布线宽度为 10mil,电源、地线宽度为 30mil。

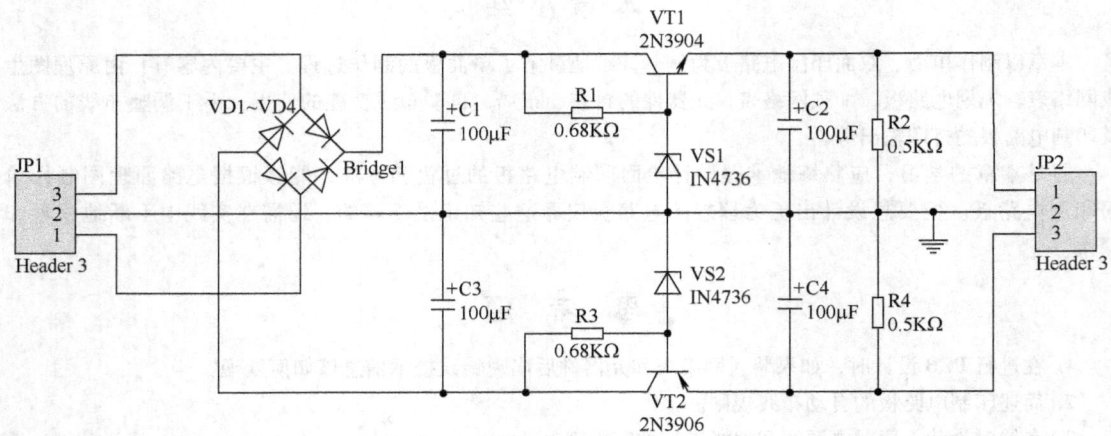

图 6-101 正负电源电路

（6）进行 DRC 检测，如有错误，改正错误后保存。

3. 绘制如图 6-102 所示的红外发射电路原理图，并将其设计成单面印制电路板。设计要求如下：

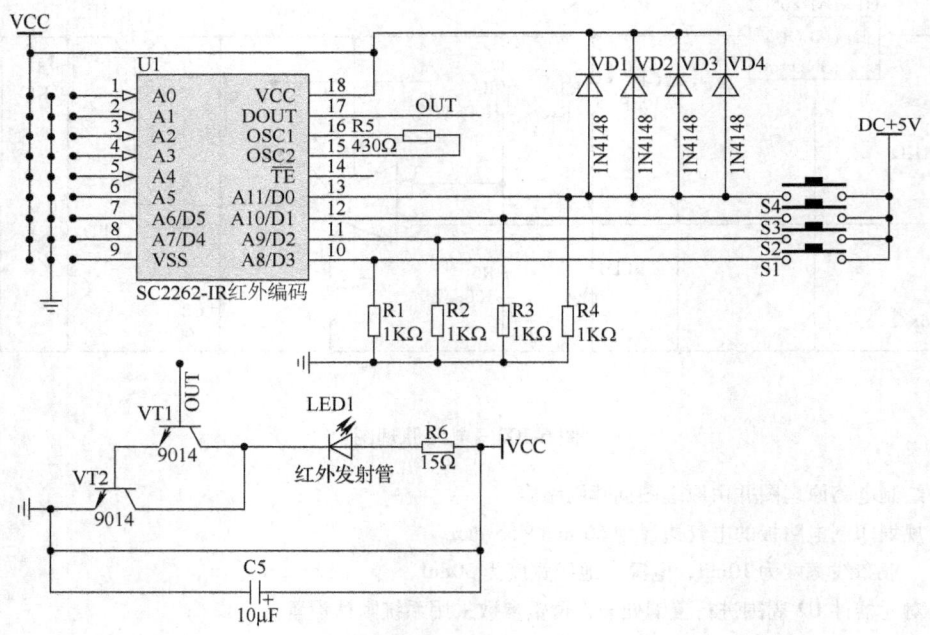

图 6-102 红外发送电路

（1）绘制电路原理图，并由原理图创建网络表。

（2）进行电气规则检查。

（3）创建材料清单并用 Excel 表格形式保存在存放设计的文件夹中。

（4）规划印制电路板的电气边界为 2500 mil × 2000 mil；元器件采用直插式封装，一般布线宽度为 10 mil，电源、地线宽度为 30 mil。

（5）进行 DRC 检测，有错误进行改正后进行保存。

4. 绘制如图 6-103 所示的红外接收电路图并将其设计成单面印制电路板。设计要求如下:

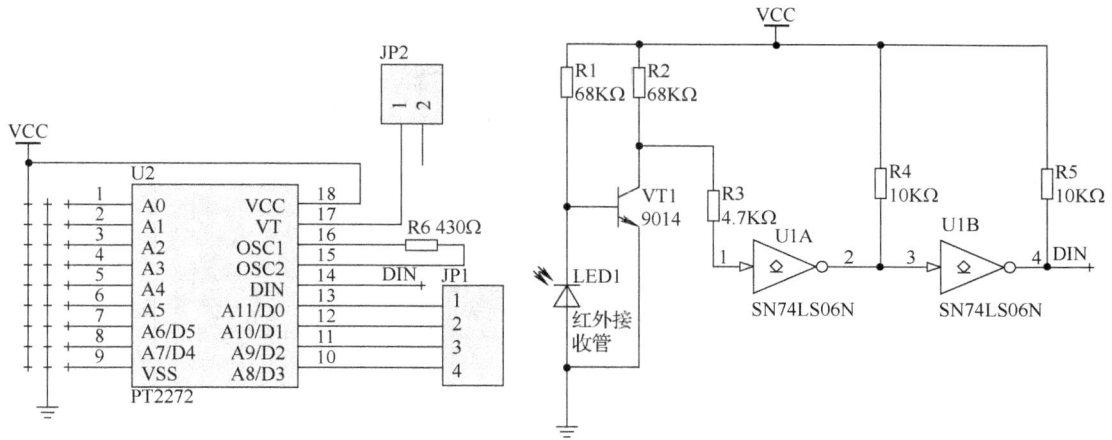

图 6-103 红外接收电路原理图

(1) 绘制电路原理图,并由原理图创建网络表。
(2) 进行电气规则检查。
(3) 生成 Excel 表格格式的元器件报表并保存在存放设计的文件夹中。
(4) 规划印制电路板的电气边界为 2000 mil × 2000 mil;图中元器件采用直插式封装,一般布线宽度为 20 mil,电源、地线宽度为 30 mil。按信号流程合理布局。
(5) 进行 DRC 检测,如有错误改正错误后保存。

5. 绘制如图 6-104 所示的 PS2 键盘电路原理图并将其设计成双面印制电路板。设计要求如下:
(1) 创建项目文件,在项目文件中绘制 PS2 键盘电路原理图,并由原理图创建网络表。
(2) 进行电气规则检查。
(3) 生成".xls"格式的元器件报表并保存在存放设计的项目文件夹中。
(4) 规划印制电路板的电气边界为 3500 mil × 2700 mil;图中元器件采用直插式封装,一般布线宽度为 20 mil,电源、地线宽度为 40 mil。
(5) 进行 DRC 检测,如有错误改正后保存。

6. 绘制如图 6-105 所示的 555 控制电路图并将其设计成单面印制电路板。设计要求如下:
(1) 绘制电路原理图,并由原理图创建网络表。
(2) 进行电气规则检查。
(3) 生成任意一种格式的元器件报表文件并保存在存放设计的文件夹中。
(4) 规划印制电路板的电气边界为 1500 mil × 1300 mil;元器件采用默认封装,一般布线宽度为 20 mil,电源、地线宽度为 40 mil。
(5) 进行 DRC 检测,如有错误进行改正后保存。

7. 绘制如图 6-106 所示的模拟温度采集控制电路原理图并将其设计成单面印制电路板。设计要求如下:
(1) 绘制电路原理图,并由原理图创建网络表。
(2) 进行电气规则检查。
(3) 创建材料清单并用 Excel 表格形式保存在存放设计的文件夹中。
(4) 规划印制电路板,设计合适的长方形电路板,规格 X:Y = 4:3;元器件采用直插式封装,一般布线宽度为 20 mil,电源、地线宽度为 40 mil。
(5) 进行 DRC 检测,如有错误进行改正,改正后将项目及所有文件保存。

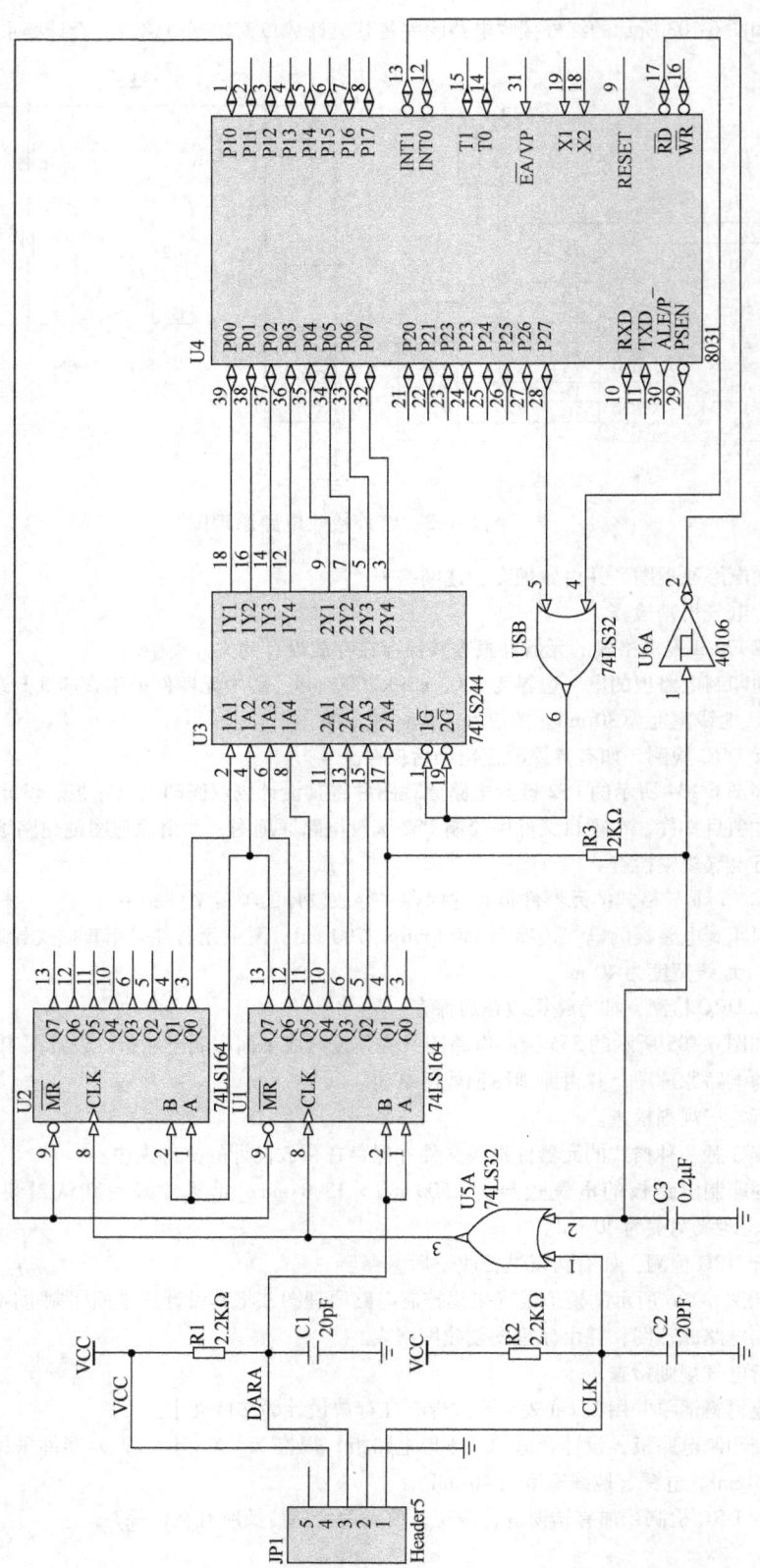

图 6-104 PS2 键盘电路

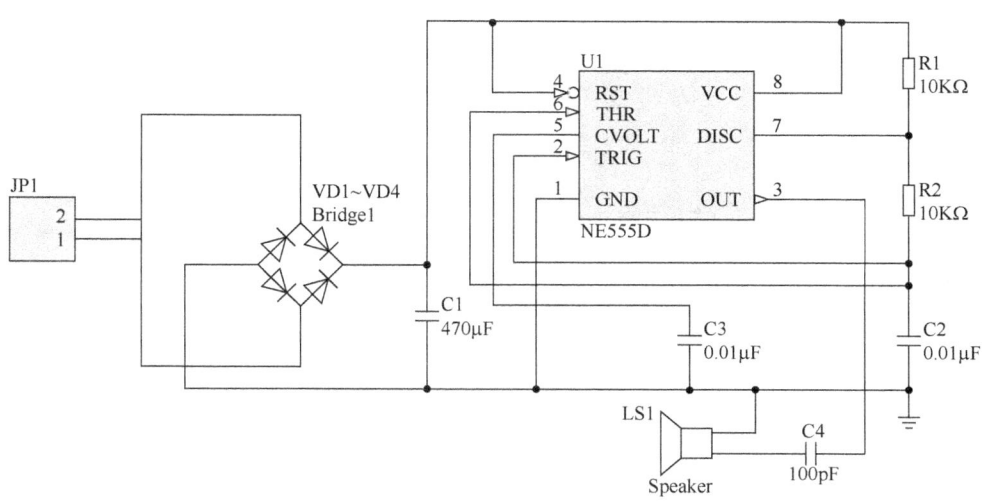

图 6-105 555 控制电路图

8. 绘制如图 6-107 所示的 D/A 转换电路原理图并将其设计成单面印制电路板。设计要求如下：
（1）绘制电路原理图，并由原理图创建网络表。
（2）进行电气规则检查。
（3）创建材料清单并用 Excel 表格形式保存在存放设计的文件夹中。
（4）规划印制电路板，设计合适的长方形电路板，规格 X：Y = 3：2；元器件采用直插式封装，一般布线宽度为 10 mil，电源、地线宽度为 30 mil。
（5）进行 DRC 检测，如有错误进行改正，改正后将项目所有文件保存。

9. 根据图 6-108 所示的 SH198 电路原理图，完成以下要求：
（1）绘制电路原理图并进行电气规则检查。
（2）生成".xls"格式的元器件报表及网络表。
（3）制作双面板，要求元器件布置合理，符合 PCB 设计规则，进行自动布线并且进行 DRC 检测。除特别说明外，系统参数均采用默认值。电路板电气边界为 2100mil × 4200mil，采用直插式元器件。电源、地线在顶层走线，铜膜线宽度为 30mil，其他铜膜线走线宽度 10 mil。
（4）在电路板中 U1 周围区域进行敷铜处理，并且与网络地连接，要求网格尺寸为 20mil，线宽为 10mil，网线形式为 90°，敷铜焊盘形状为八角形。
（5）将设计完成的 PCB 板进行 3D 显示。

10. 根据图 6-109 所示的音频功率放大电路.SchDoc，完成以下要求：
（1）绘制图 6-110、6-111、6-112 所示的电路子图，并以电路相应名称命名电路子图，绘制完成后进行电气规则检查。
（2）生成".xls"格式的元器件报表及网络表文件并保存。
（3）制作双面板，由原理图生成一个合适的长方形 PCB 板，规格 X：Y = 4：3。手工布置元器件，要求元器件布置合理，符合 PCB 设计规则，除特别说明外，参数均采用系统默认值进行自动布线并且进行 DRC 检测。不使用贴片元器件，电源、地线在顶层走线，铜膜走线宽度为 30mil，其他铜膜走线宽度为 10 mil。
（4）电路板顶层进行覆铜处理，并且与网络地连接，要求网格尺寸为 20mil，线宽为 10mil，网线形式为 90°，敷铜焊盘形状为八角形。
（5）将设计完成的 PCB 板进行 3D 显示。

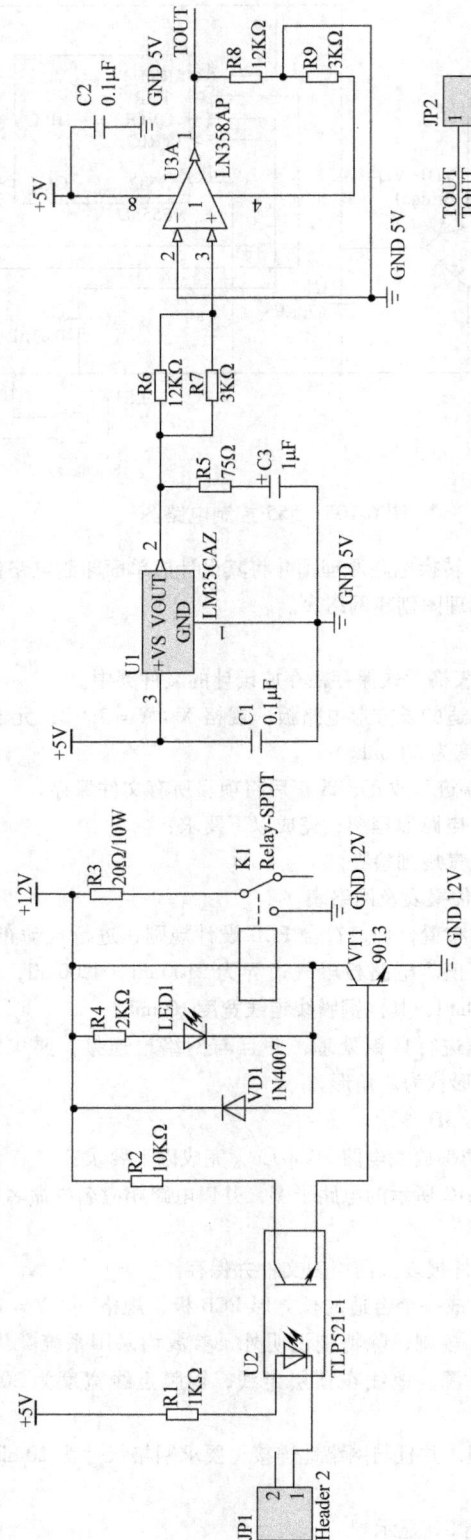

图 6-106 模拟温度采集控制电路

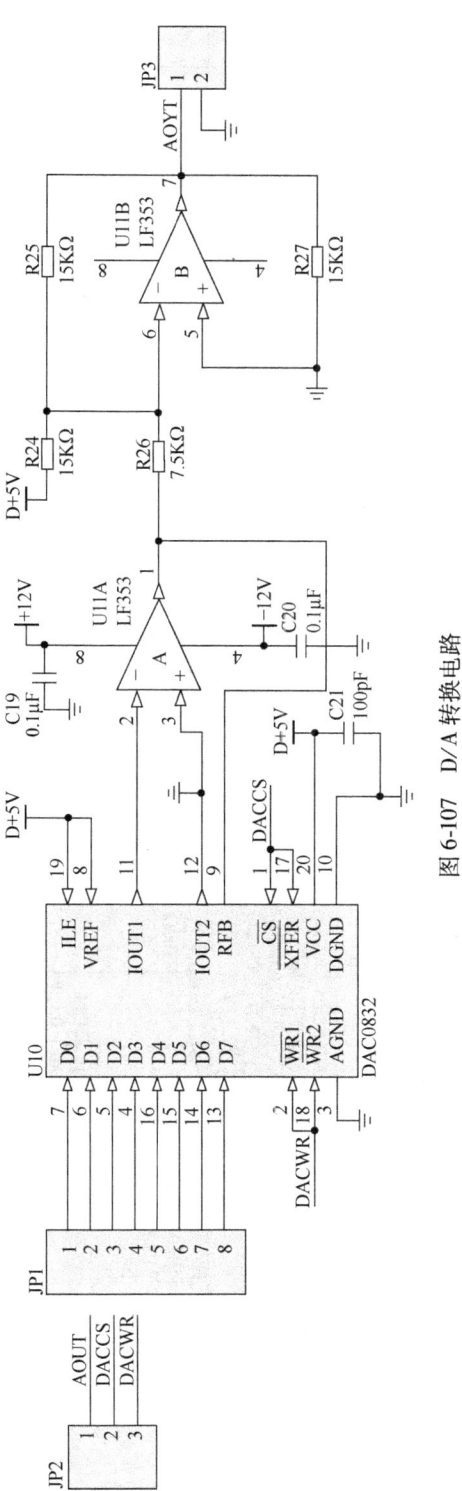

图 6-107 D/A 转换电路

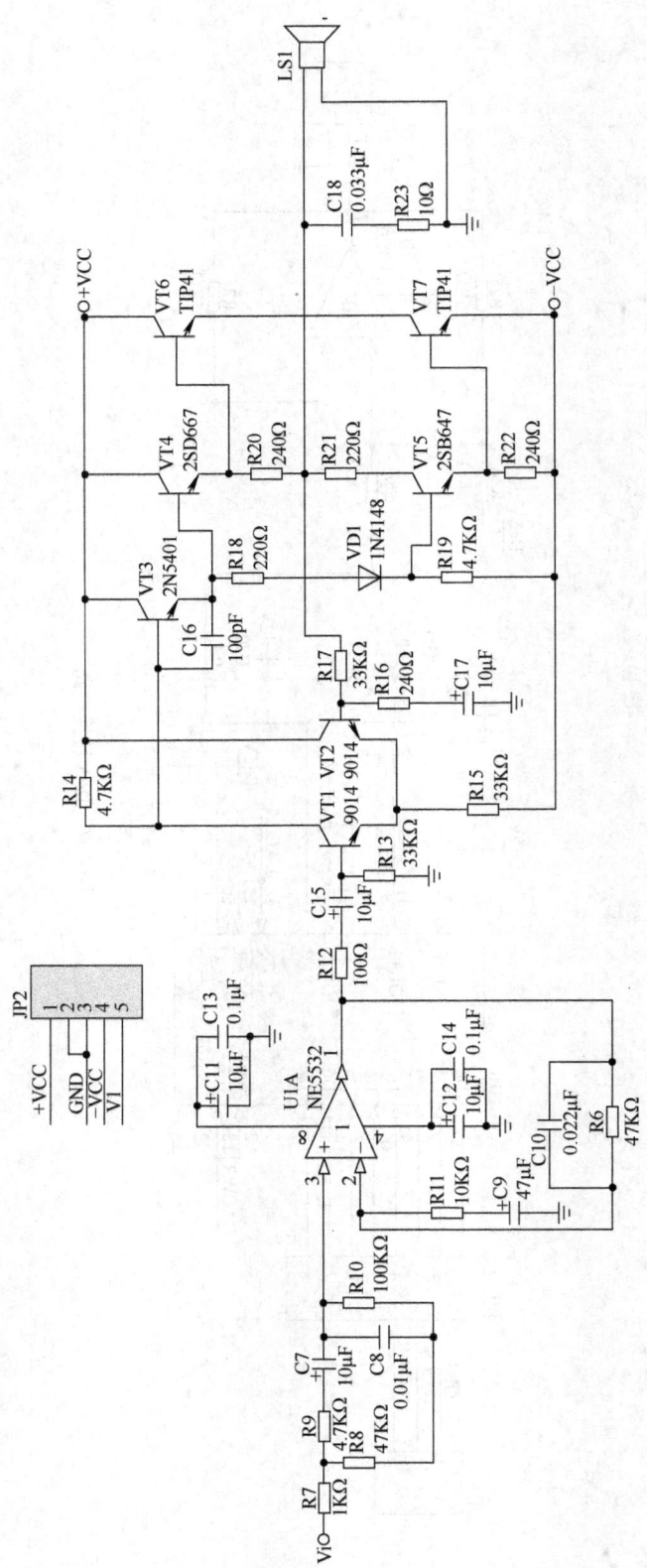

图 6-108 SH198 电路原理图

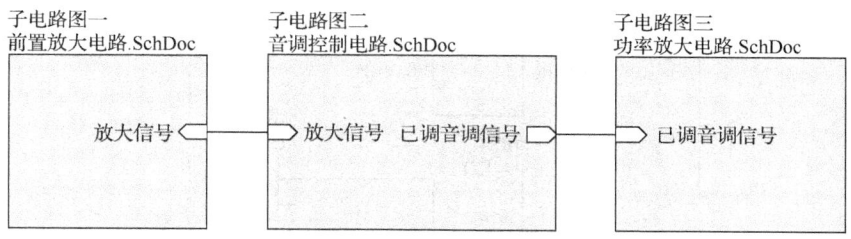

图 6-109 音频功率放大电路.SchDoc

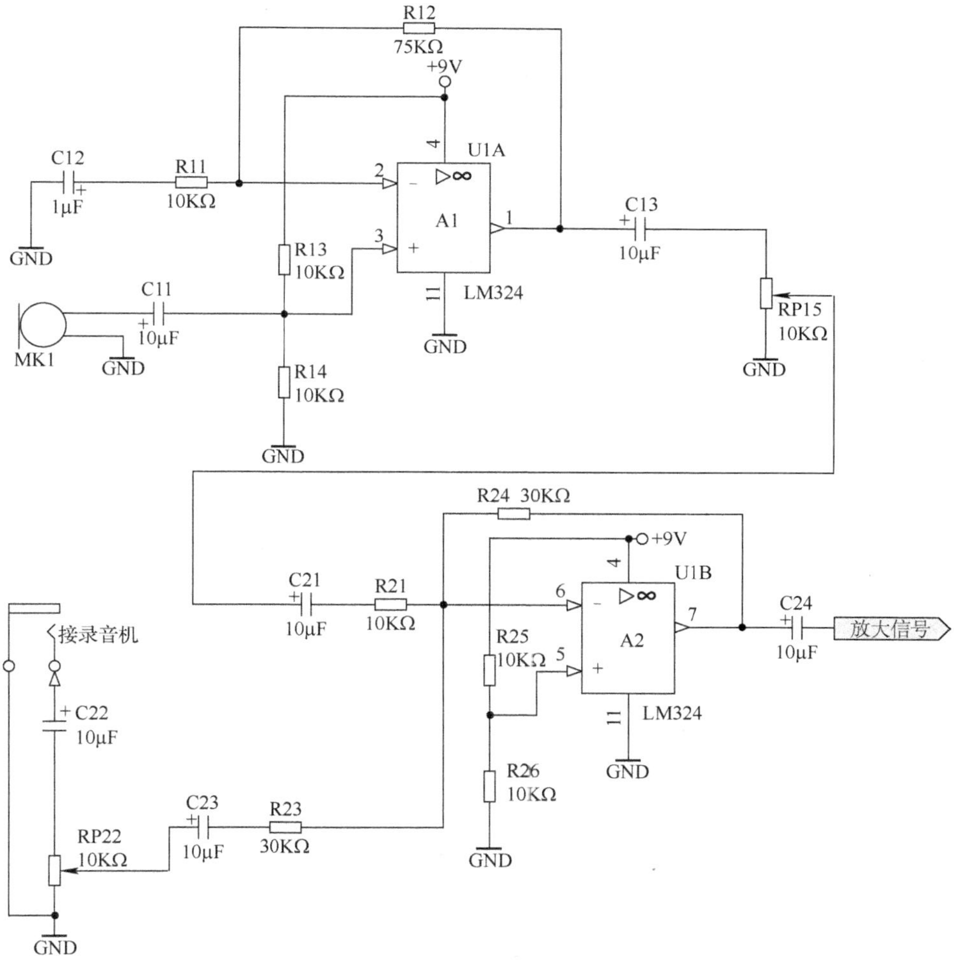

图 6-110 前置放大电路.SchDoc

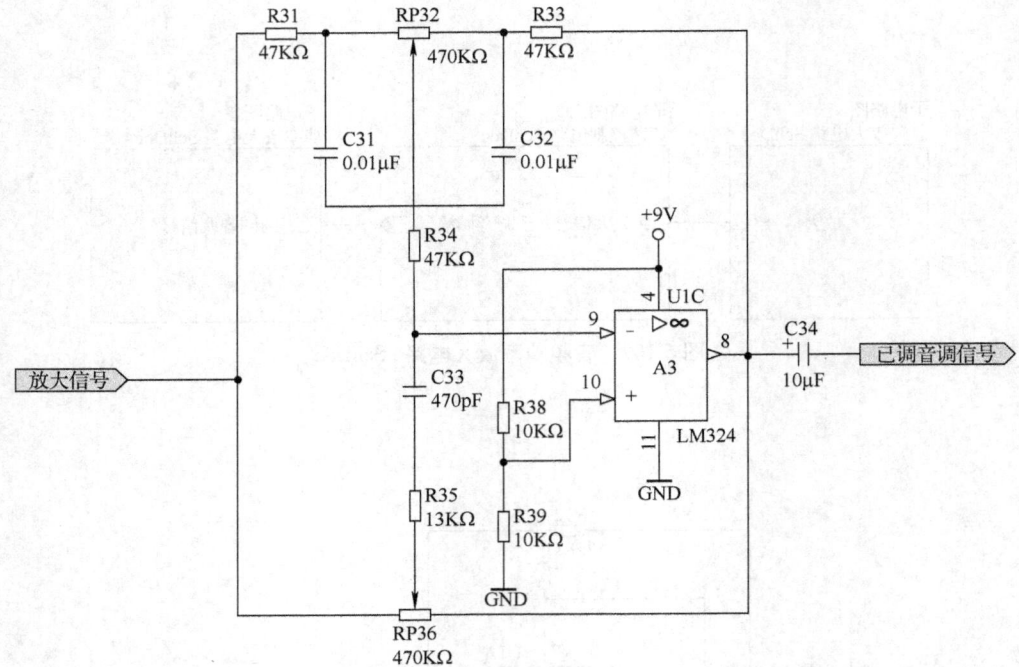

图 6-111　音调控制电路.SchDoc

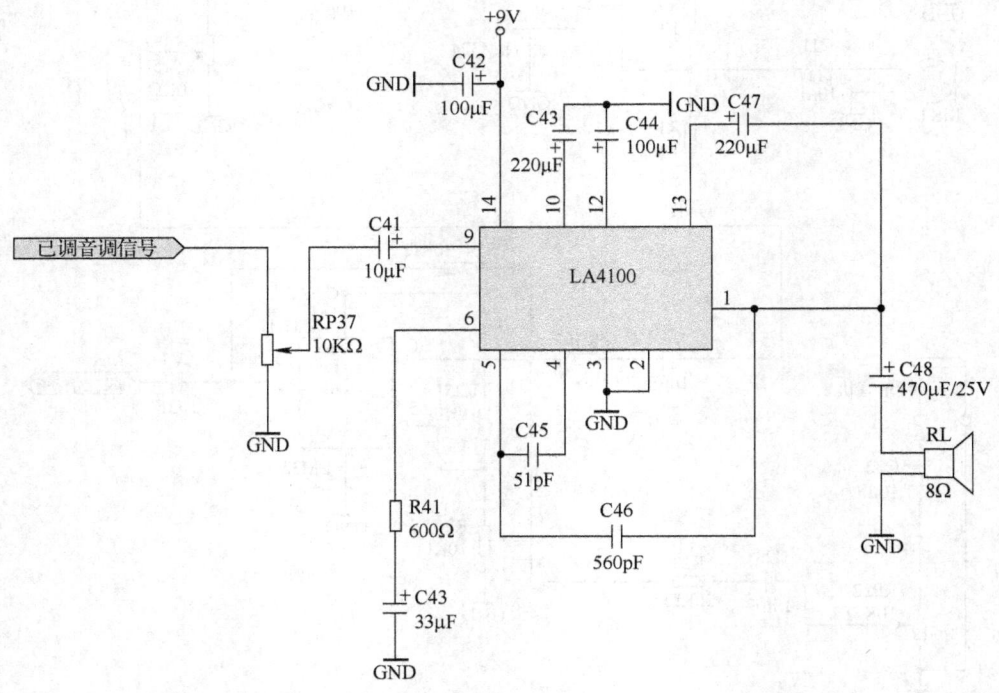

图 6-112　功率放大电路.SchDoc

第 7 章 生成 PCB 报表文件

Protel DXP 2004 的印制电路板设计系统中提供了生成各种报表的功能,它可以为用户提供有关设计过程及设计内容的详细资料,主要包括设计过程中的电路板状态信息、引脚信息、封装信息、网络信息以及布线信息等。本章将对各种 PCB 报表文件做一简要介绍。

7.1 生成 PCB 信息报表

PCB 信息报表的作用是给用户提供一个电路板的完整信息,包括电路板的尺寸、电路板上焊点的数量、电路板上过孔的数量以及元器件标号等。下面我们以第 6 章中的"简易温度控制器.PcbDoc"为例,介绍生成 PCB 信息报表的具体操作步骤如下:

1)打开"简易温度控制器.PcbDoc"文件,执行菜单命令"报告/PCB 板信息",弹出如图 7-1 所示的"PCB 信息"对话框。

在"PCB 信息"对话框中有 3 个选项卡:分别是"一般"、"元件"和"网络"。其中,"一般"选项卡主要用于显示电路板的一般信息,包括电路板的尺寸、电路板上各种图元的数量以及违反 DRC 规则的数量等,如图 7-1 所示;"元件"选项卡用于显示当前电路板上使用的元器件数量、序号以及元器件所在的层等信息,如图 7-2 所示;"网络"选项卡用于显示当前电路板中的网络信息,如图 7-3 所示。单击"网络"选项卡中的 电源/地(P)... 按钮,系统将弹出如图 7-4 所示的"内部电源/接地层信息"对话框,在该对话框中列出了各个内部板层所接的网络、导孔和焊点以及导孔或焊点与内部板层的连接方式。本例中没有内部板层网络,所以在图 7-4 所示的对话框中未显示板层信息。

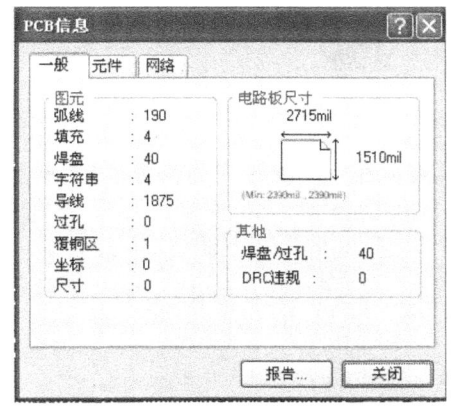

图 7-1 "PCB 信息"对话框

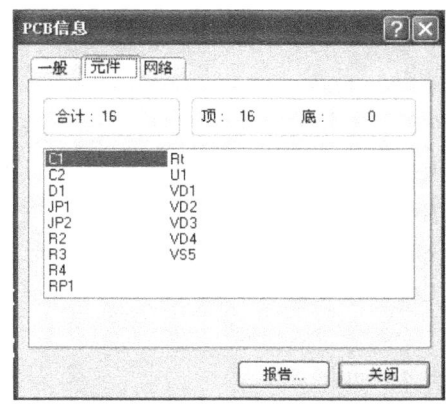

图 7-2 "元件"选项卡

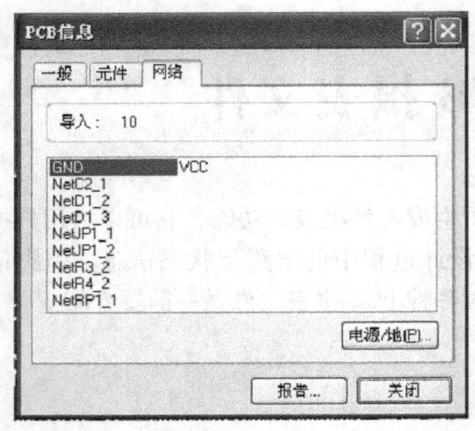

图 7-3 "网络"选项卡

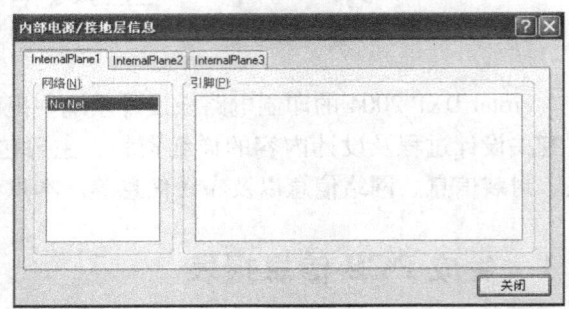

图 7-4 "内部电源/接地层信息"对话框

2）单击图 7-1 所示的"PCB 信息"对话框中的 报告... 按钮，系统将弹出如图 7-5 所示的"电路板报告"对话框，从中可以选择需要生成报表的选项。

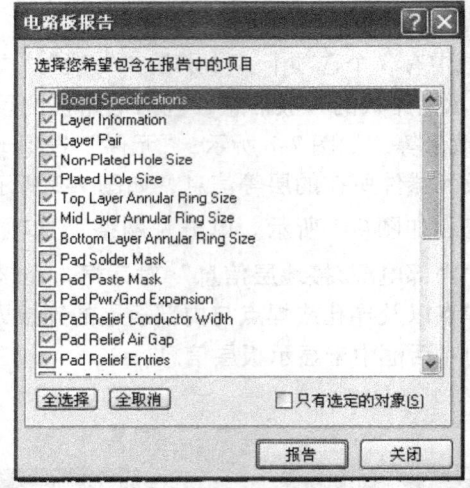

图 7-5 "电路板报告"对话框

3）单击该对话框中的 报告 按钮，系统自动生成以".REP"为后缀名的报表文件。本例中选择图 7-5"电路板报告"对话框中的全部选项后，生成的"简易温度控制器.REP"报表文件如下：

Specifications For 简易温度控制器.PCBDOC
On 2011-5-12 at 16：45：15

Size of board   2.715 x 1.51 inch
Components on board   16

Layer   Route   Pads   Tracks   Fills   Arcs   Text

Bottom Layer	0	1797	0	186	0
Mechanical 1	0	4	0	1	0
Top Overlay	0	70	4	3	36
Keep-Out Layer	0	4	0	0	0
Multi-Layer	40	0	0	0	0
Total	40	1875	4	190	36

Layer Pair	Vias
Total	0

Non-Plated Hole Size	Pads	Vias
Total	0	0

Plated Hole Size	Pads	Vias
27.559mil (0.7mm)	3	0
29.528mil (0.75mm)	2	0
33.465mil (0.85mm)	8	0
35.433mil (0.9mm)	8	0
35.433mil (0.9mm)	6	0
39.37mil (1mm)	3	0
39.37mil (1mm)	2	0
47.244mil (1.2mm)	8	0
Total	40	0

Top Layer Annular Ring Size	Count
19.685mil (0.5mm)	5
21.654mil (0.55mm)	8

23.622mil (0.6mm)   17
25.59mil (0.65mm)   2
31.496mil (0.8mm)   8

Total   40

Mid Layer Annular Ring Size   Count

19.685mil (0.5mm)   5
21.654mil (0.55mm)   8
23.622mil (0.6mm)   17
25.59mil (0.65mm)   2
31.496mil (0.8mm)   8

Total   40

Bottom Layer Annular Ring Size   Count

19.685mil (0.5mm)   5
21.654mil (0.55mm)   8
23.622mil (0.6mm)   17
25.59mil (0.65mm)   2
31.496mil (0.8mm)   8

Total   40

Pad Solder Mask   Count

4mil (0.1016mm)   40

Total   40

Pad Paste Mask   Count

0mil (0mm)   40

| Total | 40 |

Pad Pwr/Gnd Expansion	Count
20mil (0.508mm)	40
Total	40

Pad Relief Conductor Width	Count
10mil (0.254mm)	40
Total	40

Pad Relief Air Gap	Count
10mil (0.254mm)	40
Total	40

Pad Relief Entries	Count
4	40
Total	40

Track Width	Count
7.874mil (0.2mm)	70
10mil (0.254mm)	1735
30mil (0.762mm)	70
Total	1875

Arc Line Width	Count
0.787mil (0.02mm)	1
7.874mil (0.2mm)	2
9.842mil (0.25mm)	1
10mil (0.254mm)	186
Total	190

Arc Radius	Count
20mil (0.508mm)	58
25mil (0.635mm)	1
30mil (0.762mm)	60
38.622mil (0.981mm)	3
39.606mil (1.006mm)	3
42.559mil (1.081mm)	15
44.528mil (1.131mm)	17
44.528mil (1.131mm)	7
46.496mil (1.181mm)	8
47.48mil (1.206mm)	3
54.37mil (1.381mm)	12
98.425mil (2.5mm)	1
206.693mil (5.25mm)	2
Total	190

Arc Degrees	Count
5	1
6	1
7	4
8	1
9	1
10	1

11	2
12	3
14	2
15	5
17	1
18	5
20	1
23	1
24	4
29	1
33	2
34	4
36	1
41	1
42	2
45	95
48	1
50	1
52	3
56	1
63	1
65	1
69	2
76	1
83	1
87	2
90	5
91	1
93	1
94	1
95	1
96	1
97	1
102	1
107	1
108	1
114	1
122	1
123	1

126	3
136	1
140	2
141	1
142	1
153	2
159	1
180	2
197	1
258	1
273	1
288	1
360	3
Total	190

Text Height	Count
59.055mil（1.5mm）	4
60mil（1.524mm）	32
Total	36

Text Width	Count
5.905mil（0.15mm）	4
10mil（0.254mm）	32
Total	36

Net Track Width	Count
10mil（0.254mm）	7
30mil（0.762mm）	3
Total	10

Net Via Size	Count
50mil（1.27mm）	10
Total	10

Routing Information

Routing completion：100.00%
Connections：30
Connections routed：30
Connections remaining：0

7.2 生成元器件报表

生成元器件报表的具体操作步骤如下：

1）打开"简易温度控制器.PcbDoc"文件，执行菜单命令"报告/Bill of Materials"，弹出如图7-6所示的"Bill of Materials For PCB Document（简易温度控制器.PCBCDOC）"对话框。

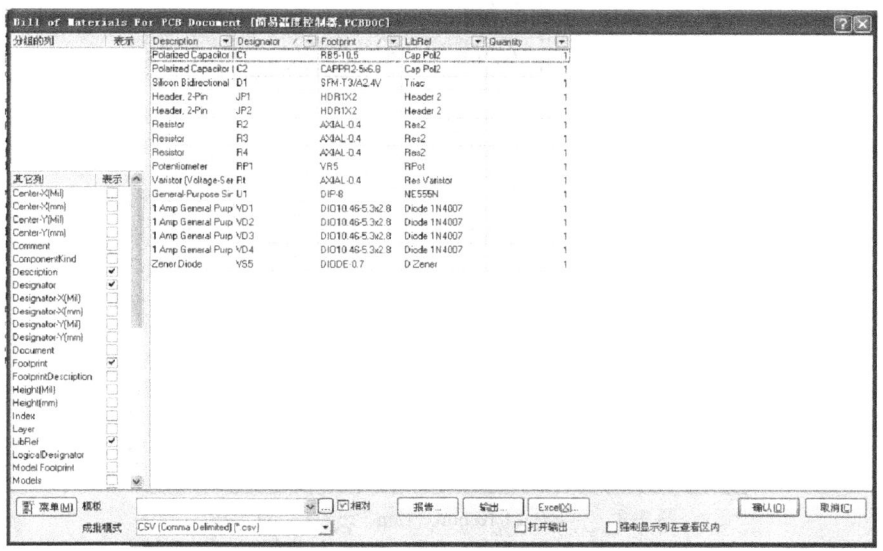

图7-6 "Bill of Materials For PCB Document（简易温度控制器.PCBDOC）"对话框

2)单击该对话框中的 报告... 按钮,系统将生成"报告预览"对话框,如图7-7所示。在该对话框中,用户可以按照设定的比例预览报告,也可单击 打印(P)... 按钮,打印该报表。

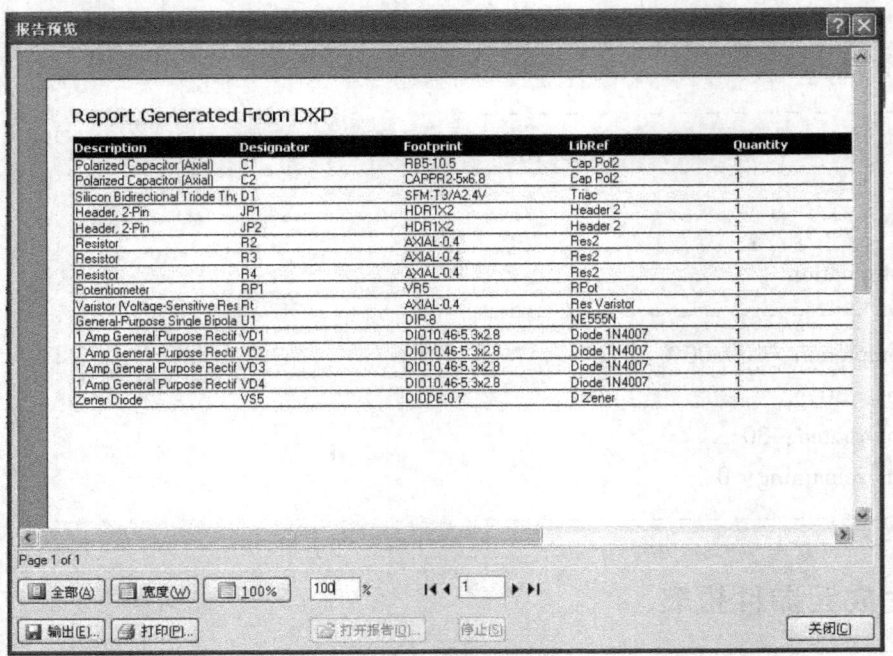

图7-7 "报告预览"对话框

3)单击"报告预览"对话框中的 输出(E)... 按钮,系统将弹出如图7-8所示的"Export Report From Project"(从工程导出报告)对话框。在该对话框中,用户可以设定输出报表的文件类型、文件名称及路径,然后导出文件。

图7-8 "Export Report From Project"对话框

本例中生成的Excel表格格式的元器件报表如下:

Report Generated From DXP

Description	Designator	Footprint	LibRef	Quantity
Polarized Capacitor (Axial)	C1	RB5-10.5	Cap Pol2	1
Polarized Capacitor (Axial)	C2	CAPPR2-5×6.8	Cap Pol2	1
Silicon Bidirectional Triode Thyristor	D1	SFM-T3/A2.4V	Triac	1
Header, 2-Pin	JP1	HDR1×2	Header 2	1
Header, 2-Pin	JP2	HDR1×2	Header 2	1
Resistor	R2	AXIAL-0.4	Res2	1
Resistor	R3	AXIAL-0.4	Res2	1
Resistor	R4	AXIAL-0.4	Res2	1
Potentiometer	RP1	VR5	RPot	1
Varistor (Voltage-Sensitive Resistor)	Rt	AXIAL-0.4	Res Varistor	1
General-Purpose Single Bipolar Timer	U1	DIP-8	NE555N	1
1 Amp General Purpose Rectifier	VD1	DIO10.46-5.3×2.8	Diode 1N4007	1
1 Amp General Purpose Rectifier	VD2	DIO10.46-5.3×2.8	Diode 1N4007	1
1 Amp General Purpose Rectifier	VD3	DIO10.46-5.3×2.8	Diode 1N4007	1
1 Amp General Purpose Rectifier	VD4	DIO10.46-5.3×2.8	Diode 1N4007	1
Zener Diode	VS5	DIODE-0.7	D Zener	1

五月12,2011 4:52:51 PM

7.3 生成网络表状态报表

网络表状态报表主要用于列出当前电路板上所有网络的名称、所处的工作层以及网络的走线长度。生成网络表状态报表的具体操作步骤如下：

打开"简易温度控制器.PcbDoc"文件，执行菜单命令"报告/网络表状态"，系统自动生成网络表状态报表文件"简易温度控制器.REP"，如图7-9所示。

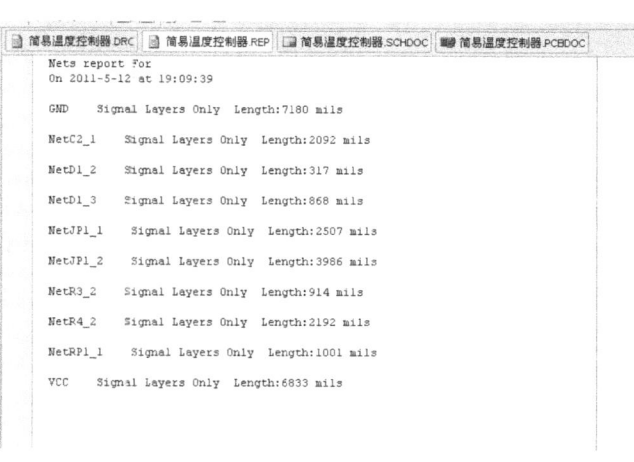

图7-9 生成的网络表状态报表

本章小结

PCB 设计系统提供了生成各种报表的功能,可以给设计人员提供关于设计过程及设计内容的详细资料。本章主要介绍了在印制电路板的设计过程中电路板的信息报表、引脚报表、元器件报表、网络状态报表的内容和生成方法。

学习本章后应掌握生成 PCB 图中各种报表的操作方法。

思 考 题

1. 生成的 PCB 报表文件有几种?其扩展名分别是什么?
2. 生成 PCB 报表文件对设计有什么作用?

练 习 题

将第 6 章习题中完成的"红外发送电路"、"红外接收电路"和"PS2 键盘电路"的 PCB 图分别生成其 PCB 报表文件。

第 8 章 制作元器件与创建元件库

在原理图的制作过程中经常用到的元器件一般都能从元件库中直接调用。但随着科学技术的发展及新元器件的不断推出，在实际电路设计中可能会用到一些新的元器件，而这些新的元器件在元件库中是没有的，这时就必须自己创建新的电气图形符号或电气图形符号库。本章将通过实例详细讲述创建新的原理图元件库文件及制作新元器件的过程。

8.1 元件库编辑器

8.1.1 启动元件库编辑器

新建原理图元器件或元件库必须在原理图的元件库编辑器中进行，启动原理图元件库编辑器的具体操作步骤如下：

1）执行菜单命令"文件/创建/库/原理图库"，即可进入原理图元件库编辑器，同时系统会自动生成一个默认文件名为"Schlib1.SchLib"的原理图库文件，如图 8-1 所示。

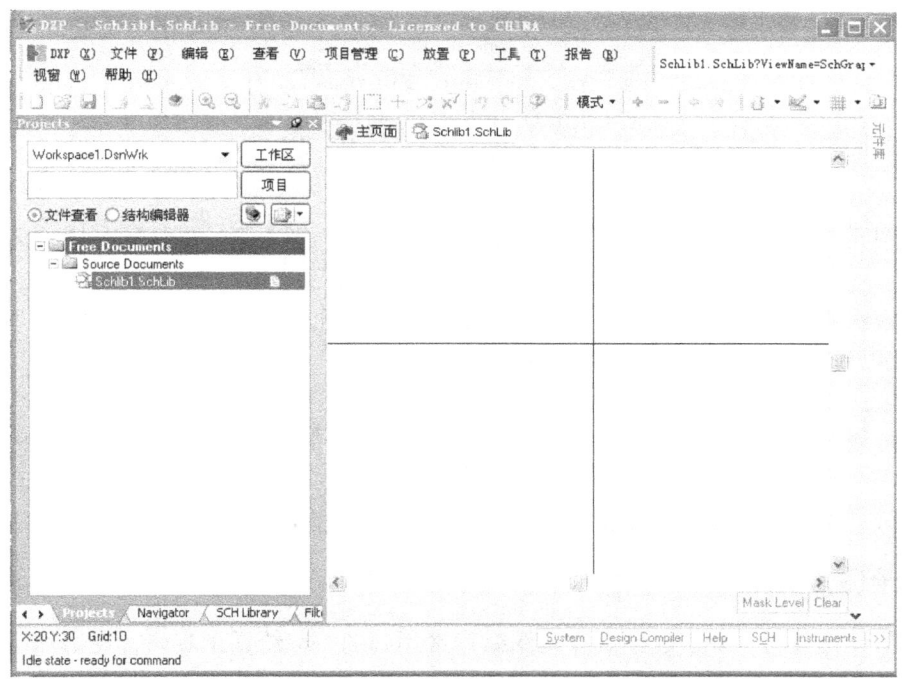

图 8-1 原理图元件库编辑器

2）执行菜单命令"查看/工作区面板/SCH/SCH Library"，在工作区面板中打开原理图元件库编辑管理器，如图 8-2 所示。

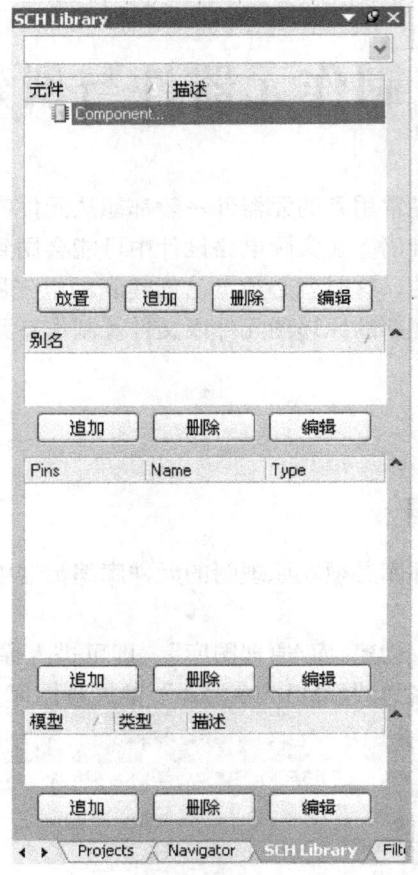

图 8-2 SCH Library 管理器

原理图元件库编辑管理器包括四个区域，即元件区、别名区、Pins 区和模型区，其主要功能如下：

元件区：该区域的主要功能是查找、选择以及取用元器件。

别名区：该区域用来设置选中元器件的别名。

Pins 区：该区域用来显示引脚信息，即将当前工作区中元器件引脚的名称及状态列于引脚列表中。通过该区域的不同命令，可以向元器件中添加新的引脚、删除引脚及设置引脚属性。

模型区：该区域的功能是制定元器件的 PCB 封装、信号的完整性及仿真模式。

8.1.2 绘图工具

在制作元器件时，除了在绘制原理图时经常用到的一般绘图工具外，还增加了绘制元器件引脚和 IEEE 符号等绘图工具。

1. 绘图工具栏及菜单命令

单击"实用工具"工具栏中的 按钮，弹出常用绘图工具按钮；或执行"放置"菜单命令，从弹出的下拉菜单中可以看到常用的绘图命令，如图 8-3 所示。

第 8 章
制作元器件与创建元件库

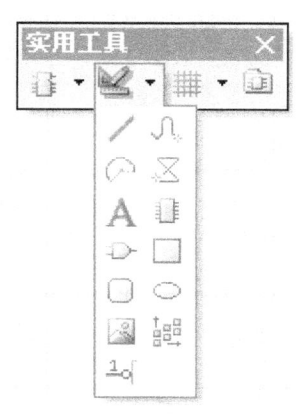
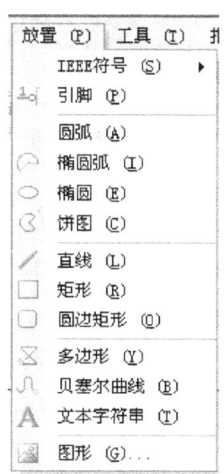

图 8-3 常用的绘图工具

2. IEEE 符号工具栏及菜单命令

IEEE 是美国电气电子协会的简称,"IEEE Symbols"是由 IEEE 规定的用来表示二进制逻辑及逻辑运算的限定性符号。IEEE 符号工具栏中包括了各种规定的二进制逻辑单元所用限定性符号。

打开或关闭 IEEE 符号工具栏可通过单击"实用工具"工具栏中的 按钮来实现。IEEE 符号工具栏中各按钮的功能也可通过执行菜单命令"放置/IEEE 符号"来实现。

8.2 制作元器件

8.2.1 制作元器件实例

【例 8-1】 制作如图 8-4 所示的数码显示器 BS207。

解: 具体操作步骤如下:

1) 执行菜单命令"文件/创建/库/原理图库",进入原理图元件库编辑器,同时系统会自动生成一个默认文件名为"Schlib1.SchLib"的原理图库文件。单击"原理图库标准"工具栏中的 按钮,将其以"原理图元件库.SchLib"为文件名保存在"E:\自制元件库"路径下。

2) 打开元件库编辑管理器,系统自动生成一个默认名为"Component_1"的元器件。选中元器件"Component_1"后执行菜单命令"工具/重新命名元件",在弹出的如图 8-5 所示的"Rename Component"对话框中修改元器件的名称为"BS207",之后单击 确认 按钮。此时,在工作区面板的"SCH Library"选项卡中可以看到元器件的名称已经变为"BS207"。

3) 执行菜单命令"编辑/跳转到/原点",将图纸原点调整

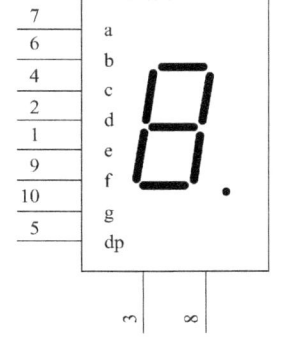

图 8-4 数码显示器 BS207

到设计窗口的中心。Protel DXP 2004 的元器件都在原点附近创建，并作为以后该元器件的参考点。

4）绘制元器件的外形　具体步骤如下：

① 单击"实用工具"工具栏中的 ■ 按钮，执行绘制矩形命令。绘制一个大小适中的长方形。

② 单击"实用工具"工具栏中的 ／ 按钮，执行绘制直线命令。当出现十字光标后，按下 Tab 键，在弹出的"折线"对话框中将线宽设置为"Medium"，绘制数码管的"日"字。

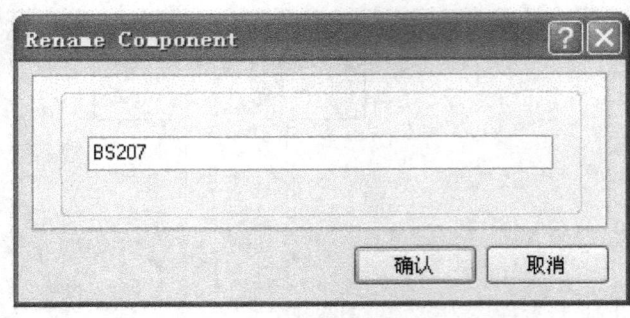

图 8-5　"Rename Component"对话框

③ 单击"实用工具"工具栏中的 ◯ 按钮，执行绘制椭圆命令。当出现十字光标后，按下 Tab 键，在弹出的"椭圆"对话框中将"填充色"设置为蓝色，绘制小数点。绘制好的数码管外形如图 8-6 所示。

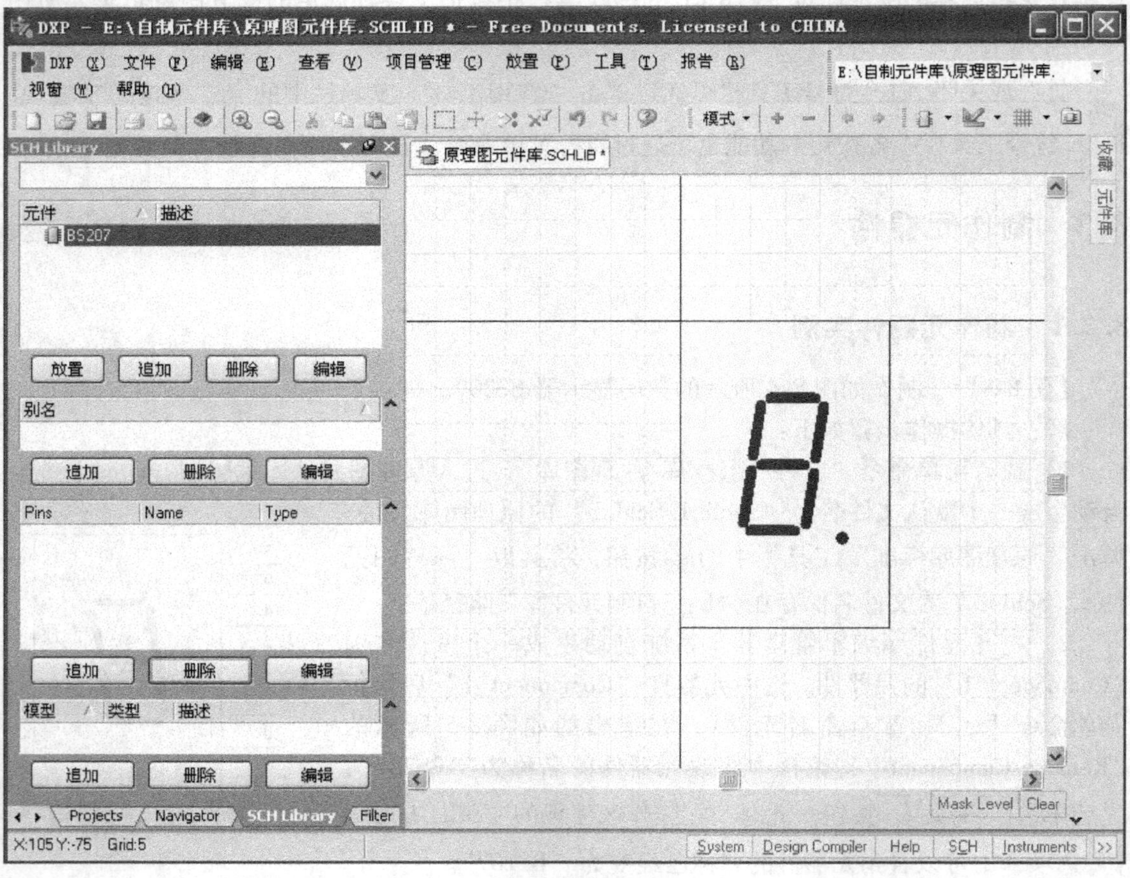

图 8-6　绘制好的数码管外形

5) 单击"实用工具"工具栏中的 按钮,执行放置引脚命令。当出现十字光标后,按下 Tab 键,弹出如图 8-7 所示的设置"引脚属性"对话框。在该对话框中的"逻辑"选项卡下可进行如下参数设置:

图 8-7 "引脚属性"对话框

显示名称:用于设置引脚的显示名称。其后的复选框可设置是否可见。

标识符:用于设置引脚的标识。这一标识很重要,在生成网络表时要用到它。同样,其后的复选框可设置是否可见。

电气类型:用于设置引脚的电气特性。单击该文本框旁的 按钮,在弹出的下拉列表中可设置引脚的电气特性。其中,"Input"为输入端口,"IO"为输入/输出(双向)端口,"Output"为输出端口,"Open Collecter"为集电极开路端口,"Passive"为无源端口,"HiZ"为高阻,"Emitter"为晶体管发射极,"Power"为电源端口。

描述:用于输出引脚的描述信息。

隐藏:用于设置是否将该引脚设为隐藏引脚。若选中该复选框,则其后面的"连接到"选项将有效,这时,必须在"连接到"文本框中输入与该隐藏的引脚相连接的电气网络名称。通常隐藏的引脚为电源引脚或接地引脚。

"符号"选项组 用于设置引脚在元器件内、外部的符号。

内部：用于设置引脚在元器件内部的符号。
内部边沿：用于设置引脚在元器件内部边框上的符号。
外部边沿：用于设置引脚在元器件外部边框上的符号。
外部：用于设置引脚在元器件外部的符号。

"VHDL 参数"选项组：用于设置有关 VHDL 引脚的参数。

"图形"选项组：用于设置引脚的图形参数，包括引脚的位置、长度、方向、颜色。本例中引脚 1 的设置如图 8-7 所示。

6) 设置完成后，单击该对话框中的 确认 按钮。之后，将引脚"1"移到矩形边框的适当位置，并按空格键旋转方向，将带有电气连接点的引脚端朝外，如图 8-8 所示。调整好后，单击鼠标左键确认，即将引脚"1"放置在图中。此时光标仍处于放置引脚的状态，可以继续放置其他引脚。

7) 按照相同的方法放置引脚 2、3、4、5、6、7、8、9、10，将其引脚属性设置如下：

引脚 2：显示名称为"d"，标识符为"2"，电气类型为"Passive"。

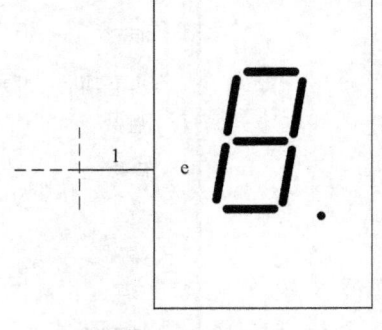

图 8-8 放置引脚 1

引脚 3：显示名称为"GND"，标识符为"3"，电气类型为"Power"。

引脚 4：显示名称为"c"，标识符为"4"，电气类型为"Passive"。

引脚 5：显示名称为"dp"，标识符为"5"，电气类型为"Passive"。

引脚 6：显示名称为"b"，标识符为"6"，电气类型为"Passive"。

引脚 7：显示名称为"a"，标识符为"7"，电气类型为"Passive"。

引脚 8：显示名称为"GND"，标识符为"8"，电气类型为"Power"。

引脚 9：显示名称为"f"，标识符为"9"，电气类型为"Passive"。

引脚 10：显示名称为"g"，标识符为"10"，电气类型为"Passive"。

引脚 3 和引脚 8 为公共引脚，引脚名称一般不显示，所以这里不选中引脚 3 和引脚 8 的"显示名称"后的"可视"复选框。各引脚的其他设置与引脚 1 相同。放置好的引脚如图 8-9 所示。

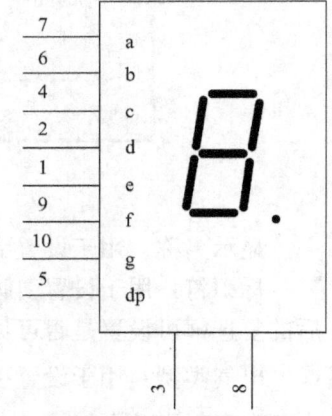

图 8-9 放置所有的引脚

8) 放置引脚后，接下来设置元器件的属性。在"SCH Library"编辑管理器窗口中单击"元件"栏下的 编辑 按钮，打开"Library Component Properties"（库元器件属性）对话框，如图 8-10 所示。

其中：

Default Designator：设置元器件的默认流水号。本例中键入"D?"。

注释：用于对元器件进行简单的描述。根据实际情况，这里设置为"BS207"。

图 8-10 "Library Component Properties"（库元器件属性）对话框

描述：用于对元器件进行描述。这里键入"八段数码显示器"。

设置好元器件的属性后，单击该对话框中的 [确认] 按钮便完成了元器件"BS207"的制作。

9）单击"原理图库标准"工具栏中的 ■ 按钮，或执行菜单命令"文件/保存"，即可将元器件"BS207"保存在当前的元件库文件"原理图元件库. SchLib"中。

【例 8-2】 制作如图 8-11 所示的元器件 CD4027。

解：在电子元器件中，有一类元器件比较特殊，即在一个元器件内具有多个功能完全相同的功能模块，如集成电路中的门电路系列。这些独立的功能模块共享同一元件封装体，但却用在电路的不同之处，每一个功能模块都必须有一个独立的符号表示。CD4027 即为一个集成元器件，在其内部集成了两个上升沿触发翻转的 JK 触发器。

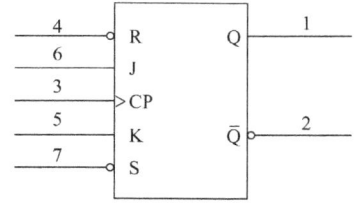

图 8-11 元件 CD4027

制作该元器件的具体操作步骤如下：

1）打开库文件"原理图元器件库. SchLib"，进入元件库编辑管理器。执行菜单命令"工具/新元件"或单击元件库编辑管理器中的 [追加] 按钮，在弹出的如图 8-5 所示的"Rename Component"对话框中修改元器件的名称为"CD4027"，之后单击 [确认] 按钮。此时，在工作区面板的"SCH Library"选项卡中可以看到元器件的名称已经变为"CD4027"。

2）执行菜单命令"编辑/跳转到/原点"，将图纸原点调整到设计窗口的中心。

3）绘制元器件的外形。单击"实用工具"工具栏中的 □ 按钮，执行绘制矩形命令，绘制如图 8-12 所示的矩形。

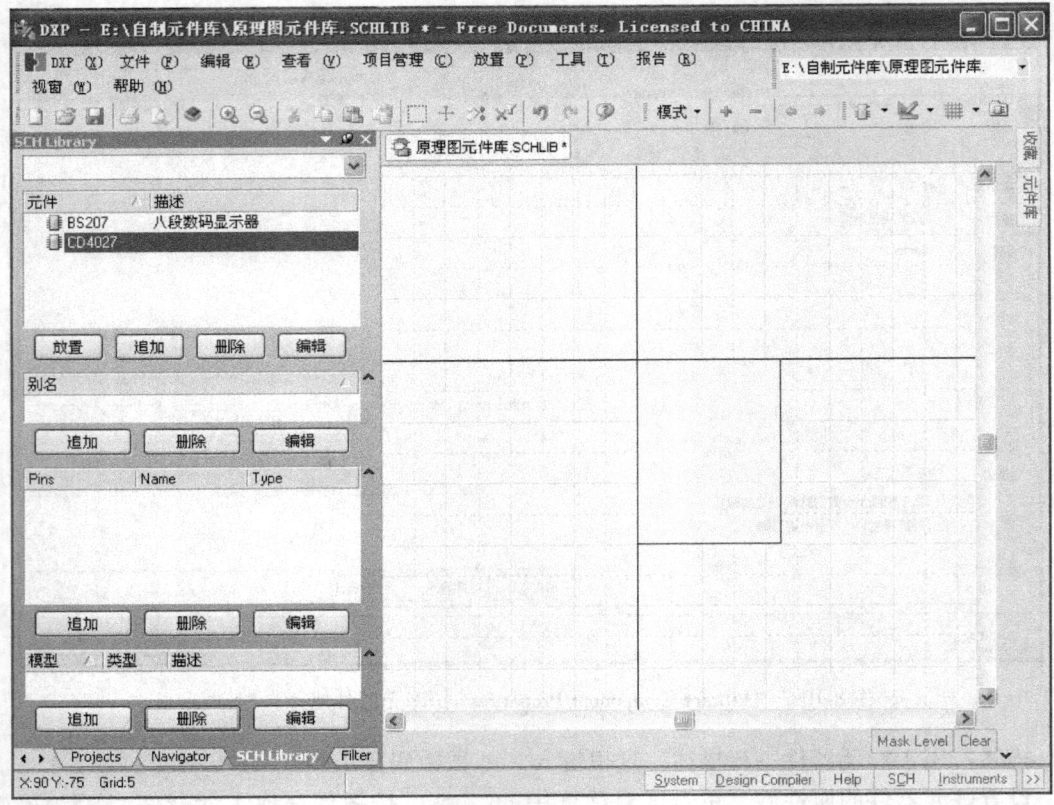

图 8-12　绘制矩形

4）单击"实用工具"工具栏中的 按钮，执行放置引脚命令，共放置 7 个引脚，如图 8-13 所示。

5）双击已放置好的各引脚，在弹出的"引脚属性"对话框中的"逻辑"选项卡下对各引脚进行属性修改：

引脚 1：显示名称为"Q"，标识符为"1"，电气类型为"Output"。

引脚 2：：显示名称为"$\overline{Q}$"，标识符为"2"，电气类型为"Output"，并设置"外部边沿"为"Dot"。

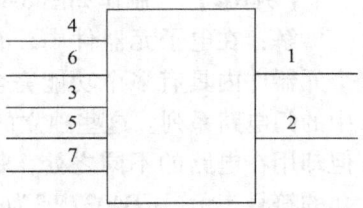

图 8-13　放置 7 个引脚

引脚 3：显示名称为"CP"，标识符为"3"，电气类型为"Input"，并设置"内部边沿"为"Clock"。

引脚 4：显示名称为"R"，标识符为"4"，电气类型为"Input"，并设置"外部边沿"为"Dot"。

引脚 5：显示名称为"K"，标识符为"5"，电气类型为"Input"。

引脚 6：显示名称为"J"，标识符为"6"，电气类型为"Input"。

引脚 7：显示名称为"S"，标识符为"7"，电气类型为"Input"，并设置"外部边沿"为"Dot"。

图 8-14 所示为引脚 2 的属性对话框。修改引脚属性后的图形如图 8-15 所示。

第 8 章
制作元器件与创建元件库

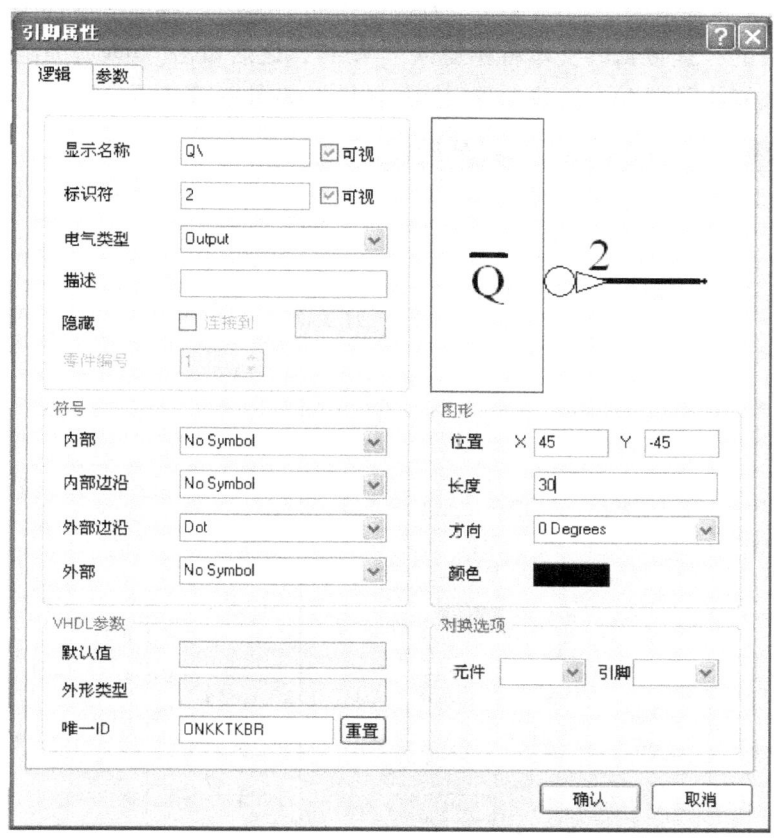

图 8-14 引脚 2 的属性对话框

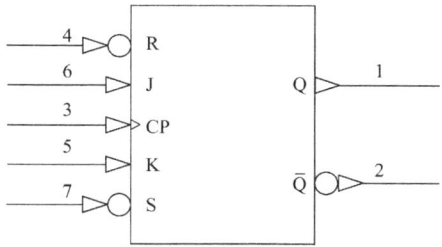

图 8-15 修改引脚属性后的图形

6）放置电源引脚：电源引脚通常为公共引脚。本例中两个电源引脚的属性为：

引脚 8：显示名称为"VSS"，标识符为"8"，电气类型为"Power"。

引脚 16：显示名称为"VDD"，标识符为"16"，电气类型为"Power"。

放置电源引脚后的图形如图 8-16 所示。

7）隐藏电源引脚。通常在电路图中会把电源引脚隐藏起

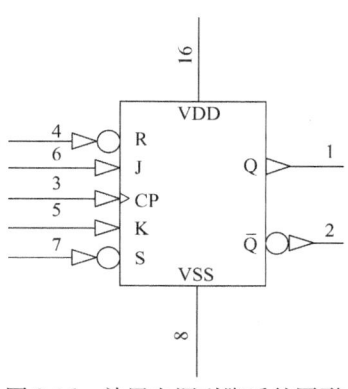

图 8-16 放置电源引脚后的图形

来。双击引脚8,在弹出的"引脚属性"对话框中的"逻辑"选项卡下选中"隐藏"复选框,同时在其后的"连接到"文本框中键入"VSS",之后单击 确认 按钮,如图8-17所示。同样的方法修改引脚16。隐藏电源引脚后的图形如图8-18所示。

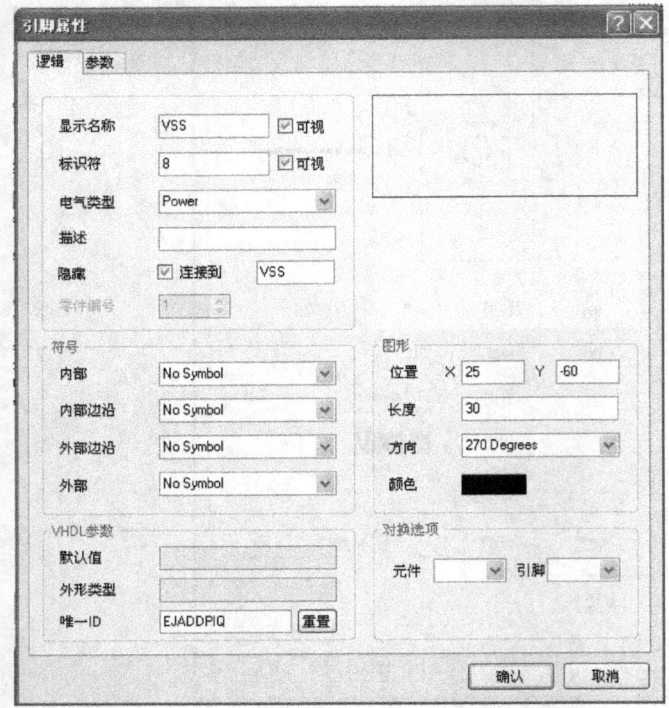

图 8-17 设置隐藏引脚

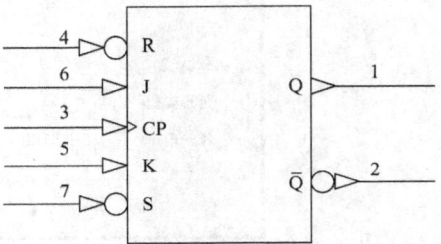

图 8-18 隐藏电源引脚后的图形

8)向该元器件中添加绘制封装的另一部分。单击"实用工具"工具栏中的 按钮,或执行菜单命令"工具/创建元件",重复上述步骤,再绘制一个与图8-11相同的功能模块,其引脚如图8-19所示。

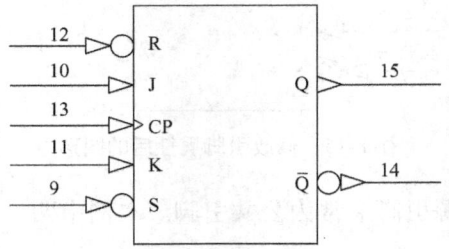

图 8-19 CD4027 的另一个功能模块图

9)在工作区面板的"SCH Library"选项卡中,双击元器件名"CD4027",打开如图8-20所示的"Library Component Properties"(库元器件属性)对话框,设置元器件"CD4027"的属性如下:

图 8-20 "Library Component Properties" 对话框的设置

设置 "Default Designator" 为 "U?"，"注释" 为 "CD4027"，在 "描述" 文本框中可设置为 "J、P 型或 SOIC 型；DIP-P16"。

在 Protel DXP 中的库都是以集成库的形式出现的，所以为了方便以后制作 PCB 图，可以为元器件 "CD4027" 选定一个封装。

10）设置元器件的封装。在 "Library Component Properties" 对话框的 "Models for CD4027" 栏下单击 追加(D)... 按钮，弹出 "加新的模型" 对话框，如图 8-21 所示。选择"模型类型" 为 "Footprint"，单击该对话框中的 确认 按钮予以确认后，系统自动弹出"PCB 模型" 对话框，如图 8-22 所示。

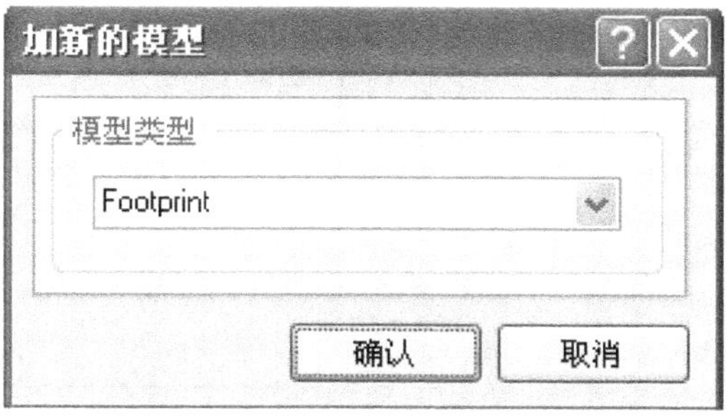

图 8-21 "加新的模型" 对话框

图 8-22 "PCB 模型"对话框

11）在"PCB 模型"对话框中单击 浏览(B)... 按钮，弹出"库浏览"对话框，如图 8-23 所示。

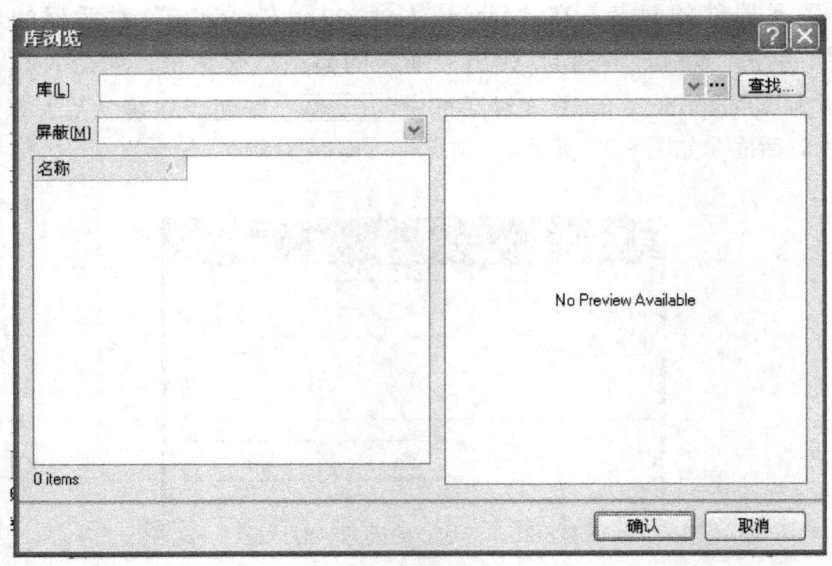

图 8-23 "库浏览"对话框

12）单击"库浏览"对话框中的 查找 按钮，弹出"可用元件库"对话框，如图 8-24 所示。

图 8-24 "可用元件库"对话框

13）单击"可用元件库"对话框中"安装"选项卡下的 安装(I)... 按钮，弹出"打开"对话框。设置"打开"对话框的"文件类型"为"Protel Footprint Library（*.PCBLIB）"，设置"查找范围"为 C：\Program Files\Altium2004\Library\Pcb，如图 8-25 所示。

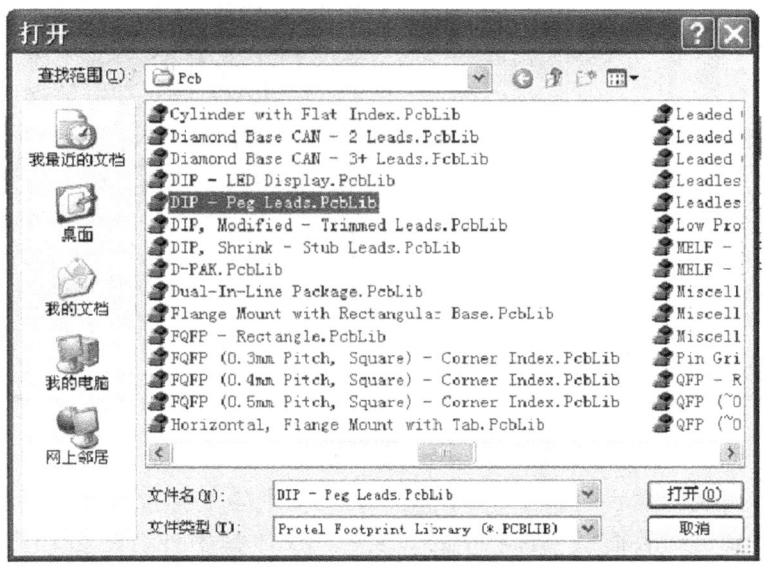

图 8-25 "打开"对话框

14）从打开的文件列表栏中选择"DIP - Peg Leads.PcbLib"。之后单击 打开(O) 按钮，打开"DIP-Peg Leads.PcbLib"文件并关闭"打开"对话框，回到"可用元件库"对话框，可以发现在该对话框的"安装"选项卡下的"安装元件库"下拉列表中添加了刚才安装的"DIP-Peg Leads.PcbLib"文件，如图8-26所示。

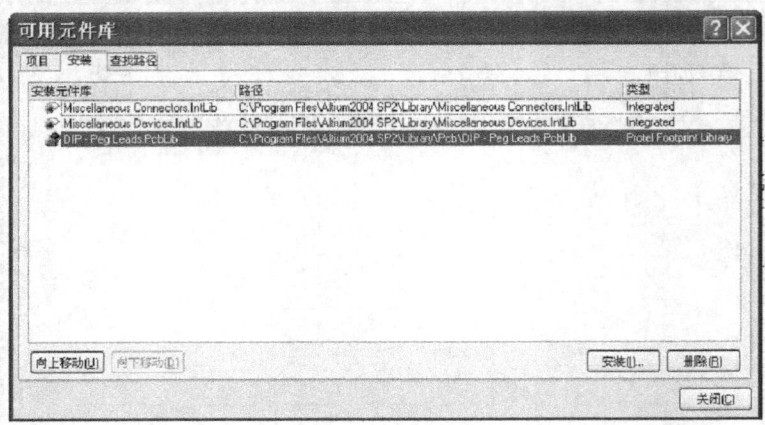

图 8-26 "可用元件库"对话框

15）单击 关闭(C) 按钮关闭该对话框，回到"库浏览"对话框，可以看到在"库"的文本框中出现了刚刚安装的库文件名。从"名称"下拉列表中选择"DIP-P16"的封装形式，如图8-27所示。

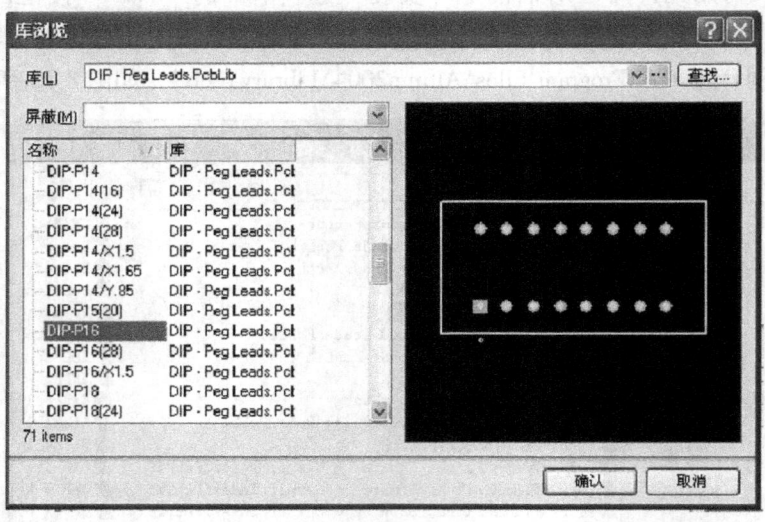

图 8-27 选择封装形式

16）选择好封装形式后，单击"库浏览"对话框中的 确认 按钮，回到"PCB模型"对话框，可以看到"封装模型"选项中的"名称"文本框中自动设置为刚刚选择的封装，同时在"选择的封装"一栏中给出了封装的样式，如图8-28所示。

17）单击"PCB模型"对话框中的 确认 按钮关闭该对话框，回到设置好的"Library

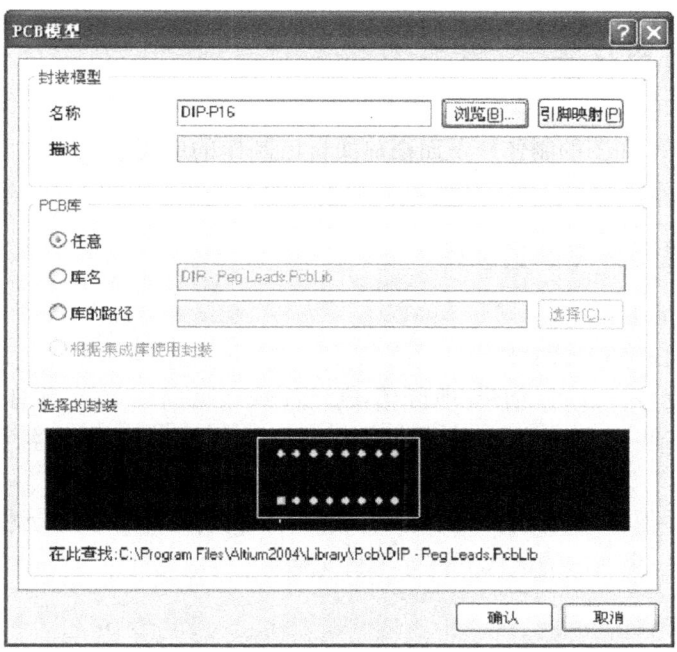

图 8-28 "PCB 模型"对话框的设置

Component Properties"对话框,如图 8-29 所示。单击"Library Component Properties"对话框中的 确认 按钮予以确认,关闭该对话框后便完成了元器件"CD4027"的制作。

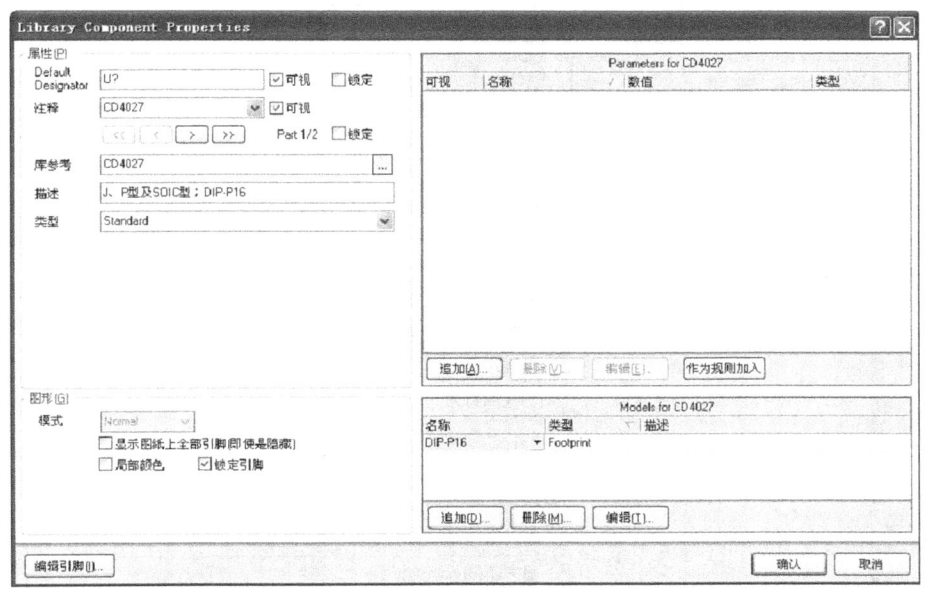

图 8-29 "Library Component Properties"对话框

18)单击"原理图库标准"工具栏中的 按钮,或执行菜单命令"文件/保存",即可将元器件"CD4027"保存在当前的元件库文件"原理图元件库.SchLib"中。

8.3 创建集成元件库

为了便于以后 PCB 图的制作，下面把前面自己制作的原理图元件库和对应的 PCB 封装库制作成集成元件库。

8.3.1 创建集成元件库项目文档

具体操作步骤如下：

1）关闭所有打开的项目文件。

2）执行菜单命令"文件/创建/项目/集成元件库"。之后，在工作区面板的"Projects"选项卡上可以看到一个新建的集成元件库项目文档，其默认名称为"Integrated_Library1.LibPkg"。

3）重新命名并保存集成元件库项目文件为"E:\自制元件库\集成元件库.LibPkg"。

这样便创建了一个空白的集成元件库项目文档。

8.3.2 添加库文件

在创建了空白的集成元件库项目文件后，接下来我们将"原理图元件库.SchLib"和"DIP-PegLeads.PcbLib" PCB 库添加进来。

1）在工作区面板的"Projects"选项卡中选中"集成元件库.LibPkg"文件后单击鼠标右键，在弹出的快捷菜单中选择菜单命令"追加已有文件到项目中"，如图 8-30 所示。

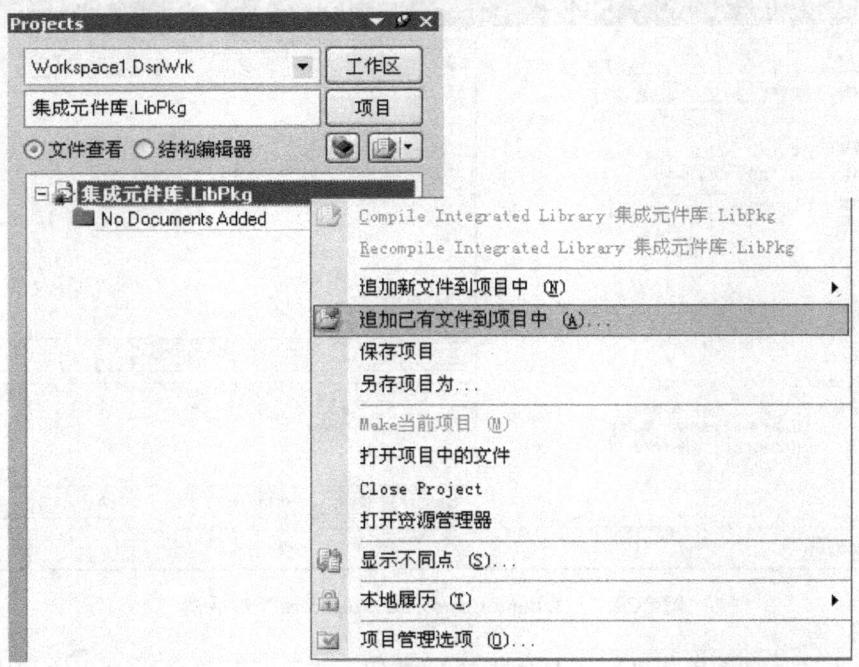

图 8-30 右键菜单命令

2)执行该命令后系统将自动弹出"Choose Documents to Add to Project [集成元件库.LibPkg]"(选择文件追加到项目 [集成元件库.LibPkg] 中)对话框。在该对话框的"查找范围"文本框中找到并选中自己创建的元件库"E:\自制元件库\原理图元器件库.SchLib"后单击 打开(O) 按钮,如图 8-31 所示。之后可以看到在"Projects"选项卡中"集成元件库.LibPkg"工程项目下面的"Source Documents"文件夹中已添加了一个名为"原理图元件库.SchLib"的文件。

图 8-31 "Choose Documents to Add to Project [集成元件库.LibPkg]"对话框

3)采用同样的方法添加 PCB 封装库文件"DIP – PegLeads.PcbLib"。该文件的路径为"C:\Program Files\Altium2004\Library\PCB"。添加库文件后的界面如图 8-32 所示。

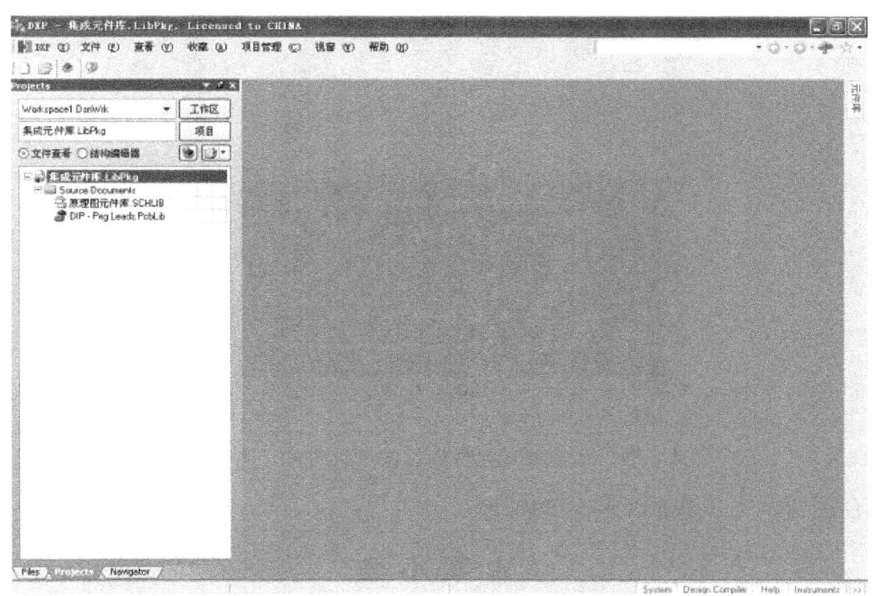

图 8-32 添加库文件后的界面

8.3.3 编译集成元件库项目文档

在添加了原理图库文件和 PCB 库文件后还需对项目进行编译才能生成集成元件库。编译集成元件库的具体操作步骤如下：

1）执行菜单命令"项目管理/Compile Integrated Library 集成元件库.LibPkg"，对项目进行编译。

2）编译完成后，弹出"元件库"对话框。在该对话框中自动添加并显示集成元件库"集成元件库.IntLib"的信息，其中包含元器件的名称、外形及封装信息等，如图 8-33 所示。

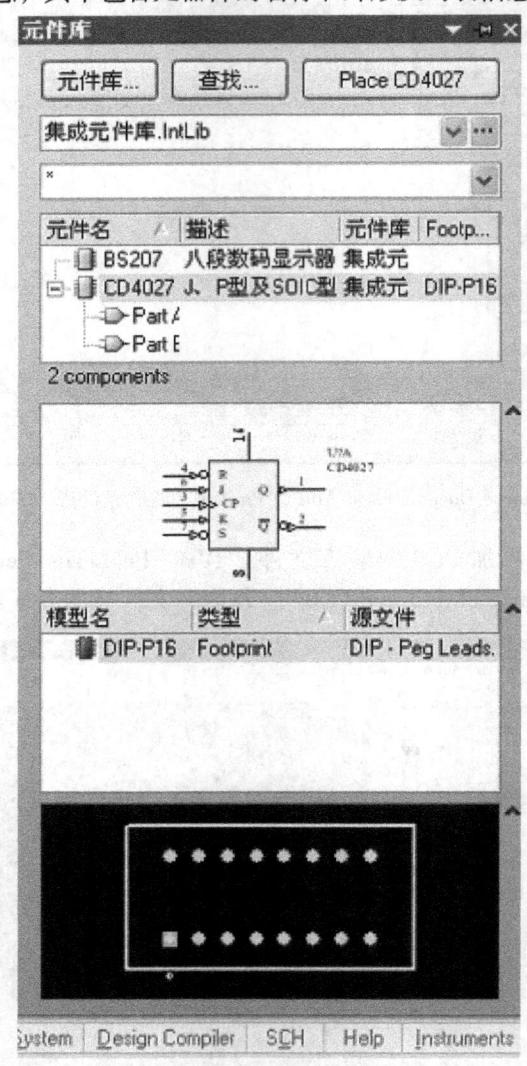

图 8-33　生成集成元件库后的"元件库"对话框

3）保存项目，完成集成元件库的编译。

本 章 小 结

本章主要介绍了原理图元件库编辑器的工作环境和绘图工具，并通过实例详细地讲述了创建新的原理图元件库文件及制作新元器件的过程。

通过本章的学习，应对 Protel DXP 2004 系统中的原理图部分有更深刻的认识，同时学会自己制作元器件，绘制比较复杂、美观的电路原理图。

思 考 题

1. 简述创建元器件及元件库的步骤。
2. Protel DXP 2004 中集成元件库文件的扩展名是什么？

练 习 题

1. 建立一个存放文件的专用文件夹，命名为 LXT（练习题），在该文件夹中新建一个名为"Zzyjk.SchLib"（自制元件库）的原理图元件库文件。

（1）在"Zzyjk.SchLib"中制作如下电工电子专业常用的元器件：

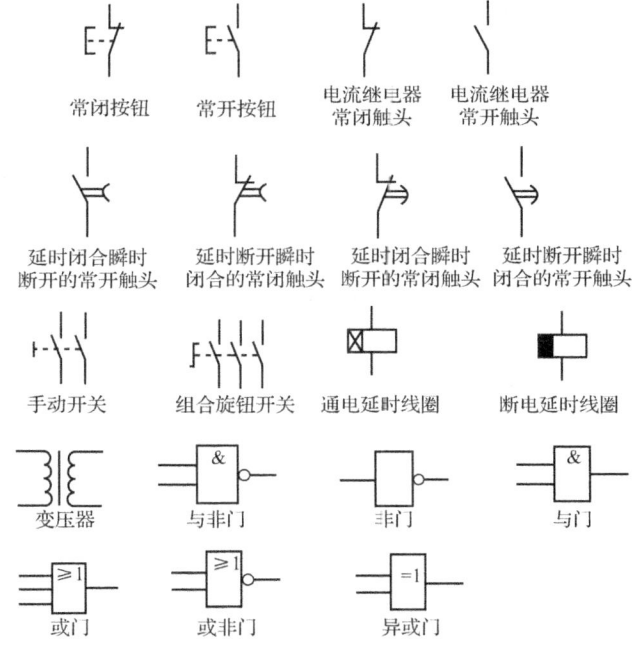

（2）制作如图 8-34 所示的 D/A 转换器芯片 DAC0832，各引脚显示名称及引脚电气类型见表 8-1，所有引脚均为"显示"状态。

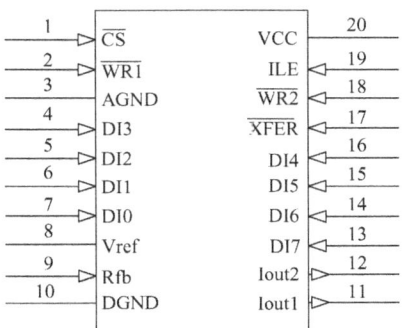

图 8-34 D/A 转换器芯片 DAC0832

表 8-1　D/A 转换器芯片 DAC 0832 的引脚要求

引脚编号（标识符）	显示名称	引脚电气类型	引脚编号（标识符）	显示名称	引脚电气类型
1	$\overline{CS}$	Input	11	Iout1	Output
2	$\overline{WR1}$	Input	12	Iout2	Output
3	AGND	Power	13	DI7	Input
4	DI3	Input	14	DI6	Input
5	DI2	Input	15	DI5	Input
6	DI1	Input	16	DI4	Input
7	DI0	Input	17	$\overline{XFER}$	Input
8	Vref	Input	18	$\overline{WR2}$	Input
9	Rfb	Input	19	ILE	Input
10	DGND	Power	20	VCC	Power
封装形式	DIP-P20		封装形式	DIP-P20	

2. 调用 "Zzyjk. SchLib" 中的元器件，绘制如下电路原理图：

（1）晶体管延时继电器电路图。

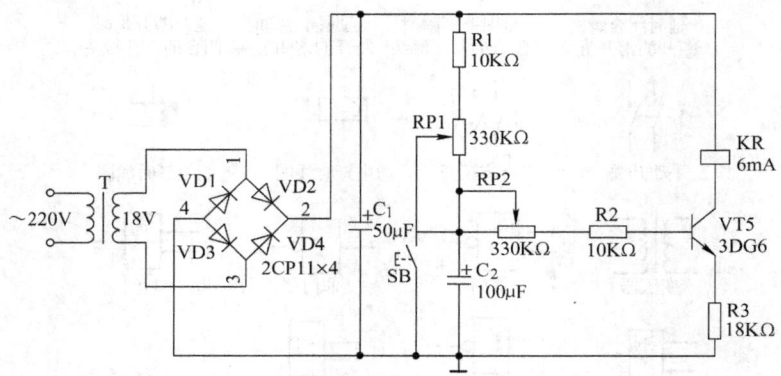

图 8-35　晶体管延时继电器电路图

（2）逻辑与非门电路。

（3）JS7-A 系列时间继电器校验电路图。

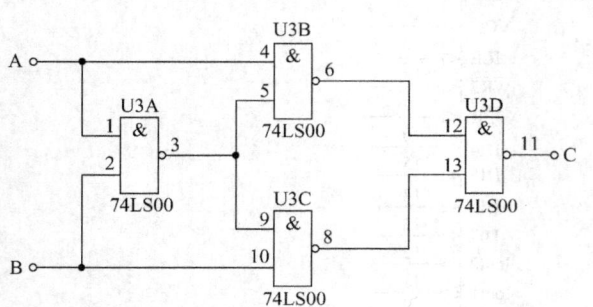

图 8-36　逻辑与非门电路

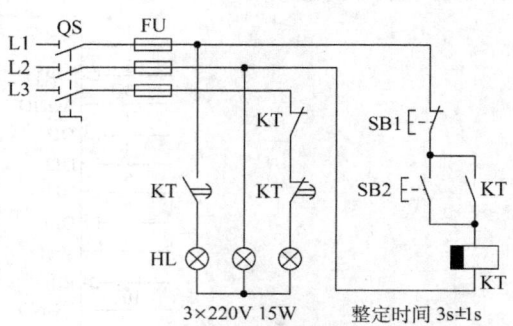

图 8-37　JS7-A 系列时间继电器校验电路图

2. 创建一个 PCB 项目文件，在该项目中分别建立一个原理图元件库文件和一个原理图文件，制作如图 8-38 所示定时器电路原理图中的元器件 555，并完成定时器电路原理图的绘制。元器件 555 各引脚的要求见表 8-2，所有引脚均设为"显示"状态。

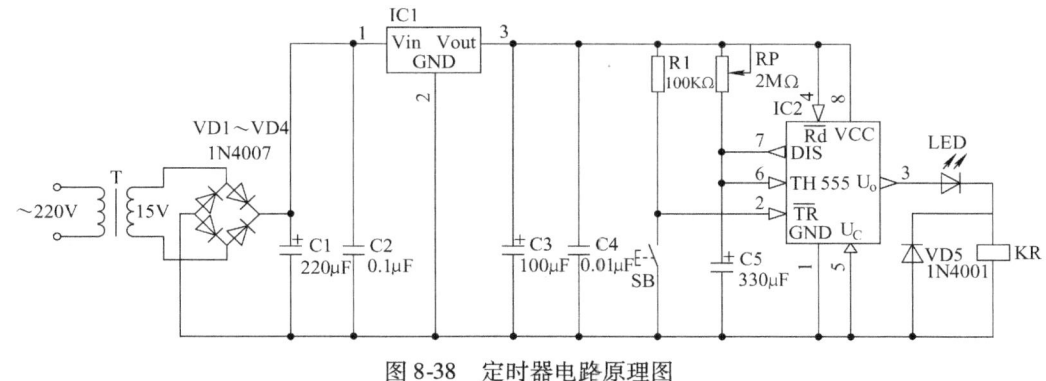

图 8-38 定时器电路原理图

表 8-2 集成电路 555 的引脚要求

引脚编号（标识符）	显示名称	引脚电气类型	引脚编号（标识符）	显示名称	引脚电气类型
1	GND	Power	5	U_C	Input
2	$\overline{TR}$	Input	6	TH	Input
3	Uo	Output	7	DIS	Output
4	$\overline{Rd}$	Input	8	Vcc	Power
封装形式	DIP-P8		封装形式	DIP-P8	

4. 创建一个 PCB 项目文件，在该项目中分别建立一个原理图元件库文件和一个原理图文件，制作如图 8-39 所示报警电路原理图中的元器件数码显示器 DS，并完成报警电路原理图。元器件 DS 各引脚的要求见表 8-3。

表 8-3 数码显示器 DS 的引脚要求

引脚编号（标识符）	显示名称	引脚电气类型	引脚显示状态	引脚编号（标识符）	显示名称	引脚电气类型	引脚显示状态
1	e	Input	显示	6	b	Input	显示
2	d	Input	显示	7	a	Input	显示
3	GND	Power	隐藏	8	GND	Power	显示
4	c	Input	显示	9	f	Input	显示
5	h	Passive	显示	10	g	Input	显示
封装形式	DIP-P10			封装形式	DIP-P10		

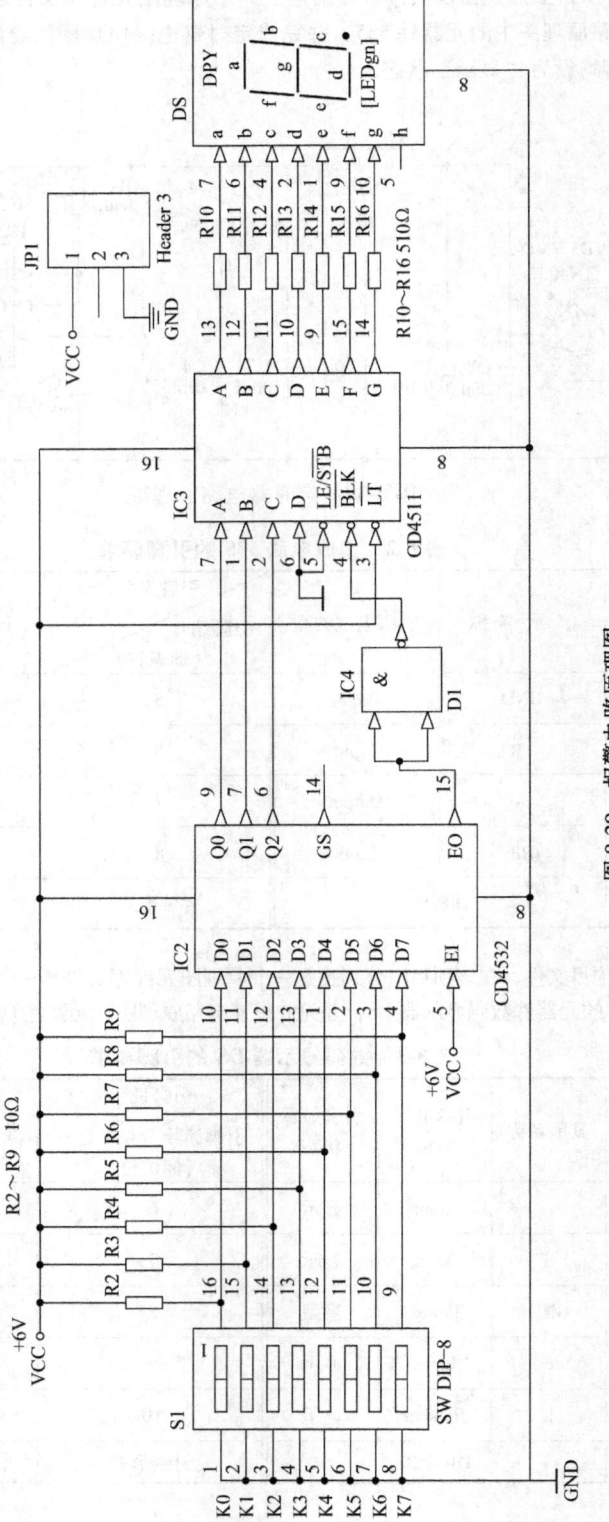

图 8-39 报警电路原理图

5. 创建一个 PCB 项目文件,在该项目中分别建立一个原理图元件库文件和一个原理图文件,制作如图 8-40 所示 40 和弦音乐 IC 接口电路中的元器件 U230,并完成 40 和弦音乐 IC 接口电路原理图。元器件 U230 各引脚的要求见表 8-4,所有引脚均设为"显示"状态。

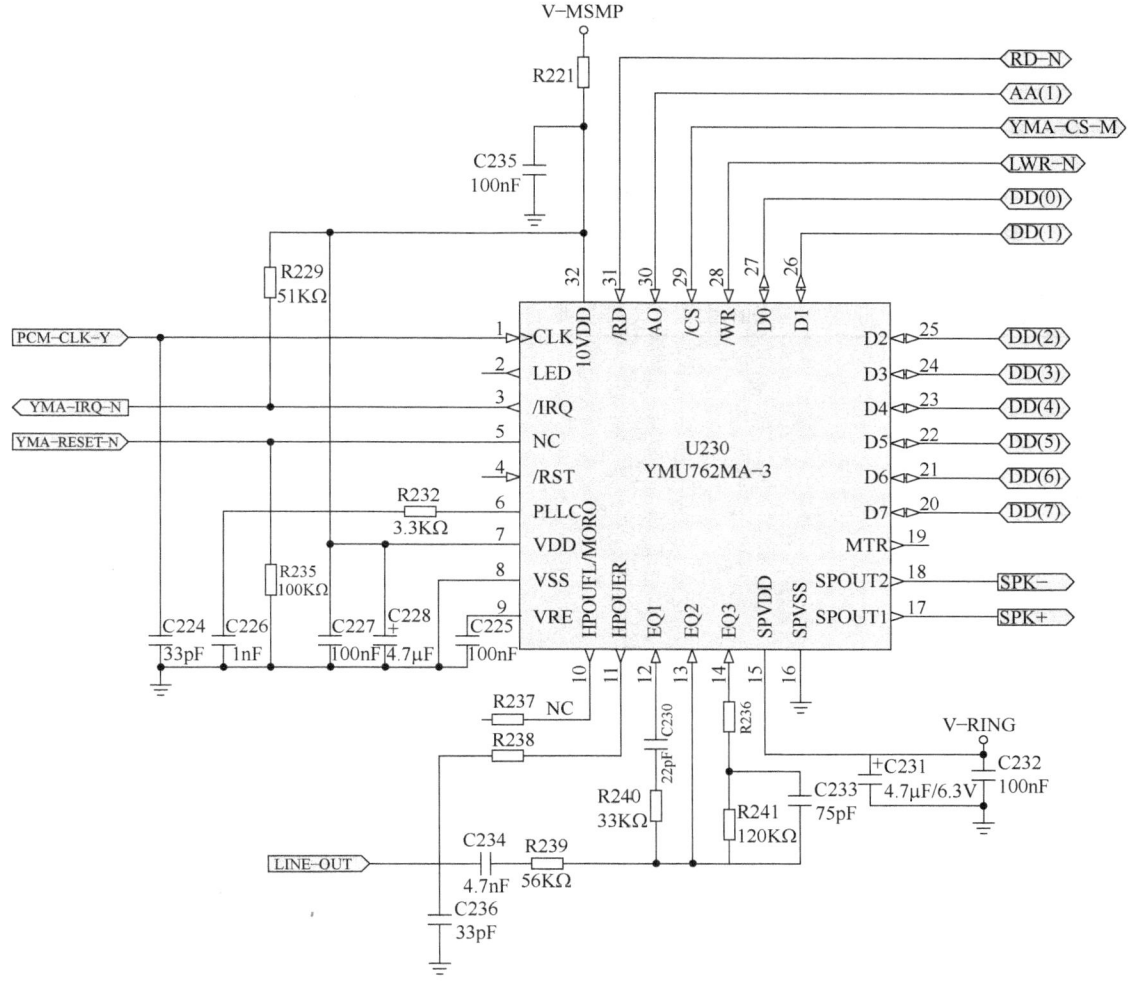

图 8-40 40 和弦音乐 IC 接口电路

表 8-4 元器件 U230 的引脚要求

引脚说明 引脚编号 (标识符)	显 示 名 称	引脚电气类型	引脚说明 引脚编号 (标识符)	显 示 名 称	引脚电气类型
1	CLK	Input	7	VDD	Power
2	LED	Output	8	VSS	Power
3	/IRQ	Output	9	VRE	Passive
4	/RST	Input	10	HPOUFL/MORO	Output
5	NC	Passive	11	HPOUER	Output
6	PLCC	Passive	12	EQ1	Input

（续）

引脚编号 （标识符）	引脚说明 显示名称	引脚电气类型	引脚编号 （标识符）	引脚说明 显示名称	引脚电气类型
13	Input	EQ2	20～27	D7～D0	IO
14	Input	EQ2	28	/WR	Input
15	SPVDD	Power	29	/CS	Input
16	SPVSS	Power	30	A0	Input
17	SPOUT1	Output	31	/RD	Input
18	SPOUT2	Output	32	10VDD	Power
19	MTR	Output			
封装形式	DIP-P32		封装形式	DIP-P32	

第 9 章 制作元器件封装

随着新型集成电路元器件的不断出现,在我们进行电路设计的过程中,可能会遇到某些元器件的封装在元件封装库中找不到的情况,Protel DXP 2004 软件系统中的元件库大多是根据软件设计之初生产厂商提供的元器件尺寸来设计其封装的。故常常需要我们自行设计元器件的封装。本章将通过实例详细讲述如何制作元器件封装。

9.1 PCB 元件库编辑器

PCB 库是定义各元器件的外形尺寸以及引脚分布信息的库,主要用于对元器件封装的管理,其扩展名为 .PcbLib。Protel DXP 2004 自带的 PCB 库位于 Protel DXP 2004 的安装目录 C:\ProgramFiles\Altium\Library\Pcb 下。另外,用户也可以建立自己的封装元件库。制作元器件封装要在 PCB 元件库编辑器中进行。

9.1.1 启动 PCB 元件库编辑器

执行菜单命令"文件/创建/库/PCB 库",便可打开 PCB 库文件编辑器窗口,如图9-1 所示。元件库编辑器由主菜单栏、工具栏、工作面板、PCB 库文件编辑区、状态栏和命令行等组成。

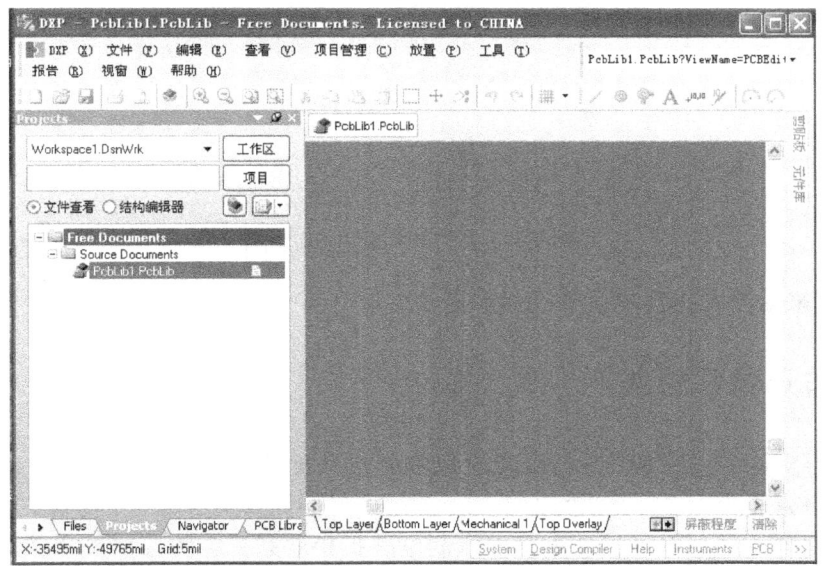

图 9-1　PCB 元件库编辑窗口

9.1.2 创建 PCB 元件库和元器件

创建 PCB 元件库和元器件的具体操作步骤如下:

1）进入 PCB 元件库编辑窗口，从工作面板中可以看到系统自动生成了一个名为"PcbLib1.PcbLib"的元件库。

2）执行菜单命令"文件/保存"，在弹出的保存文件对话框中设置好保存路径及文件名，将该库文件保存。

3）单击工作区面板中的 PCB Library 标签，打开"PCB Library"面板，如图 9-2 所示。

该面板中各功能区的功能如下：

"屏蔽"文本框：可进行快速查找封装元器件的操作。

适用 按钮：未选取对象隐藏。

清除 按钮：清除隐藏。

放大 按钮：对工作区界面进行放大。

"元件"区：显示当前库中所有符合条件的元器件封装，包括封装名称、焊盘数量等。

"元件图元"区：显示元器件焊盘类型、大小、所在层面等。

"元件封装预览"区：显示 PCB 元件库中元器件的封装形式。

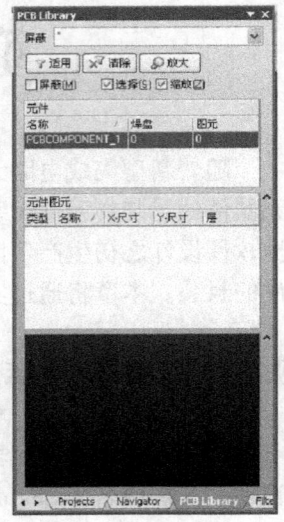

图 9-2　"PCB Library"面板

4）从"PCB Library"面板的"元件"区中可以看到，系统自动生成了一个名为"PCBComponent_1"的元器件。

5）移动光标到该元器件名上双击鼠标左键，弹出"PCB 库元件"对话框，如图 9-3 所示。在该对话框中可以更改元器件的名称。

图 9-3　"PCB 库元件"对话框

6）接下来就可以在 PCB 元件库编辑器的工作界面中制作元器件封装了。

9.2　制作元器件封装

下面结合实例讲述如何制作一个新的 PCB 封装元器件。应该指出的是，制作 PCB 封装元器件与制作原理图元器件有很大的不同。原理图元器件只是示意性的图形，能说明元器件的基本特征即可，而 PCB 元器件直接与印制电路板相联系，它的各种尺寸必须与实物完全一致，这是在制作封装元器件的过程中必须注意的。下面通过实例介绍两种 PCB 元器件封装的制作方法。

9.2.1　手工创建 PCB 封装元器件

手工绘制元器件封装需要使用"PCB 库 放置"工具栏，如图 9-4 所示，可以通过执行

"查看/工具栏/PCB 库 放置"菜单命令打开或关闭该工具栏。在创建元器件封装时，"PCB 库 放置"工具栏主要用于放置焊盘、绘制线段等，其各按钮的功能和使用方法与 PCB 编辑器中的"放置"工具栏功能相同，这里就不再介绍了。下面通过实例介绍手工绘制 PCB 元器件封装的方法。

图 9-4 PCB 库放置工具栏

【例 9-1】 制作如图 9-5 所示的带有散热片的三端稳压电源的封装。

解：制作该封装的具体操作步骤如下：

（1）创建新库文件　执行菜单命令"文件/创建/库/PCB 库"，创建一个名为"PCB 元件库.PcbLib"的库文件，并将其保存在路径"E:\自制元件库"下。

（2）更改元器件名称　单击工作区面板中的  标签，打开"PCB Library"对话框，将系统自动生成的名为"PCBCOMPONENT_1"的元器件更名为"带散热片的稳压电源"。

（3）设置工作参数　单击工作区下面的 TopOverlay 标签，将工作层设置为顶层丝印层。执行菜单命令"工具/库选择项"，在弹出的"PCB 板选择项"对话框中设置各选项的参数。本例将测量单位设置为英制（Imperial），其他选项采用系统默认设置，如图 9-6 所示。

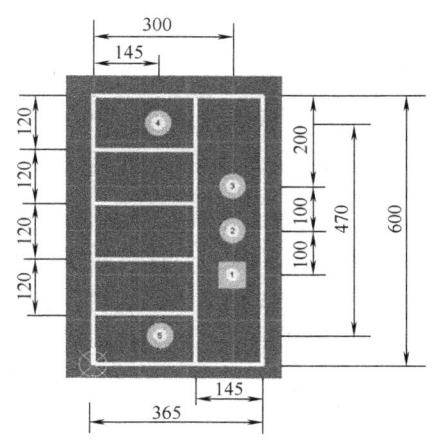

图 9-5 带有散热片的三端稳压电源的封装（单位：mil）

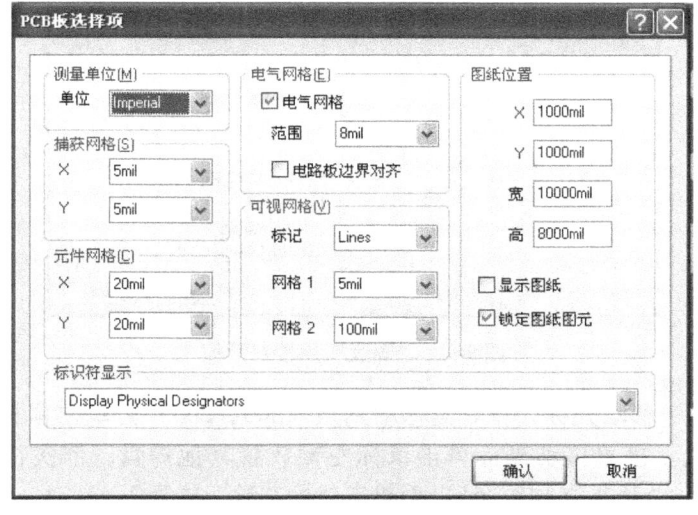

图 9-6 "PCB 板选择项"设置对话框

（4）设置基准点　在 PCB 元件库编辑界面中执行菜单命令"编辑/跳转到/新位置"，系统将弹出如图 9-7 所示的新位置设置对话框。在该对话框中输入 X、Y 的坐标值分别为 0 和 0，将当前的坐标点移到原点，此时的编辑界面中自动显示出了原点的位置。或者，执行"编辑/设定参考点/位置"菜单命令，也能设置参考原点。在编辑元器件时，需要将基准点设定在原点位置。

（5）绘制元器件外框　单击"PCB 库 放置"工具栏中的 按钮，执行画线命令，这时光标变成十字形状。移动光标到 (0，0) 点处单击鼠标左键，确定元器件外框的起点，然后移动鼠标，同时注意屏幕左下角的坐标值，在 (365，0) 点处双击鼠标左键，确定元器件外框的第二点，接着依次移动光标到点 (365，600)、点 (0，600) 和点 (0，0) 处双击鼠标左键，便完成了矩形外框的绘制，接着按照给定的尺寸绘制里面的线，绘制好后如图 9-8 所示。

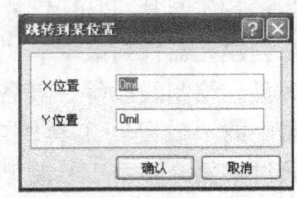

图 9-7　新位置设置对话框图

（6）设置焊盘属性　单击工作区下面的 Multi-Layer 标签，将工作层切换为多层。执行菜单命令"放置/焊盘"，或单击"PCB 库放置"工具栏中的 按钮，之后光标会带着一个焊盘出现在工作平面上。此时按下 Tab 键，在弹出的"焊盘"属性对话框中将焊盘的"标识符"设置为 1，孔径为 30mil、形状为"Rectangle"（矩形），其他选项采用系统的默认设置，然后单击 确认 按钮。设置完的"焊盘"属性对话框如图 9-9 所示。

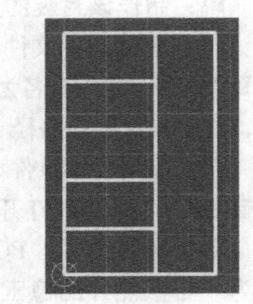

图 9-8　绘制好的外形边框

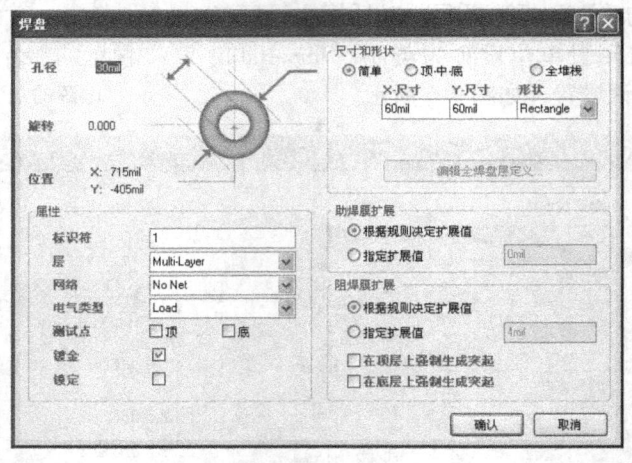

图 9-9　"焊盘"属性对话框

（7）放置焊盘　移动光标，将焊盘移动到点 (300，200) 处单击鼠标左键，将第一个焊盘放置在该点处。接着移动光标单击鼠标左键放置其他焊盘，依次在点 (300，300)、(300，400)、(145，535)、(145，65) 处单击鼠标左键，放置 2、3、4、5 号焊盘。注意焊盘 2、3、4、5 的形状为 Round（圆形），孔径大小为 30mil，其他参数采用系统默认。单击鼠标右键退出放置焊盘状态，便完成了该元器件的制作。制作好的元器件"带有散热片的三端稳压电源"封装如图 9-10 所示。

（8）设置元器件的参考点　为了方便元器件的调用，还需要设定元器件的参考坐标点。通常把元器件的第一个引脚所在的位置设置为参考坐标点，本例在绘制元器件外形时把参考点设置在了元器件的左下角。执行菜单命令"编辑/设定参考点/引脚 1"，之后系统会自动将引脚 1 所在的位置设置为参考点。在以后调用元器件"带散热片的稳压电源"时，光标会自动加在引脚 1 上。当然设置在左下角也可以。

另外，参考点的位置设置通常有三种，如图 9-11 所示。

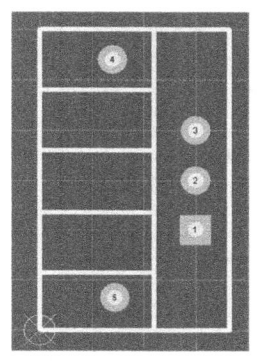

图 9-10　带有散热片的三端稳压电源的封装

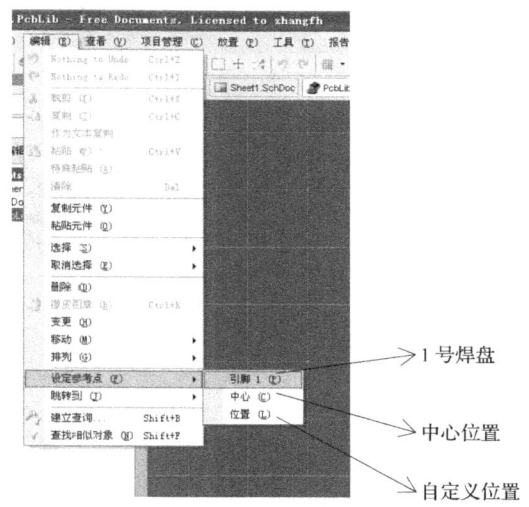

图 9-11　参考点设置形式

（9）保存文件　执行菜单命令"文件/保存"，保存文件。

【例 9-2】　制作如图 9-12 所示的贴片晶体管元器件封装。

解：具体操作步骤如下：

（1）绘制贴片晶体管的外形边框　按照图中所给尺寸绘制外形边框，绘制方法与例 9-1 中的绘制方法相同。

（2）绘制圆点　单击"PCB 库 放置"工具栏中的 按钮，执行画圆的命令，在图中适当位置确定圆心后绘制一个小圆。（"小圆点"用来标明第一个引脚的位置，对其尺寸不做精确要求。）

（3）设置焊盘属性　首先放置"0"号焊盘。单击"PCB 库 放置"工具栏上中的 按钮后，十字光标上会粘附着一个焊盘出现在工作平面上，此时按下键盘上的 Tab 键，弹出"焊盘"属性对话框。在该对话框中进行如下设置：孔径设置为 0mil；"标识符"设置为"0"；"层"设置为"Top Layer"（贴片元器件的引脚、焊盘都要放置在 Top Layer）；"尺寸和形状"栏中"X-尺寸"设置为 75mil、"Y-尺寸"设置为 130mil，"形状"选择为 Octagonal（八边形）；其他选项采用系统的默认值。设置好的"焊盘"属性对话框如图 9-13 所示。

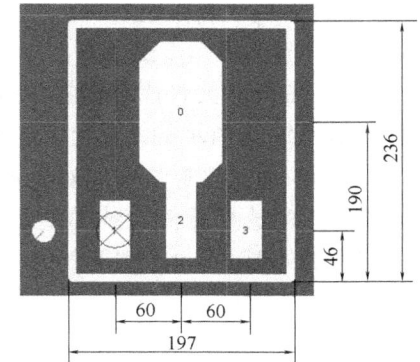

图 9-12　贴片晶体管元器件封装（单位：mil）

（4）放置焊盘　单击"焊盘"属性对话框中的 确认 按钮，移动光标将"0"号焊盘放置在点（60，190）处。继续移动鼠标将其他三个焊盘放置在图中相应位置上。这里将焊盘"1"和焊盘"3"的尺寸设置为："X-尺寸"为 28mil；"Y-尺寸"为 53mil；焊盘"2"

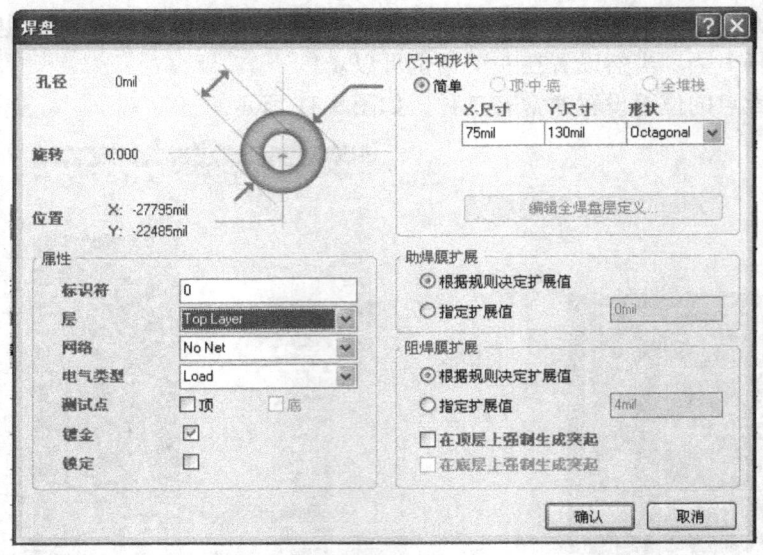

图 9-13 "焊盘"属性设置对话框

的尺寸为:"X-尺寸"为 28mil;"Y-尺寸为"71mil;三个焊盘孔径都设置为 0mil,形状为 Rectangle(矩形),放置在 Top Layer 层。制作好的元器件封装如图 9-12 所示。

(5)将做好的元器件封装存盘保存。

9.2.2 使用向导创建 PCB 元器件封装

【例 9-3】 制作如图 9-14 所示的封装元器件 DIP20。

解: 具体操作步骤如下:

1)在 PCB 元件库编辑器中执行菜单命令"工具/新元件",弹出如图 9-15 所示的元件封装向导对话框。

2)单击元件封装向导对话框中的 下一步> 按钮,弹出如图 9-16 所示的选择元件封装类型对话框。在该对话框中可以设置元器件的外形。Protel DXP 2004 提供了 12 种元器件的外形供用户选择。本例选择[DIP]封装外形,同时选择元器件封装的度量单位为"mil"。系统默认为英制(mil),根据需要也可选公制(mm)单位。

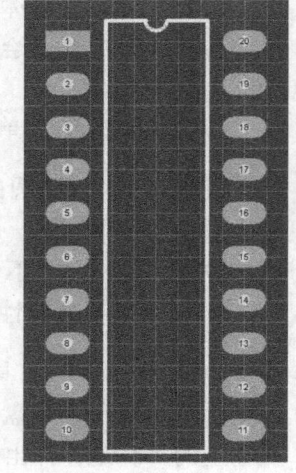

图 9-14 DIP20 封装

Protel DXP 2004 提供的 12 种封装样式如下:

Ball Grid Arrays(BGA):球状栅格阵列

Diodes:二极管

Edge connectors:边连接

Pin Grid Arrays:引脚栅格阵列

Resistors:电阻

Staggered Pin Grid Array(SPGA):交错引脚阵列

Staggered Ball Grid Array(SBGA):交错格点阵列

Capacitors:电容

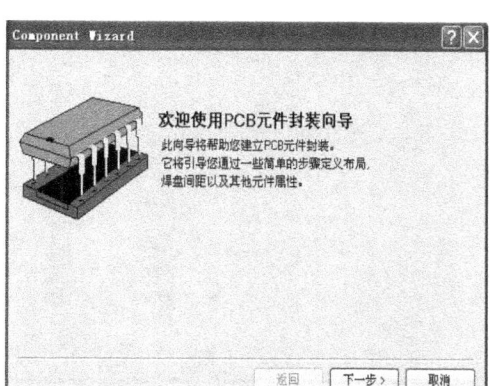
图 9-15　元件封装向导对话框

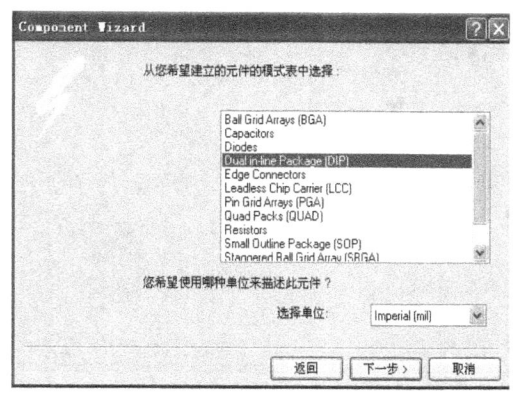
图 9-16　选择元件封装类型对话框

Dual in-line Package（DIP）：双列直插
Leadless Chip Carrier（LCC）：无引线芯片载体
Quad Packs（QUAD）：四边引出扁平
Small Outline Package（SOP）：小尺寸封装

3）单击选择元件封装类型对话框中的 下一步> 按钮，弹出如图 9-17 所示的设置焊盘尺寸对话框。在该对话框中可以修改焊盘和过孔的尺寸，本例中使用默认设置。

4）单击设置焊盘尺寸对话框中的 下一步(N)> 按钮，弹出如图 9-18 所示的设置焊盘间距对话框。在该对话框中可以设置焊盘水平间距和垂直间距。本例中设置的尺寸分别为 400mil 和 100mil。

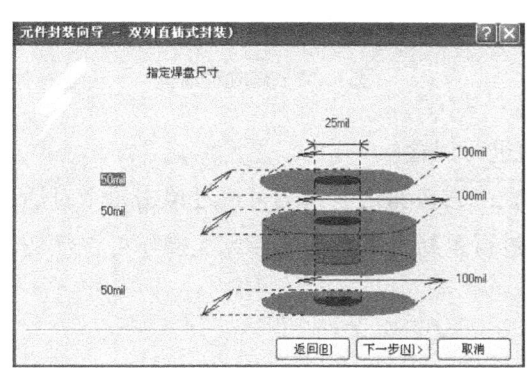
图 9-17　设置焊盘尺寸对话框

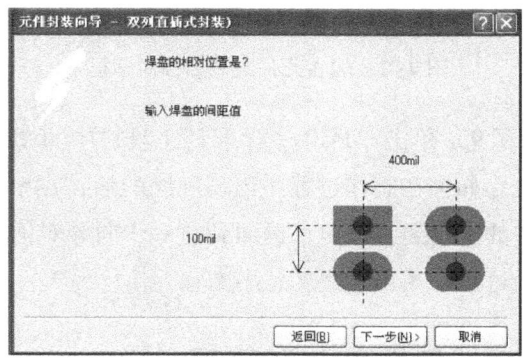
图 9-18　设置焊盘间距对话框

5）单击设置焊盘间距对话框中的 下一步(N)> 按钮，弹出如图 9-19 所示的指定轮廓宽度对话框。在该对话框中可以设置元器件的轮廓线宽。本例中使用默认设置。

6）单击指定轮廓宽度对话框中的 下一步(N)> 按钮，弹出如图 9-20 所示的设置元件焊盘数目对话框，在该对话框中可以设置元器件的焊盘数。本例中将焊盘数设置为 20。

7）单击设置元件焊盘数目对话框中的 下一步(N)> 按钮，弹出如图 9-21 所示的设置元件封装名称对话框。在该对话框中可以设置元器件的封装名称。本例中使用默认名称。

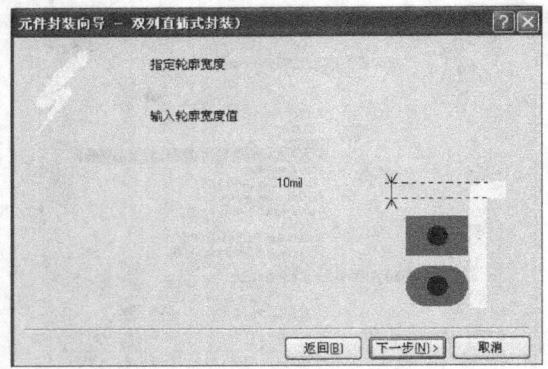
图 9-19　指定轮廓宽度对话框

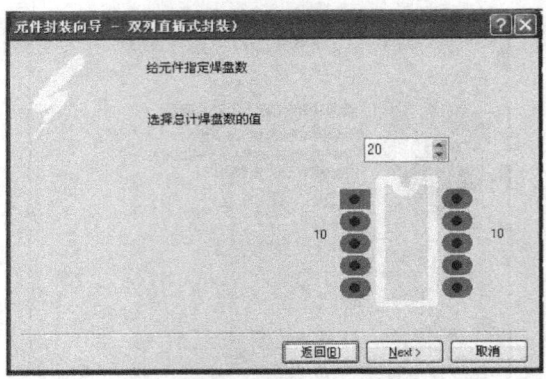
图 9-20　设置元件焊盘数目对话框

8）单击设置元件封装名称对话框中的 Next> 按钮，弹出如图 9-22 所示的完成对话框。单击该对话框中的 Finish 按钮，便生成了新的元器件封装，如图 9-14 所示。

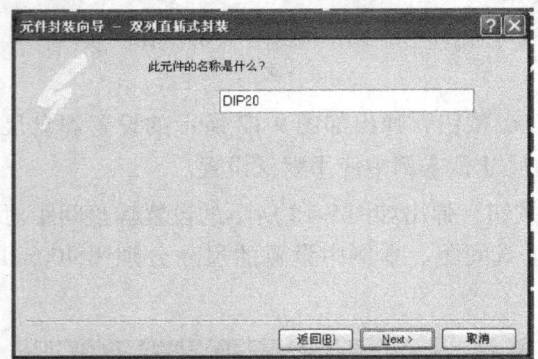
图 9-21　设置元件封装名称对话框

图 9-22　完成对话框

9）单击"PCB 库标准"工具栏中的 按钮进行保存。

如果在制作过程中出现问题的话，在单击 Finish 按钮之前，均可通过单击每个对话框中的 返回(B) 按钮，退回到前一步向导对话框中进行重新设置。要放弃此次操作可在任何一个过程中单击 取消 按钮。

9.3　元器件封装管理

9.3.1　添加元器件封装

添加元器件封装的具体操作步骤如下：

1）进入 PCB 元件库编辑窗口，打开"PCB Library"对话框。执行菜单命令"工具/新元件"，系统将弹出如图 9-23 所示的创建新元件封装向导对话框。

2）单击该对话框中的 下一步> 按钮，将会按照向导进行创建新元器件封装。如果单击 取消 按钮，系统将会生成一个默认名为"PCBCOMPONENT_1"的空白文件，然后用户

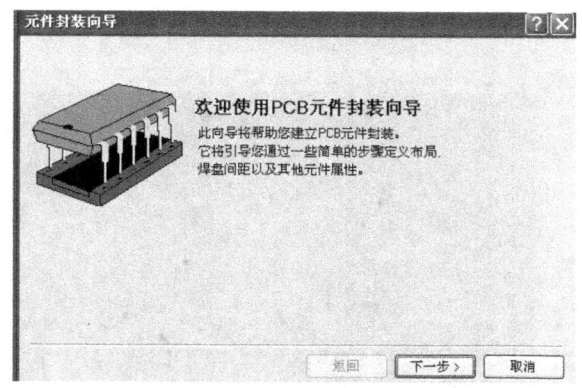

图 9-23　创建新元件封装向导对话框

可以对该元器件封装进行重命名，并可进行手工绘图操作，制作一个新的元器件封装。

9.3.2　元器件封装重命名

当创建了一个元器件后，用户还可以对该元器件重新命名，具体操作步骤如下：

1）在元器件库编辑窗口的列表框中选中要更名的元器件封装，然后用鼠标左键双击该封装名，系统将弹出如图 9-24 所示的"PCB 库元件"对话框。

2）在该对话框中可以键入元器件的新名称，然后单击 确认 按钮即可完成重命名操作。

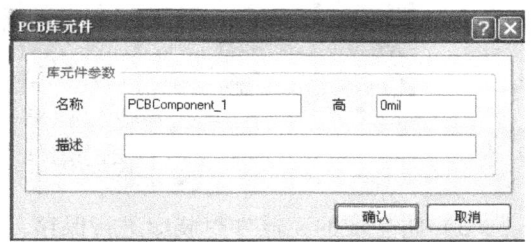

图 9-24　"PCB 库元件"对话框

9.3.3　删除元器件封装

如果用户想删除自制封装库中的某个元器件封装，可在元件列表框中选中要删除的元器件封装名，然后单击鼠标右键，在弹出的右键菜单中选中"清除"选项，系统将弹出如图 9-25 所示的"确认"提示框，单击该提示框中的 Yes 按钮即可完成删除操作。

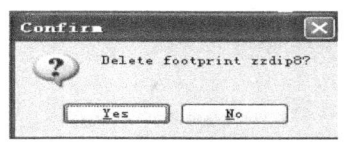

图 9-25　"确认"提示框

9.4　创建项目元器件封装库

项目元器件封装库是按照本项目电路图上的元器件生成的一个封装库，实际上就是把整个项目中所用到的元器件整理并存入一个元器件库文件中，以便在今后电路设计中使用。

下面我们以第 6 章中制作的"简易温度控制器"的印制电路板为例，讲述创建该项目元件库的具体操作步骤。

1）执行菜单命令"文件/打开"，打开项目文件"例 6-1.PrjPcb"，接着打开该项目中的"简易温度控制器.PcbDoc"文件。

2）执行菜单命令"设计/生成 PCB 库"。执行该命令后系统会自动生成一个名为"简易温度控制器.PcbLib"的 PCB 库文件,并切换到元器件封装库编辑界面,如图 9-26 所示。

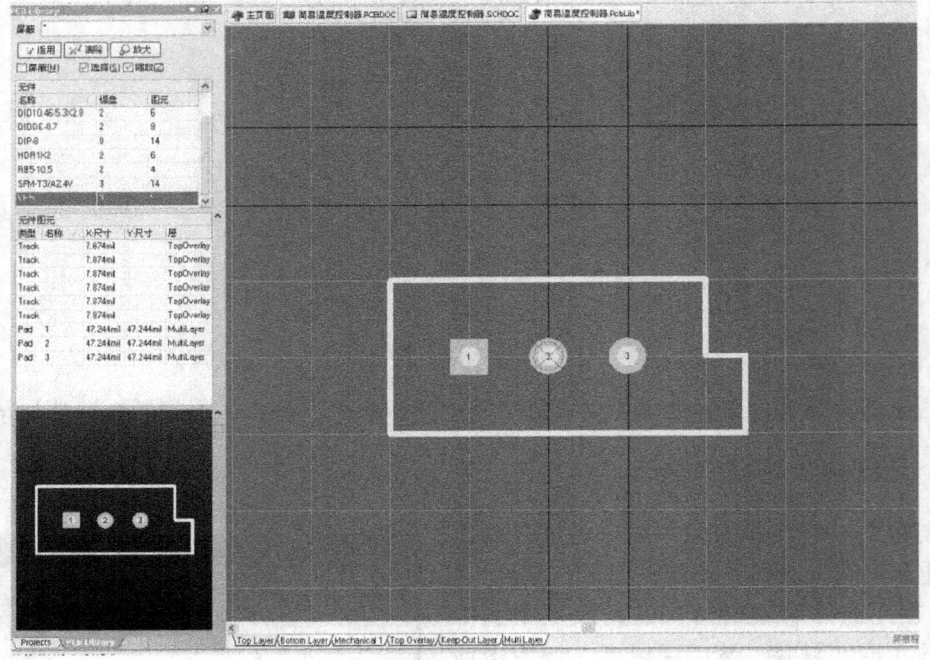

图 9-26 元器件封装库编辑界面

3)将生成的元器件封装库进行保存,方便以后对元器件封装的调用。

本 章 小 结

本章主要介绍了 PCB 元件库编辑器及如何在 PCB 元件库编辑器中创建新的元件库和元器件封装。

通过本章的学习可熟悉 PCB 元件库编辑器的工作环境,能够按照实际元器件的尺寸及封装要求自制封装元器件。

思 考 题

1. 创建 PCB 元件库的基本步骤有哪些?
2. PCB 封装元器件的轮廓通常应绘制在哪个层面上?

练 习 题

1. 在 LXT 文件夹中新建一个 PCB 库文件,命名为"ZZYJFZ.PcbLib"(自制元件封装)。在该库文件中制作如下 PCB 封装元器件。

(1)制作如图 9-27 所示的按钮开关。焊盘间距均为 8mm,外形边框为 11mm 的正方形,图中栅格尺寸为 1mm。

(2)制作如图 9-28 所示的普通发光二极管"LED",图中栅格尺寸为 10mil。根据栅格确定原器件封装尺寸。

(3)制作如图 9-29 所示贴片 SOP4 的封装。其中四个焊盘的尺寸为:长 60mil,宽 23 mil;外框尺寸如图 9-29 所示。图中栅格尺寸为 50mil。

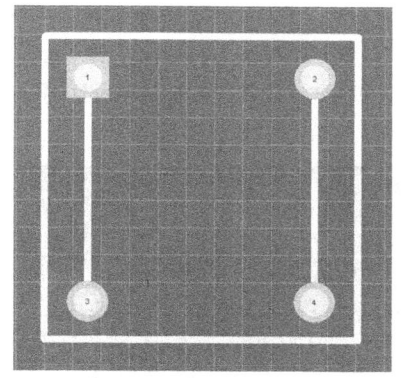
图 9-27 按钮开关封装

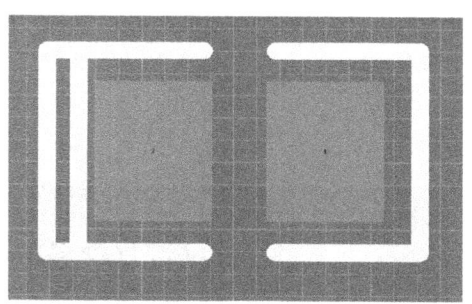
图 9-28 贴片 LED 封装

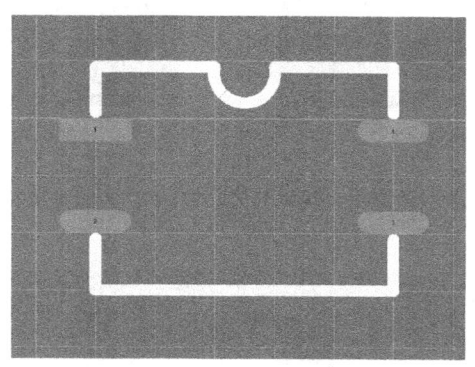
图 9-29 贴片 SOP4 封装

（4）制作如图 9-30 所示的 USB 接口封装。设置焊盘参数为：1～4 号焊盘位于顶层，形状为矩形，无过孔，焊盘尺寸为 X = 2.54mm，Y = 1.2mm；"0" 号焊盘形状为长圆形，焊盘尺寸为 X = 2.54mm，Y = 1.2mm，孔径 = 1mm。图中栅格尺寸为 1.27mm，可根据栅格的大小确定封装外形尺寸。

（5）利用向导制作如图 9-31 所示的双列直插式封装，要求如下：第一个焊盘为方形，其余 7 个焊盘为圆形，在 X 轴方向和 Y 轴方向上的尺寸都为 60mil；焊盘孔大小为 30mil；两焊盘在 X 轴方向的间距为 100mil，在 Y 轴方向的间距为 300mil；封装名称为 ZZDIP8。

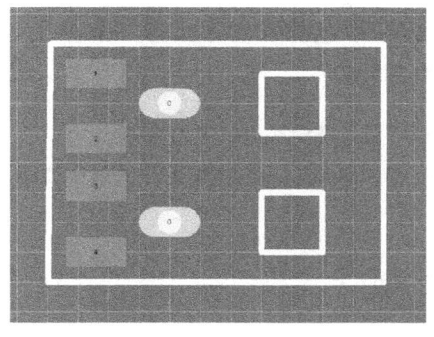
图 9-30 USB 接口封装

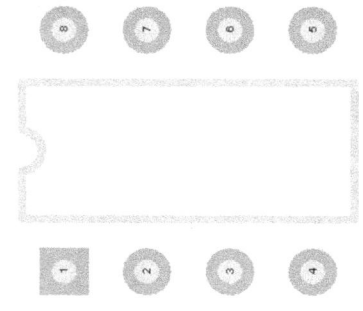
图 9-31 ZZDIP8

（6）利用向导制作如图 9-32 所示的 SOP8 封装，要求如下：第一个焊盘为矩形，其余 7 个焊盘为长圆形；焊盘尺寸为 80mil×40mil；焊盘在 X 轴方向的间距为 400mil，Y 轴方向间距为 80mil；其他参数采用系统默认设置,封装名称为SOP8。

(7)利用向导制作如图9-33所示的扁平型封装,要求如下:第一个焊盘为长圆形,其余焊盘为矩形;焊盘尺寸为100mil×25mil,焊盘间距离为50mil,其他尺寸采用系统默认设置,封装名称为QFP8×8。图中栅格尺寸为50mil。

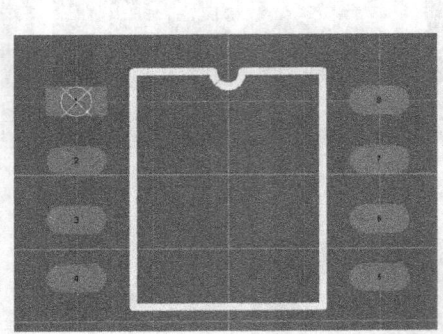 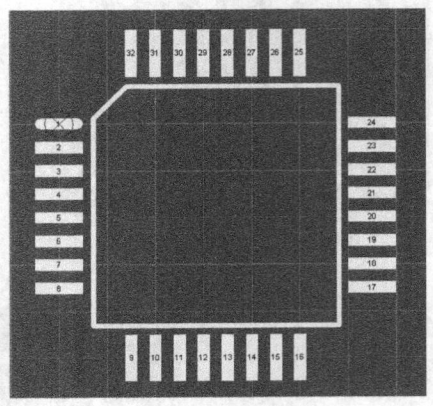

图9-32 SOP8封装　　　　图9-33 扁平型封装

(8)制作如图9-34所示的晶体管封装,封装名为"TO-66"。图中栅格尺寸为1mm,可根据栅格的大小确定元器件的封装尺寸。

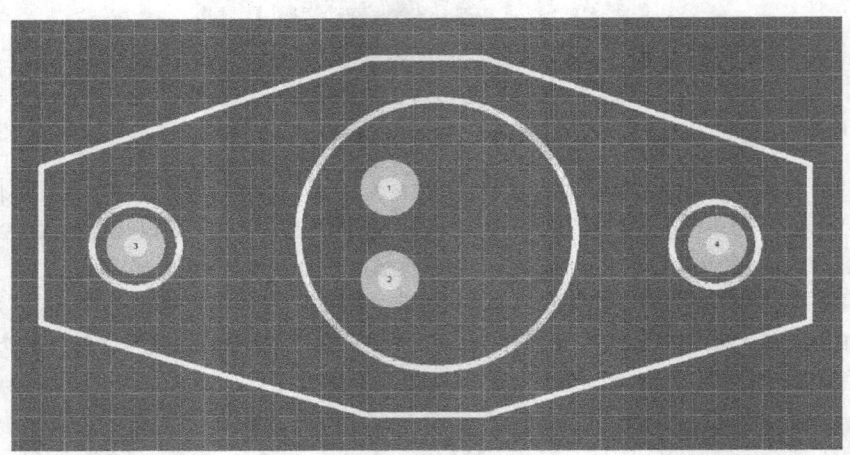

图9-34 晶体管封装

2. 创建一个名为PCBSJ.PrjPCB的项目文件,并在该项目文件中完成以下要求:

1)创建一个原理图库文件,将其命名为"八路抢答器.SchLib"。在该库文件中制作如图9-35所示的元器件"4511",元器件参数要求见表9-1。

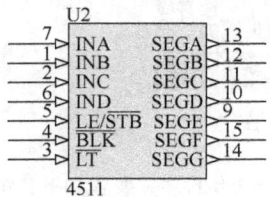

图9-35 元器件"4511"

表 9-1　自制元器件"4511"参数表

元器件标号		U2	
元器件引脚		16	
元器件封装		DIP16	
引脚编号 / 引脚说明	引脚名称	引脚电气类型	引脚显示状态
1	INB	Input	显示
2	INC	Input	显示
3	$\overline{LT}$	Input	显示
4	$\overline{BLK}$	Input	显示
5	LE/$\overline{STB}$	Input	显示
6	IND	Input	显示
7	INA	Input	显示
8	GND	Power	隐藏
9	SEGE	Output	显示
10	SEGD	Output	显示
11	SEGC	Output	显示
12	SEGB	Output	显示
13	SEGA	Output	显示
14	SEGG	Output	显示
15	SEGF	Output	显示
16	VCC	Power	隐藏

2）创建一个名为"八路抢答器.SchDoc"的原理图文件，完成图9-37所示的电路原理图。原理图采用A4图纸，并将绘图者姓名及图名"八路抢答器"放在标题栏相应位置。

3）创建网络表及材料清单，材料清单用Excel表格形式保存在专用文件夹中。

4）创建一个PCB库文件，在该库文件中制作一个封装元器件，命名为"DIP16"，如图9-36所示。图中焊盘X轴、Y轴方向尺寸都为50mil，两焊盘X轴方向间距为400mil，Y轴方向间距为100mil，其他尺寸采用系统默认设置。

5）创建一个PCB文件，命名为"八路抢答器.PcbDoc"。制作一个双面印制电路板，要求如下：规划电路板的尺寸为4000mil×3000mil；布线边界与电路板边界之间距离为100mil；元器件"4511"采用自制封装"DIP16"，其他元器件采用默认封装；电路中的"VCC"线宽设置为30mil，放置在顶层，"GND"线宽设置为30mil，放置在底层，其他布线宽度为10mil。

6）对PCB板进行DRC检测，如有错误进行改正，改正后保存DRC文档。

7）保存整个项目。

图9-36　元器件封装"DIP16"

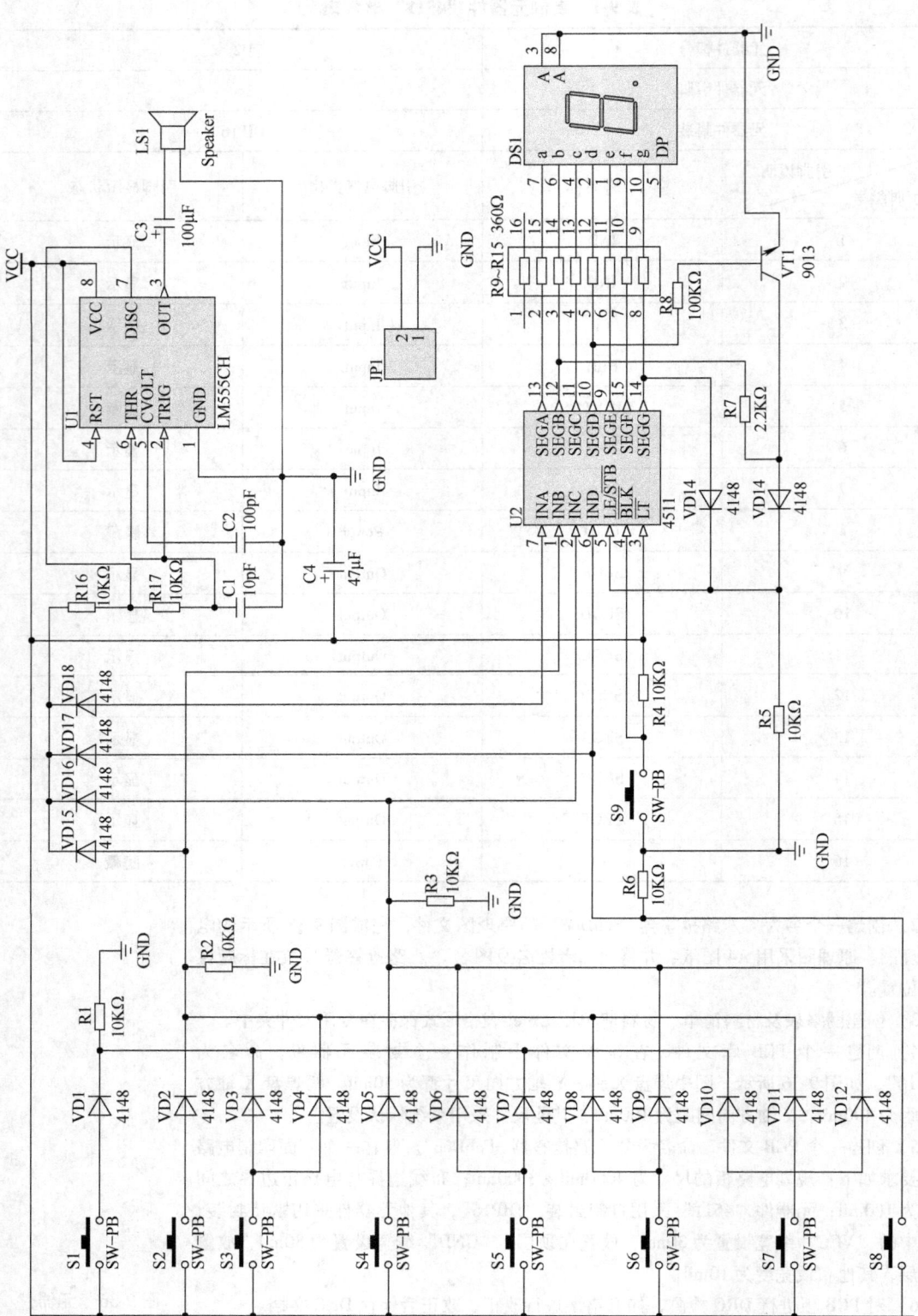

图 9-37 八路抢答器电路原理图

3. 创建一个 PCB 项目文件,并在该项目文件中完成以下要求:
(1) 创建一个原理图库文件,在该库文件中制作如图 9-38 所示的元器件"4016",参数要求见表 9-2。

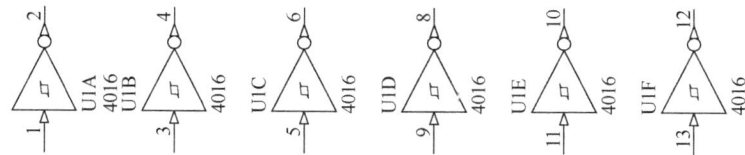

图 9-38 元器件"4016"

表 9-2 自制元器件"4016"参数表

元器件标号	U1
元器件引脚	14
元器件封装	DIP14

引脚编号	引脚说明 引脚名称	引脚电气类型	引脚显示状态
1	A	Input	显示
2	G	Output	显示
3	B	Input	显示
4	H	Output	显示
5	C	Input	显示
6	I	Output	显示
7	GND	Power	隐藏
8	J	Output	显示
9	D	Input	显示
10	K	Output	显示
11	E	Input	显示
12	L	Output	显示
13	F	Input	显示
14	VCC	Power	隐藏

(2) 创建一个原理图文件,绘制如图 9-39 所示的多音调电子门铃电路原理图。原理图采用 A4 图纸,横向放置,其他参数可根据自己的需要进行设置。
(3) 进行电气规则检查并生成材料清单和网络表。
(4) 创建一个 PCB 库文件,在该库文件中制作如图 9-40 所示的元器件"4016"的封装。要求如下:"1"号焊盘为方形,其余焊盘为圆形;焊盘 X 轴方向和 Y 轴方向尺寸均 50mil,两焊盘 X 轴方向间距为 400mil,Y 轴方向间距为 100mil,其他尺寸采用系统默认设置。

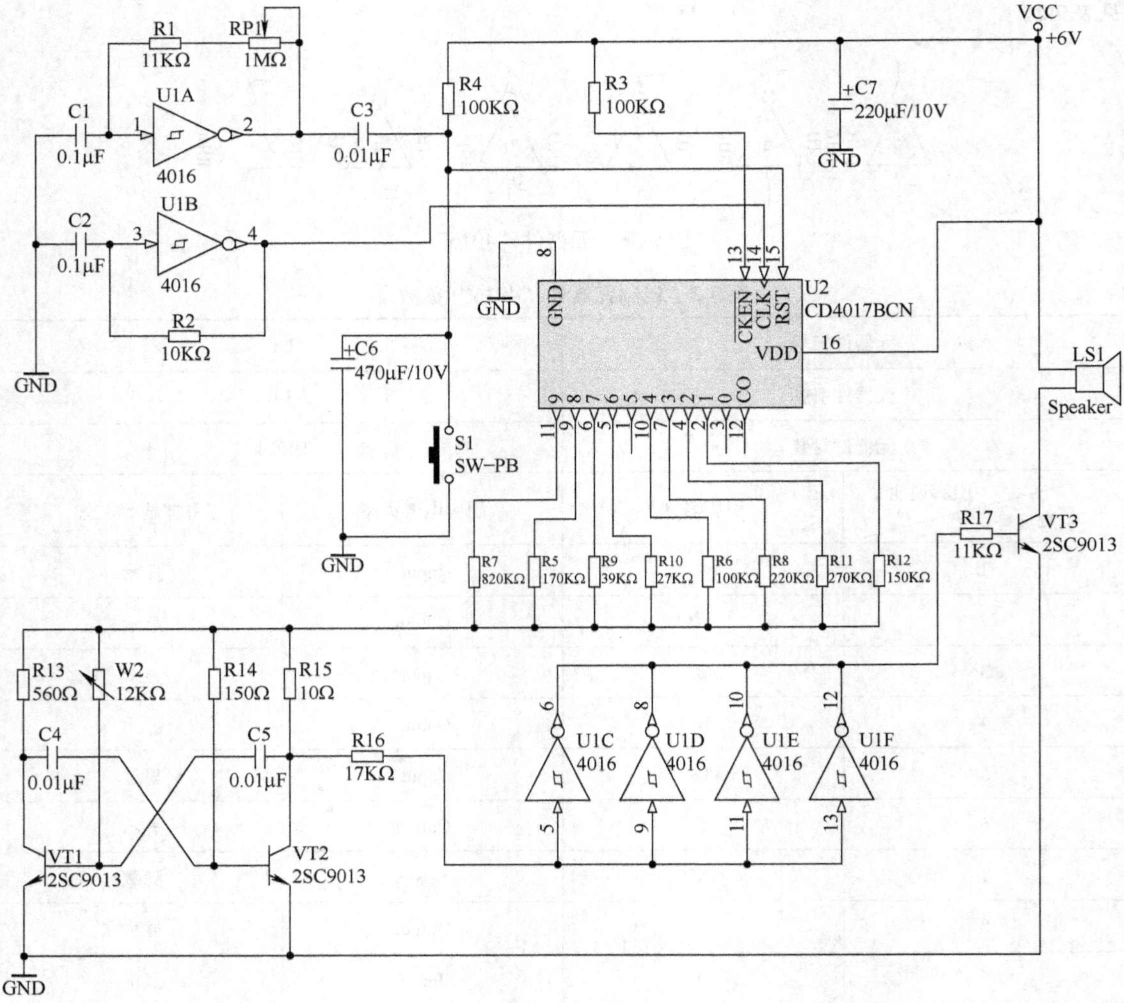

图 9-39　多音调电子门铃电路原理图

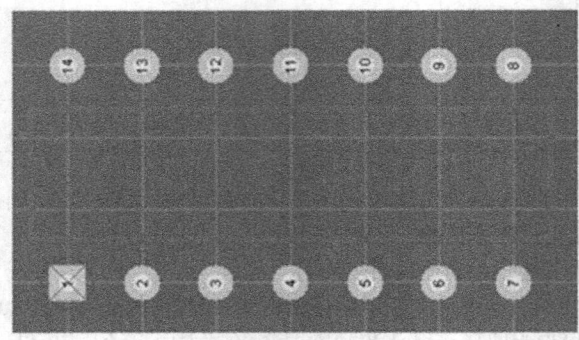

图 9-40　元器件封装"DIP14"

(5) 创建一个 PCB 文件。制作双面印制电路板，规划电路板的尺寸为 2600mil×3300mil；布线宽度一律为 15mil。

(6) 电路板设计完成后进行 DRC 检查，如有错误应进行更改和调整。

(7) 保存整个项目。

4. 绘制如图 9-41 所示的 I^2C 总线电路原理图并由原理图生成印制电路板图，要求如下：

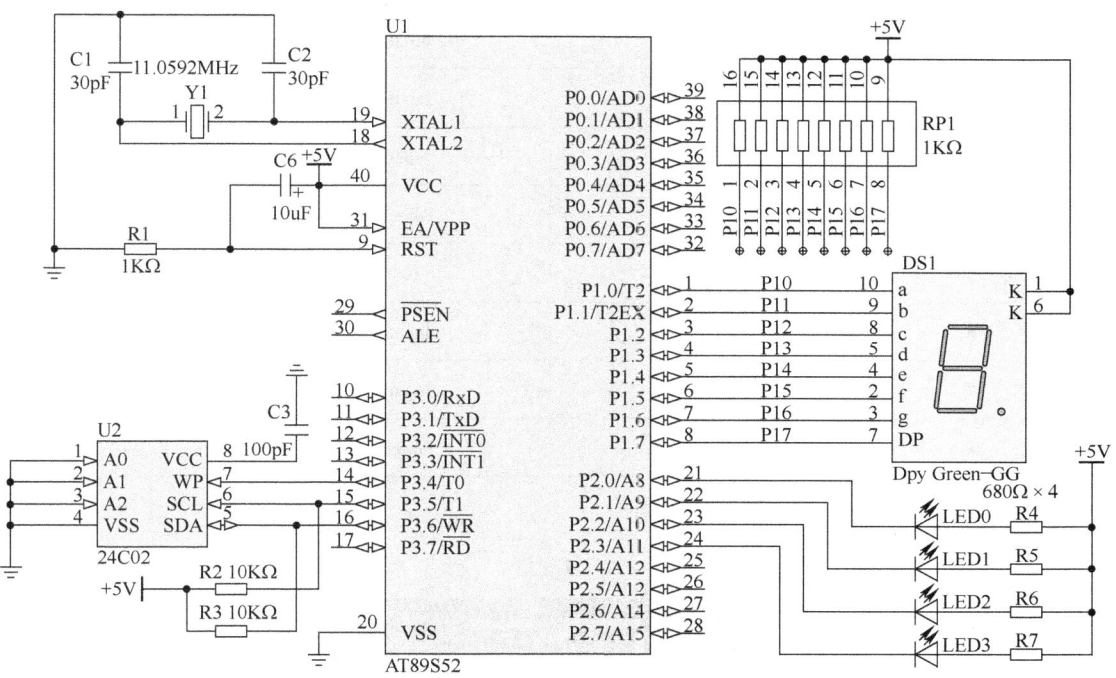

图 9-41 I^2C 总线电路

(1) 电路图采用 A4 图纸，横向放置。

(2) 原理图绘制完成后，进行电气规则检查，并生成材料清单和网络表。

(3) 图 9-42 中的元器件 "24C02" 为自制元器件，其引脚参数见表 9-3，封装如图 9-43 所示。图中焊盘在 X 轴方向的间距为 300mil，Y 轴方向间距为 60mil，其他尺寸采用系统默认设置。

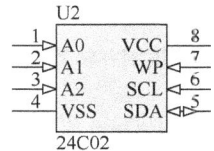

图 9-42 元器件 "24C02"

表 9-3　自制元器件"24C02"参数

元器件标号			U2	
元器件引脚			8	
元器件封装			DIP-8	
引脚编号	引脚说明 引脚名称		引脚电气特性	引脚显示状态
1		A0	Input	显示
2		A1	Input	显示
3		A2	Input	显示
4		VSS	Power	显示
5		SDA	IO	显示
6		SCL	Input	显示
7		WP	Input	显示
8		VCC	Power	显示

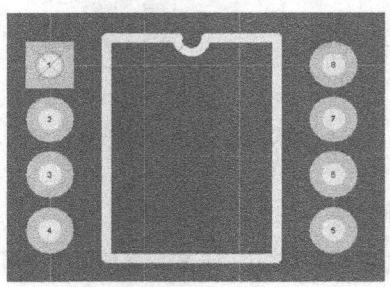

图 9-43　元器件封装"DIP-8"

(4) 创建一个双面印制板电路板，合理摆放元器件，生成一个合适的长方形 PCB 板，规格为 X：Y = 4：3；进行手动布局和自动布线，要求一般线宽为 10mil，电源及地线宽为 30mil。

(5) 电路板设计完成后进行 DRC 检查，如有错误应进行更改和调整。

(6) 保存整个项目工程。

5. 绘制如图 9-44 所示的电子钟控制电路原理图并将其设计成双面印制电路板。设计要求如下：

(1) 绘制电子钟控制电路原理图。

(2) 进行电气规则检查，生成材料清单和网络表并进行保存。

(3) 图 9-45 中的元器件"Dpy Green-CC"为自制元器件，其引脚参数见表 9-4，封装如图 9-46 所示，焊盘大小采用系统默认设置。

第 9 章
制作元器件封装

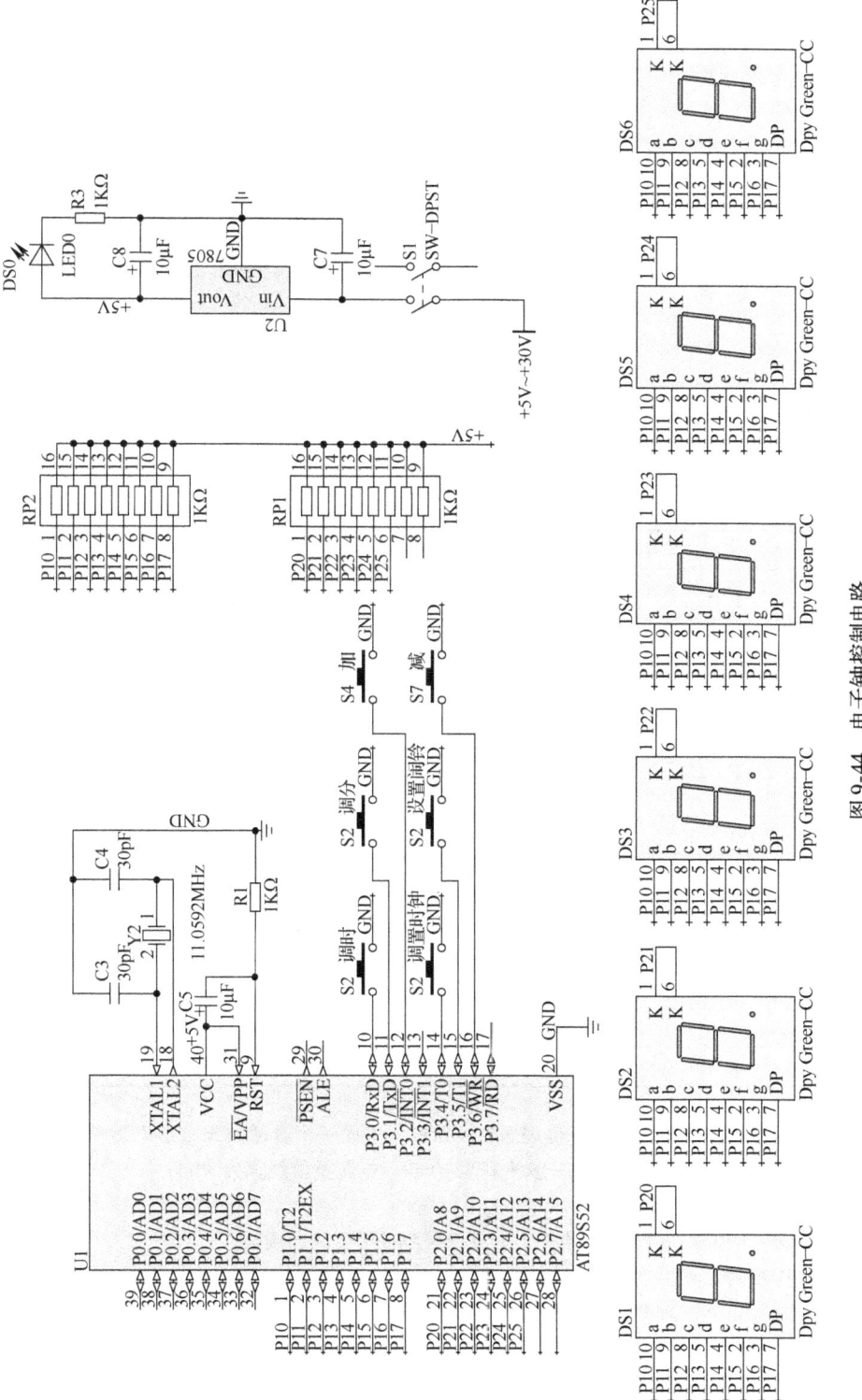

图 9-44 电子钟控制电路

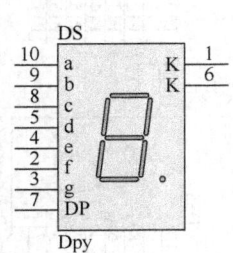

图 9-45　自制元器件"Dpy Green-CC"

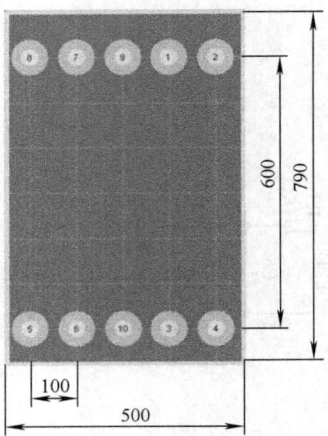

图 9-46　元器件封装"7-SEG"（单位 mil）

表 9-4　自制元器件"Dpy Green-CC"参数

元器件标号		DS	
元器件引脚		10	
元器件封装		7-SEG	
引脚编号	引脚名称	引脚电气特性	引脚显示状态
1	K	Passive	显示
2	f	Passive	显示
3	g	Passive	显示
4	e	Passive	显示
5	d	Passive	显示
6	K	Passive	显示
7	DP	Passive	显示
8	c	Passive	显示
9	b	Passive	显示
10	a	Passive	显示

（4）创建一个双面印制板电路板，合理摆放元器件，生成一个合适的长方形 PCB 板，规格为 X∶Y＝4∶3；进行手动布局和自动布线，要求一般线宽为 10mil，电源及地线宽为 30mil。

（5）泪滴焊盘，参数采用默认设置。

（6）电路板设计完成后进行 DRC 检查，如有错误应进行更改和调整。

（7）保存整个项目工程。

6. 绘制集成运放电路原理图并由原理图生成印制电路板图，要求如下：

（1）创建项目文件　在计算机的指定位置创建一个专用文件夹，在该文件夹中创建一个 PCB 项目文件，文件名为"JCYF. PrjPCB"。

（2）绘制电路原理图　在"JCYF. PrjPCB"中添加一个原理图文档，完成图 9-50 所示的集成运放电路原理图，命名为"YLT. SchDoc"。原理图采用 A4 图纸，横向放置。

(3) 制作原理图元器件　在"JCYF.PrjPCB"中添加一个原理图元件库文件,其文件名采用系统默认名称。在该库内制作如图9-47所示的元器件"LF355N",其参数见表9-5。

表9-5　自制元器件"LF355N"参数表

元器件标号	U		
元器件引脚	8		
元器件封装	DIP-P8		
引脚编号 / 引脚说明	引脚名称	引脚电气特性	引脚显示状态
1	OS NULL	Passive	显示
2	IN −	Input	显示
3	IN +	Input	显示
4	V −	Power	显示
5	OS NULL	Passive	显示
6	OUT	Output	显示
7	V +	Power	显示
8	NCC	Passive	显示

(4) 制作元器件封装　在"JCYF.PrjPCB"中添加一个PCB封装元件库文件,其文件名采用默认名称。在该库内制作如图9-48所示的元器件封装DIP-P8。其中"1"号焊盘为正方形,其他焊盘为圆形;焊盘大小采用系统默认设置。图中栅格尺寸为100mil,可根据栅格的大小确定封装的外形尺寸。

(5) 电气规则检查　原理图绘制完成后,应进行电气规则检查,并生成材料清单和网络表。

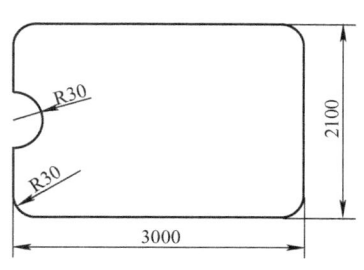

图9-47　元器件"LF355N"

(6) 创建PCB文件　在"JCYF.PrjPCB"中添加一个PCB文件,在该文件内创建一个双面印制板电路,文件名采用系统默认名称。要求如下:PCB板制作成如图9-49所示的形状;手工调整布局;电源和地线线宽为30mil,一般布线宽度为10mil;其他参数为系统默认值。

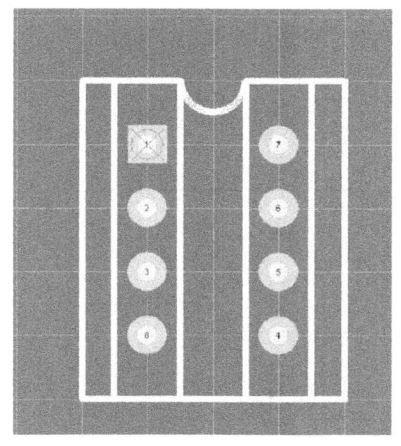

图9-48　PCB封装元器件"DIP-P8"　　　图9-49　PCB板形状(单位:mil)

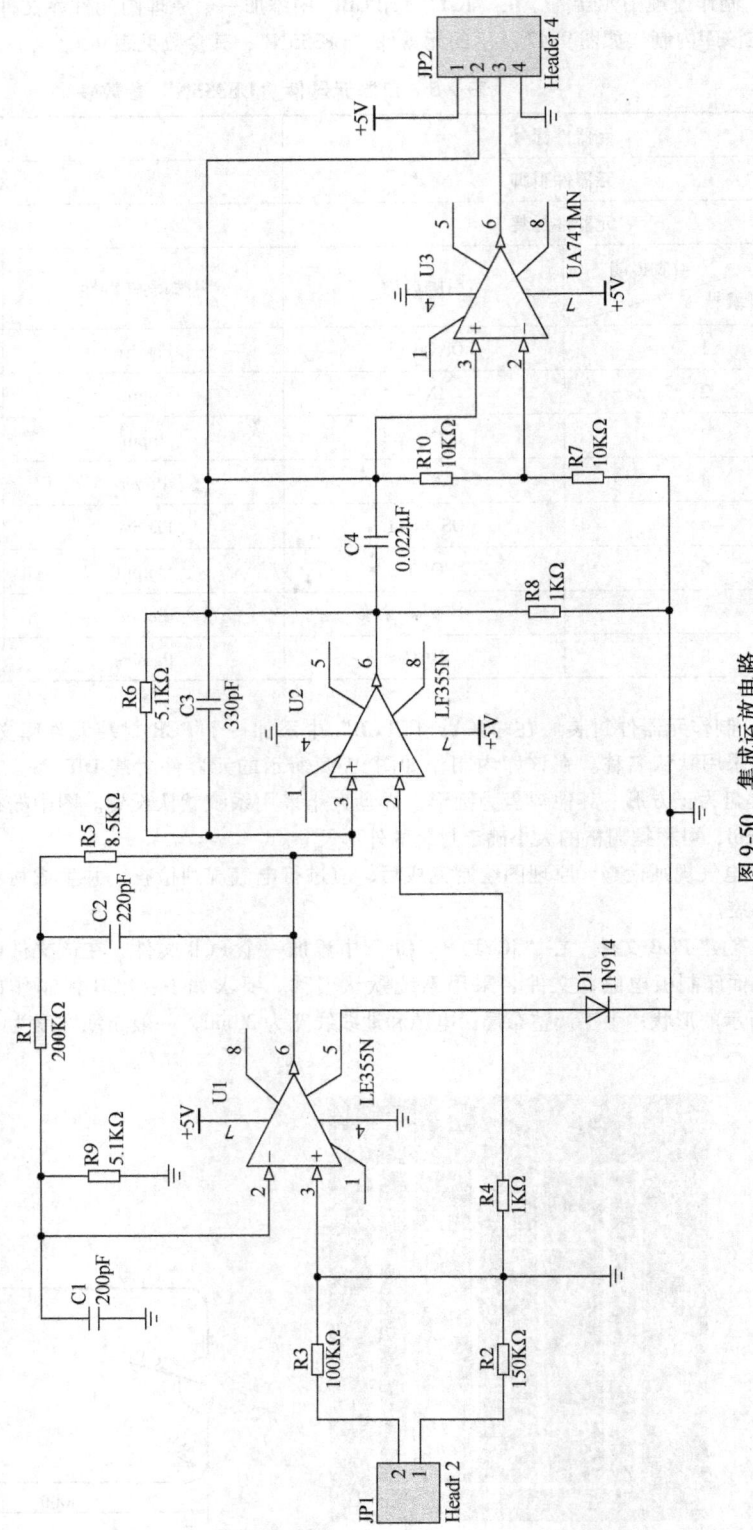

图 9-50 集成运放电路

(7) DRC 检查 电路板设计完成后应进行 DRC 检查，如有错误应进行更改和调整。最后对项目进行保存。

7. 绘制电路原理图并生成印制电路板图，要求如下：

(1) 创建项目文件。在计算机的指定位置创建一个专用文件夹，在该文件夹中创建一个 PCB 项目文件，文件名为"LXT. PrjPCB"。

(2) 绘制电路原理图。在"LXT. PrjPCB"中添加一个原理图文档，命名为"YLT. SchDoc"，在"YLT. SchDoc"中完成图 9-51 所示的电路原理图。原理图采用 A4 图纸，横向放置。

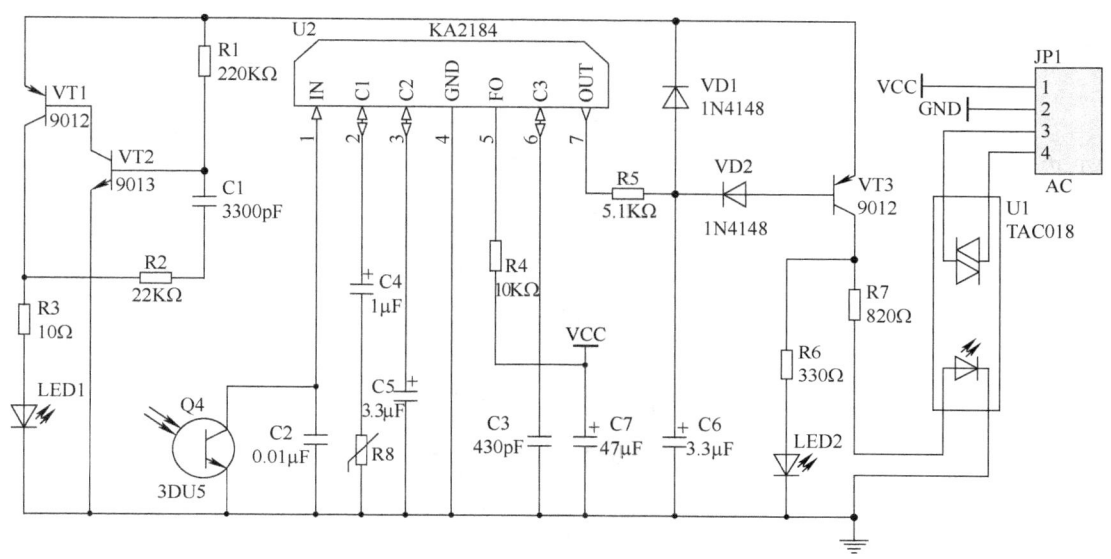

图 9-51 电路原理图

(3) 制作原理图元器件。在"LXT. PrjPCB"中添加一个原理图元件库文件，其文件名采用系统默认名称。制作如图 9-52 所示的元器件"KA2184"，其参数见表 9-6。

表 9-6 自制元器件"KA2184"参数表

元器件标号		U2	
元器件引脚		8	
元器件封装		SIP8	
引脚编号	引脚名称	引脚电气特性	引脚显示状态
1	IN	Input	显示
2	C1	IO	显示
3	C2	IO	显示
4	GND	Power	显示
5	FO	Passive	显示
6	C3	IO	显示
7	OUT	Output	显示
8	VCC	Power	隐藏

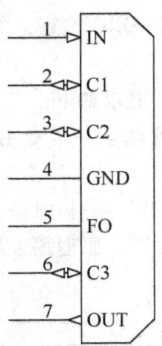

图 9-52 自制元器件"KA2184"

(4) 制作元器件封装。在"LXT. PrjPCB"中添加一个 PCB 元件库文件,其文件名采用默认名称。在该库内制作图 9-53 所示的元器件封装"LED",图 9-51 中元器件"3DU5"采用此封装。

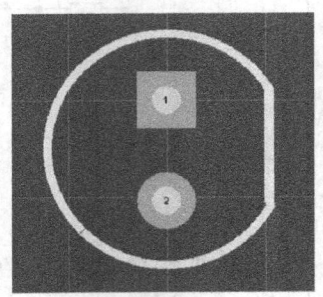

图 9-53 元器件封装"LED"
(图中网格尺寸为 100mil)

(5) 电气规则检查。原理图绘制完成后,应进行电气规则检查,并生成材料清单和网络表。

(6) 创建 PCB 文件。在"LXT. PrjPCB"中添加一个 PCB 文件,在该文件内制作一个单面印刷电路板,文件名采用系统默认名称。电气边界为 85×65mm,线宽一律采用 0.254mm。

(7) 电路板设计完成后应进行 DRC 检查,如有错误应进行更改和调整。

8. 绘制数据采集器电路原理图并生成印制电路板图,要求如下:

(1) 将图 9-54 所示原理图改画成层次原理图。将主图分成 4 个子图,要求分割合理,主图名称为"数据采集器",子图文件名根据每一模块的功能命名。

(2) 生成".xls"格式的元器件报表及网络表并保存。

(3) 图中元器件"DS1"采用自制的数码管"Dpy Green-CC"和封装"7-SEG";元器件"LED0"的封装采用自制的"LED"封装。

(4) 制作双面印制电路板。将原理图生成一个合适的长方形 PCB 板,规格为 X∶Y=4∶3。要求不使用贴片元器件,元器件布置合理,符合 PCB 设计规则,自动布线并且进行 DRC 检测。除特别说明外,系统参数均采用默认值。电源线和地线放置在顶层,线宽度为 30mil,其他线宽为 10 mil。

(5) 电路板顶层进行覆铜处理,并且与网络"地"连接。选择合适的网格尺寸,网格线宽为 10mil,网线形式为 90°,敷铜焊盘形状为八角形。

(6) 电路板设计完成后应进行 DRC 检查,如有错误应进行更改和调整。将设计完成的 PCB 板进行 3D 显示。

(7) 保存整个工程项目。

9. 创建一个名为 MYLIB. LibPkg 的集成元件库,将习题 2~8 中制作的元器件及其封装保存到该集成元器件库中并保存。

第 9 章
制作元器件封装

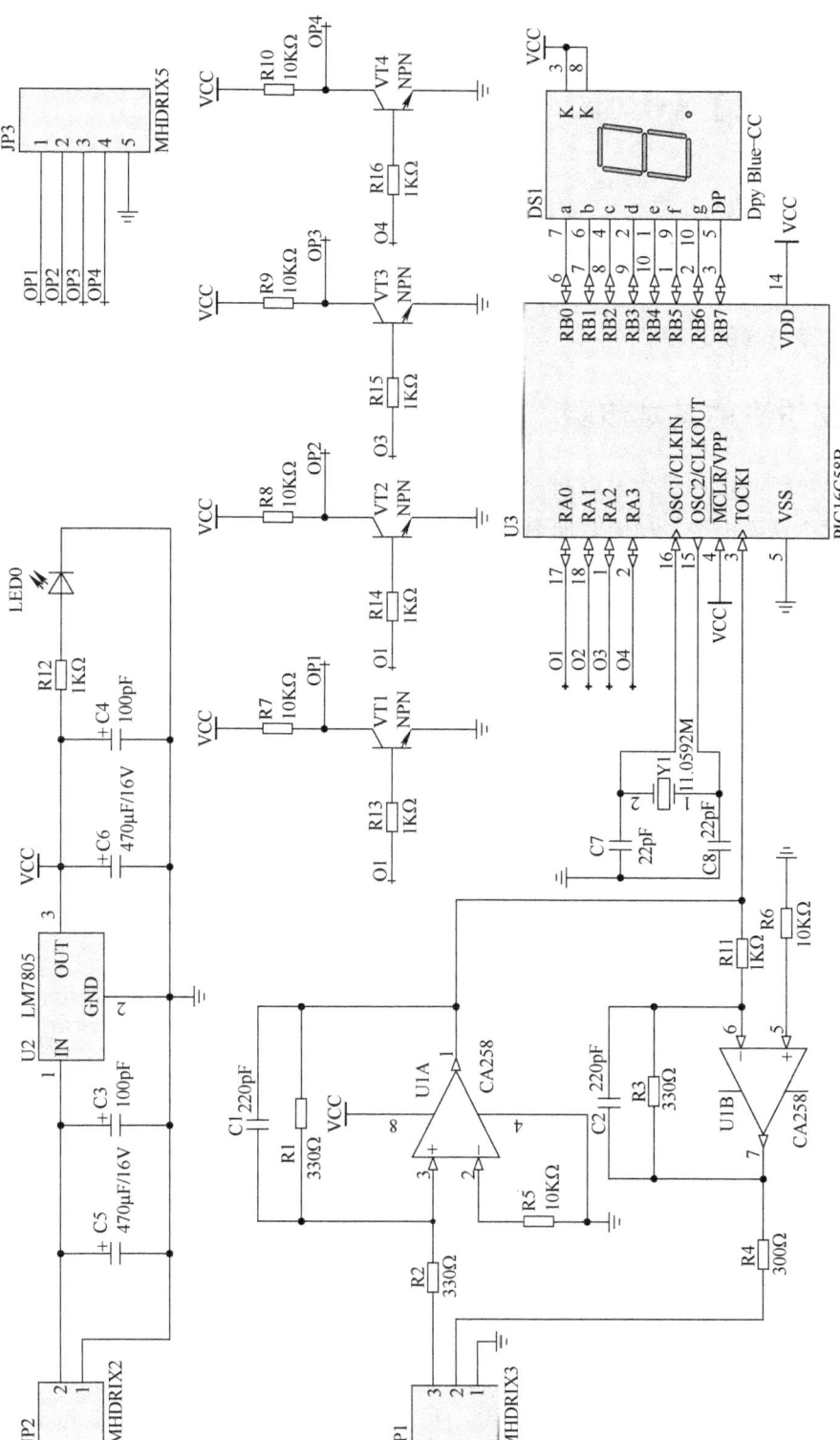

图 9-54 数据采集器原理图

第 10 章 电路的信号仿真

Protel DXP 2004 软件提供了电路仿真功能。电路仿真是以电路理论、数值计算方法和计算机技术为基础，采用仿真模型和仿真算法，通过计算机分析计算，然后以波形、图表形式显示电路的仿真结果，为电路设计、分析提供理论数据。本章通过实例讲述了在 Protel DXP 2004 中进行电路仿真的过程。

10.1 电路仿真的基本步骤

在 Protel DXP 2004 中进行电路仿真的具体操作步骤如下：

（1）绘制仿真原理图　利用原理图编辑器绘制仿真电路原理图。仿真电路原理图中的元器件必须采用带有仿真模型的元器件，并设置专用的仿真信号源，否则在仿真操作时会提出警告或显示错误信息并终止仿真。

（2）放置仿真信号源　仿真信号源包括电压信号源和电流信号源，在仿真电路中必须包含有激励源。

（3）放置网络标签　在需要观察信号波形的电路节点处放置网络标签，以便观察制定节点的波形。

（4）选择仿真方式和设置仿真参数　根据仿真电路的特性，选择仿真方式。静态工作点分析不需要设置参数，其他仿真方式都要设置仿真参数。

（5）运行仿真　参数设置好后就可以运行仿真了。执行菜单命令"设计/仿真/Mixed Sim"，运行仿真。如果仿真电路中有错误，系统会弹出错误信息窗口，用户可根据错误提示进行更改，改正后再运行仿真。

（6）观察仿真结果　仿真过程结束后，仿真波形将自动显示在波形窗口中，用户可利用波形窗口中的工具对波形进行调整，再进行测量和分析。如果仿真结果不理想，可修改元器件参数或仿真参数，再进行仿真。

10.2 仿真信号源库

10.2.1 加载仿真信号源库

在仿真电路中必须有仿真信号源，所以运行仿真前要先加载仿真信号源库。加载仿真信号源库的方法与加载元器件库的方法相同，其具体操作步骤如下：

1）新建一个项目文件，在该项目文件中创建一个原理图文件，并进入原理图编辑器。

2）执行菜单命令"设计/追加/删除库文件"，或打开窗口右侧工作区面板上的"元件库"选项卡，单击"元件库"控制面板对话框中的 元件库... 按钮，弹出如图 10-1 所示的"可用元件库"对话框。

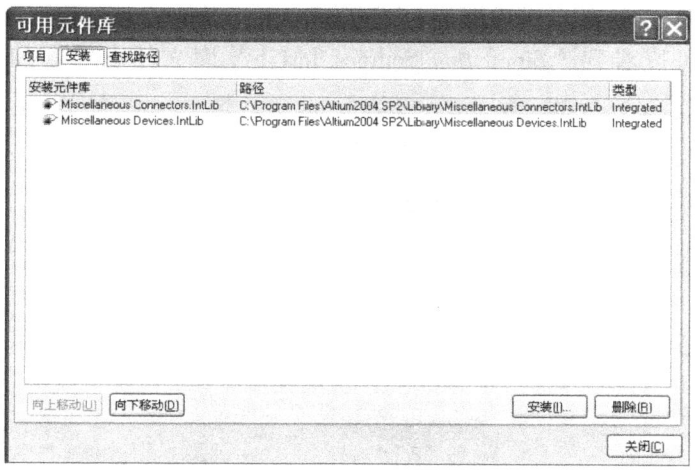

图 10-1 "可用元件库"对话框

3) 添加仿真信号源库。单击"可用元件库"对话框中的 安装(I)... 按钮,系统弹出"打开"对话框。从该对话框中设置打开文件的路径为"C:\Program Files\Altium2004\Library\Simulation"(系统默认的安装路径),选中该路径下的"Simulation Sources.IntLib"库,如图 10-2 所示。

4) 单击该对话框中的 打开(O) 按钮,可以看到在"可用元件库"中添加了"Simulation Sources.IntLib"库文件,如图 10-3 所示。

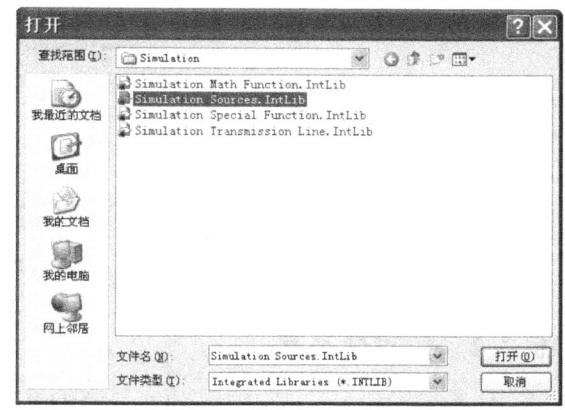

图 10-2 "打开"对话框

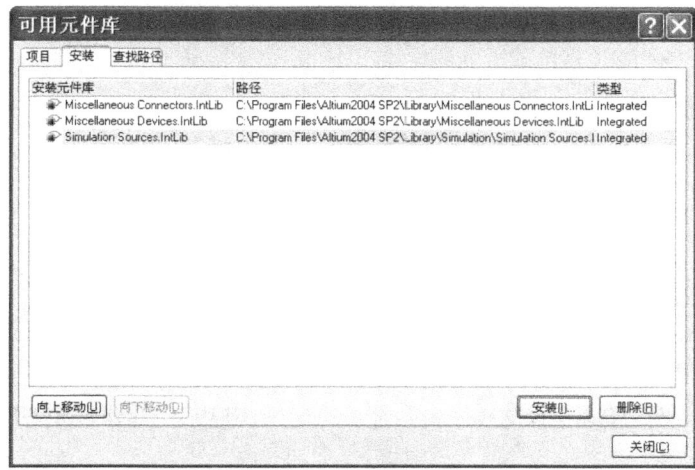

图 10-3 添加仿真信号源库文件后的"可用元件库"对话框

5）单击"可用元件库"对话框中的 [关闭(C)] 按钮，关闭该对话框，回到"元件库"控制面板对话框，可以看到"Simulation Sources.IntLib"库文件已经添加进来，如图 10-4 所示。

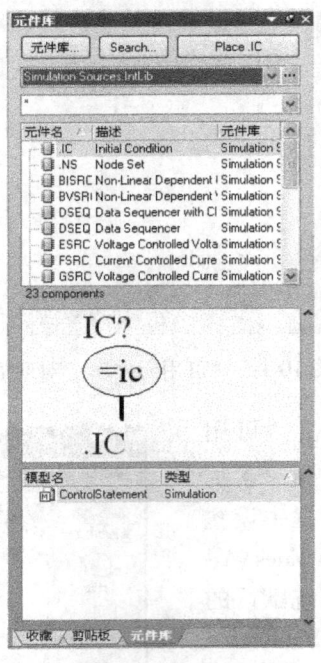

图 10-4 "元件库"控制面板对话框

10.2.2 仿真信号源

在"Simulation Sources.IntLib"库文件中包含如下仿真信号源。

1. 直流源

直流源包括直流电压源（VSRC、VSRC2）和直流电流源（ISRC），其符号如图 10-5 所示。

2. 正弦波激励电源

正弦波激励电源在模拟电路仿真中用的最多，它包括正弦波电压源（VSIN）和正弦波电流源（ISIN），其符号如图 10-6 所示。

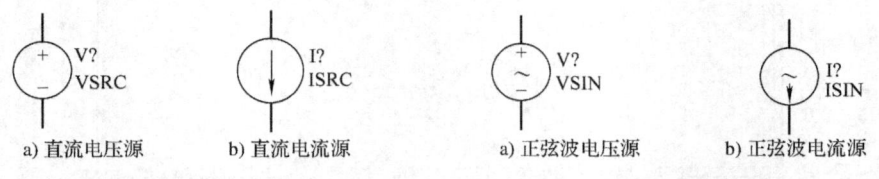

a) 直流电压源   b) 直流电流源   a) 正弦波电压源   b) 正弦波电流源

图 10-5 直流源符号   图 10-6 正弦波激励电源

3. 脉冲激励源

脉冲激励源在数字电路的瞬态分析中用的较多，通过参数设置，可以产生方波、矩形波、三角波和锯齿波等。它包括脉冲电压源（VPULSE）和脉冲电流源（IPULSE），其符号如图 10-7 所示。

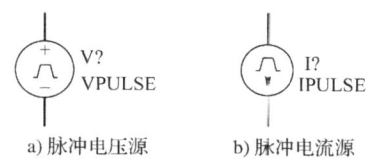

a) 脉冲电压源　　b) 脉冲电流源

图 10-7　脉冲激励源

4. 分段线性激励源

分段线性激励源波形由几条相连的线段组成，是非周期信号激励源，一般用于数字电路中产生复位和置位信号。它包括分段线性电压源（VPWL）和分段线性电流源（IPWL），其符号如图 10-8 所示。

5. 指数函数激励源

指数函数激励源在高频电路仿真分析中经常用到，它包括指数函数电压源（VEXP）和指数函数电流源（IEXP），其符号如图 10-9 所示。

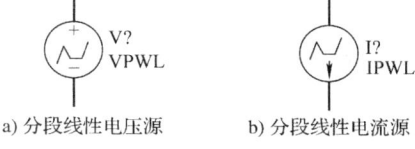

a) 分段线性电压源　　b) 分段线性电流源

图 10-8　分段线性激励源

6. 调频波激励源

调频波激励源是一种经过频率调制的特殊正弦波，它的频率不是一成不变的，而是随着调制信号的变化而变化的，一般用于发射和接收电路的仿真。它包括调频波电压源（VSFFM）和调频波电流源（ISFFM），其符号如图 10-10 所示。

a) 指数函数电压源　　b) 指数函数电流源　　　　a) 调频波电压源　　b) 调频波电流源

图 10-9　指数函数激励源　　　　　　　　　图 10-10　调频波激励源

7. 线性受控源

在仿真激励源库中有 4 个线性受控元件：线性电流控制电压源（HSRC）、线性电压控制电压源（ESRC）、线性电流控制电流源（FSRC）和线性电压控制电流源（GSRC），其符号如图 10-11 所示。

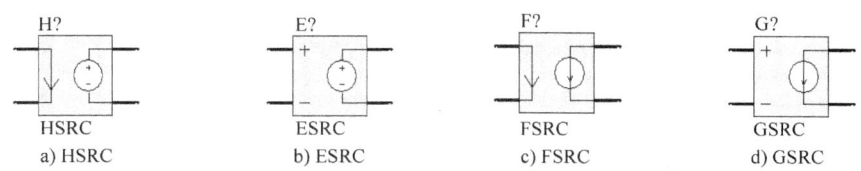

a) HSRC　　b) ESRC　　c) FSRC　　d) GSRC

图 10-11　线性受控源

8. 非线性受控源

在仿真激励源库中有两个非线性受控源元件：非线性受控电压源（BVSRC）和非线性受控电流源（BISRC），其符号如图 10-12 所示。

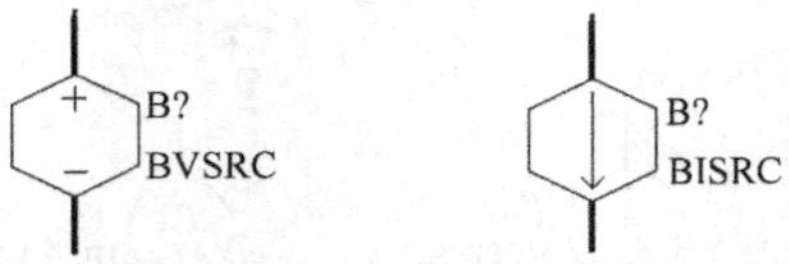

a) 非线性受控电压源　　　b) 非线性受控电流源

图 10-12　非线性受控源

10.3　仿真元器件

10.3.1　确定仿真元器件

绘制仿真原理图和绘制原理图的方法一样，只是仿真原理图中的元器件必须采用具有仿真模型的原理图元器件。元器件是否是仿真模型元器件可以从"元件库"控制面板对话框中的模型栏中查看，如图 10-13 中所示的元器件存在仿真模型，而图 10-14 中所示的元器件就不具有仿真模型。

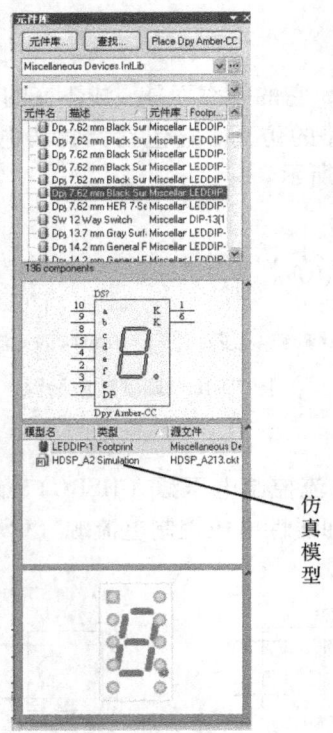

图 10-13　元器件的仿真模型

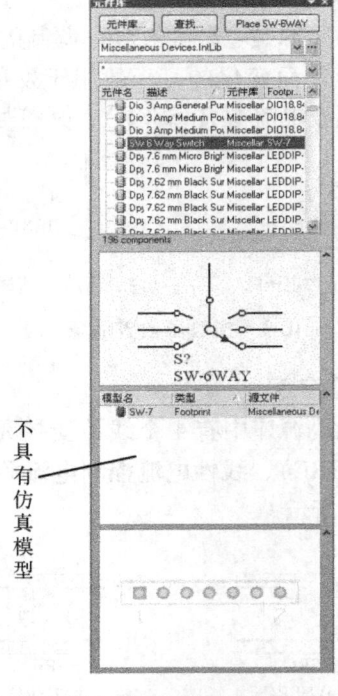

图 10-14　不具有仿真模型的原理图元器件

10.3.2　设置仿真元器件的属性

设置仿真元器件属性的具体操作步骤如下：

1）用鼠标左键双击要设置属性的仿真元器件，系统弹出"元件属性"对话框，如图

10-15 所示。

图 10-15 "元件属性"对话框

2）在"元件属性"对话框的"Models for"列表窗口下单击 追加(D)... 按钮，弹出如图 10-16 所示的"加新的模型"对话框。在该对话框的"模型类型"下拉列表框中选择"Simulation"类型后，单击 确认 按钮，或直接双击"模型类型"下拉列表框中的"Simulation"选项，弹出如图 10-17 所示的"Sim Model-General/Generic Editor"对话框。在该对话

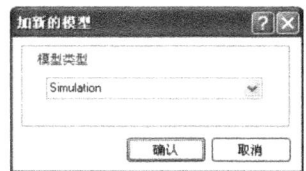

图 10-16 "加新的模型"对话框　　　图 10-17 "Sim Model-General/Generic Editor"对话框

框中可以设置元器件的模型、参数和端口映射。其中"模型种类"选项卡中显示的是一般信息,在"参数"选项卡中可设置元器件仿真模型的参数,在"端口映射"选项卡中显示了元器件引脚的连接属性。

10.4 仿真传输线

Protel DXP 2004 软件还提供了仿真信号传输线。在"C:\ProgramFiles\Altium 2004\Library\Simulation"目录下"Simulation Transmission Line.IntLib"库文件中包括了 3 种仿真传输线元器件:无损耗传输线(LLTRA)、有损耗传输线(LTRA)和均匀分布传输线(URC)。其符号如图 10-18 所示。

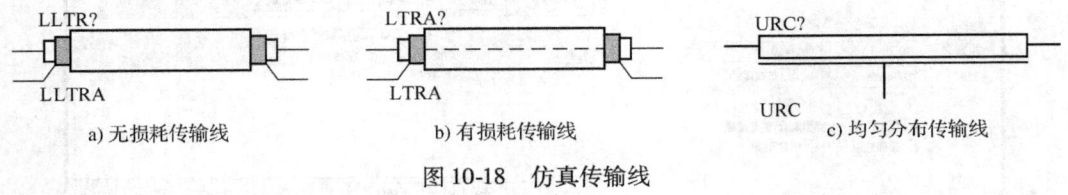

a) 无损耗传输线　　　　　　b) 有损耗传输线　　　　　　c) 均匀分布传输线

图 10-18　仿真传输线

1)无损耗传输线(LLTRA)　该传输线是一个理想的双向延迟线,有两个端口。节点定义了端口正电压的极性。

2)有损耗传输线(LTRA)　单一的损耗传输线,使用两端口响应模型,该模型属性包含了电阻值、电感值、电容值和长度。

3)均匀分布传输线(URC)　该模型是由 URC 传输线的子电路类型扩展成内部产生节点的集中 RC 分段网络获得的,RC 各段在几何上是连续的,URC 线必须严格的由电阻和电容段构成。

10.5 仿真元器件工具栏

Protel DXP 软件提供了一个仿真工具栏,可以方便用户进行仿真设计。执行菜单命令"查看/工具栏/实用工具",可以打开"实用工具"工具栏,如图 10-19 所示。仿真时可以在该工具栏中选取元器件。

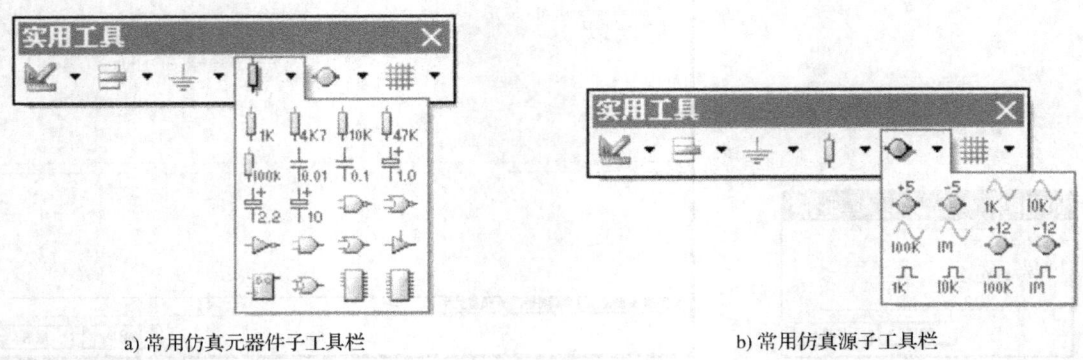

a) 常用仿真元器件子工具栏　　　　　　b) 常用仿真源子工具栏

图 10-19　"实用工具"工具栏

10.6 仿真参数设置

在运行仿真前,要确定对电路进行哪种分析,需要得到什么数据,需要显示哪个变量的波形等。下面介绍如何设置这些参数。具体操作步骤如下:

1)执行菜单命令"设计/仿真/Mixed Sim",系统弹出如图 10-20 所示的仿真"分析设定"对话框。在该对话框中列出了仿真分析的一般设置及仿真类型。

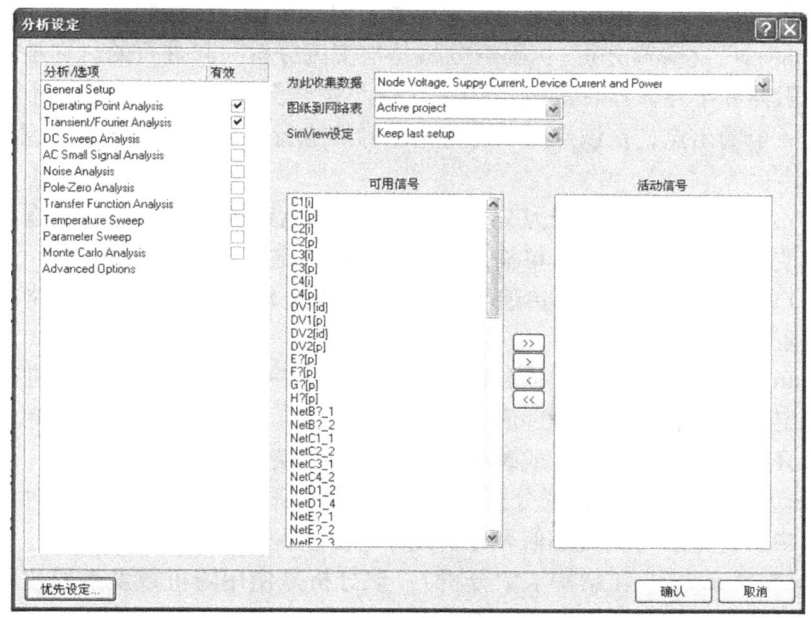

图 10-20 "分析设定"对话框

2)单击"分析/选项"一栏下的"General Setup"选项,显示仿真分析的一般设置界面,如图 10-20 所示。其中:

"为此收集数据"下拉列表框:用于选择仿真程序需要计算的数据类型。包括:Node Voltage and Supply Current(节点电压和供电电流), Node Voltage, Supply and Device Current(节点电压、供电电流和设备电流), Node Voltage, Supply Current, Device Current and Power(节点电压、供电电流,设备电流和功率), Node Voltage, Supply Current and Subcircuit VARs(节点电压、供电电流和子电路变量)。

"图纸到网络表"下拉列表框:用于选择仿真程序的作用范围。

"SimView 设定"下拉列表框:用于选择仿真输出波形的显示方式。

"可用信号"和"活动信号"列表框:列出了可进行仿真的信号和已激活的信号。单击两列表框中间的移动按钮可以添加或移除已激活信号。

3)在"分析/选项"一栏下列出了可以仿真的类型:

"Operating Point Analysis"(工作点分析):它是各种仿真分析的基础。一般情况下,在运行仿真分析前,首先要分析其静态工作点。工作点分析不需要进行参数设置,系统默认情况下为选中状态。

"Transient/Fourier Analysis"（瞬态/傅立叶分析）：该仿真分析属于时域分析，用于获得电路输入与输出信号波形随时间变化的关系。用鼠标左键单击该选项，在对话框的右边将显示出需要设置的参数，可以进行参数设置。

"DC Sweep Analysis"（DC扫描分析）：该方法是对用户指定的信号源从起始电压到终止电压之间的变化进行一系列静态工作点的测量和分析。通过该方法可以获得电路的直流传输特性或信号源对电路参数的影响情况。

"AC Small Signal Analysis"（交流小信号分析）：交流小信号分析是将交流输出变量作为频率的函数计算出来，通常输出的是一传递函数及电压增益、传输阻抗等。

"Noise Analysis"（噪声分析）：噪声分析是与交流分析一起进行的。它是将电路中每个产生噪声的电阻器和半导体器件的噪声源在交流小信号分析的每个频率下计算出相应的噪声，并传送到一个输出点，在该点对所有传来的噪声进行方均根相加，就得到了指定输出端的等效输出噪声。

"Pole-Zero Analysis"（零点-极点分析）：通过计算电路的交流小信号传递函数，极点－零点分析可以使用户确定单输入、单输出线性系统的稳定性。

"Transfer Function Analysis"（传递函数分析）：该分析主要用于计算电路的直流输入阻抗、直流输出阻抗和直流增益。

"Temperature Sweep"（温度扫描分析）：该分析是在一定的温度范围内进行电路参数的计算，从而确定电路的温度漂移等性质的一种分析方法。温度扫描分析不能单独进行，必须在交流小信号分析、直流扫描分析或瞬态分析时才允许使用。

"Parameter Sweep"（参数扫描分析）：该分析用于研究电路中某一元器件的参数变化对电路性能的影响，它必须与交流小信号分析或瞬态分析配合使用。

"Monte Carlo Analysis"（蒙特卡罗分析）：该分析是使用随机数发生器按元器件值的概率分布来选择元器件，然后对电路进行模拟分析。

10.7 仿真实例分析

了解了仿真步骤和参数设置以后，就可以进行仿真实验了。下面以图10-21所示的基本电源输出电路为例介绍仿真的具体操作过程。

1）执行菜单命令"文件/创建/项目/PCB项目"，创建一个新的PCB项目文件，并将其以"例10-1.PrjPcb"为文件名保存在路径"E:\仿真电路\"下。

2）在该项目文件中添加一个新的原理图文件，将其命名为"基本电源输出电路.SchDoc"并保存。

3）添加元件库。在原理图编辑界面中执行菜单命令"设计/追加/删除库文件"，或打开窗口右侧工作区面板上的"元件库"选项卡，将"C:\ProgramFiles\Altium 2004\Library\Simulation"目录下的"Simulation Transmission Line.IntLib"库文件和"Simulation Sources.IntLib"库文件添加进来。其他仿真元器件直接在"Miscellaneous Devices.Intlib"库中找出即可。

4）绘制仿真原理图。根据图10-21所示电路图的要求，将电路图中的元器件及信号源逐一放置到工作平面上，并设置好各元器件的参数，完成仿真电路原理图。

5）放置网络标签。在需要观察信号电压波形的电路节点处放置网络标签。瞬态分析时

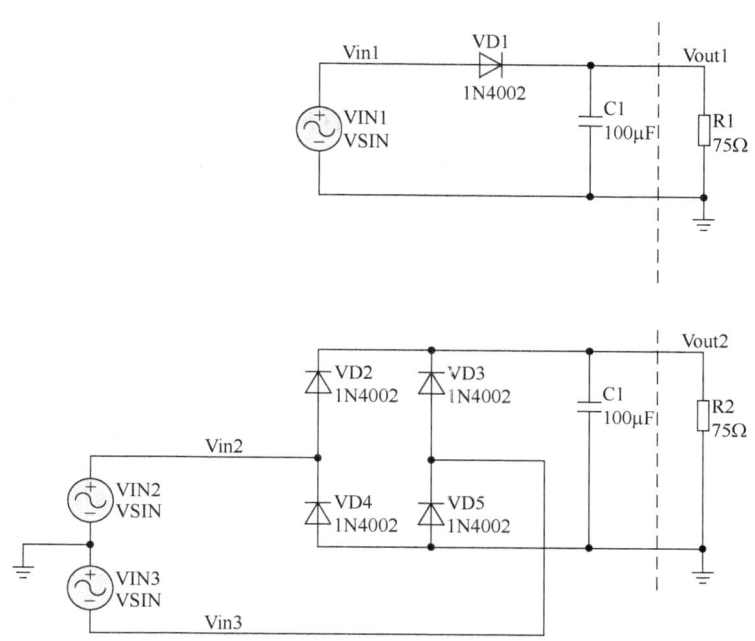

图 10-21 基本电源输出电路

观察电路输入与输出信号波形，放置 Vin1、Vin2、Vin3、Vout1、Vout2 网络标签。

6）正弦波电压源 Vin1、Vin2、Vin3 的参数设置如图 10-22 所示。

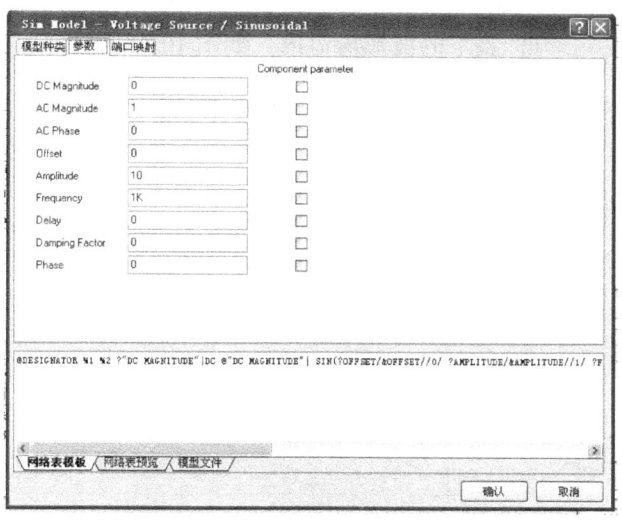

图 10-22 正弦波电压源 Vin1、Vin2、Vin3 的参数设置

7）选择仿真方式和设置仿真参数。执行菜单命令"设计/仿真/Mixed Sim"，弹出"分析设定"对话框。在该对话框的"分析/选项"一栏下选中"Operating Point Analysis"和"Transient/Fourier Analysis"两种仿真方式，对电路进行静态工作点分析和瞬态/傅立叶分析；在"图纸到网络"下拉列表框中选择"Active Sheet"选项，表示仅对当前原理图进行仿真；在"Sim View Setup"下拉列表框中选择"Show active signals"选项，表示仿真波形

窗口中的波形显示是按"活动信号"一栏中激活的变量进行显示。这里把可用信号都添加到活动信号框内：单击可用信号和活动信号间的箭头，进行添加或移除；如果要都添加进来可直接按向右的双箭头即可。设置完成的"分析设定"对话框如图10-23所示。

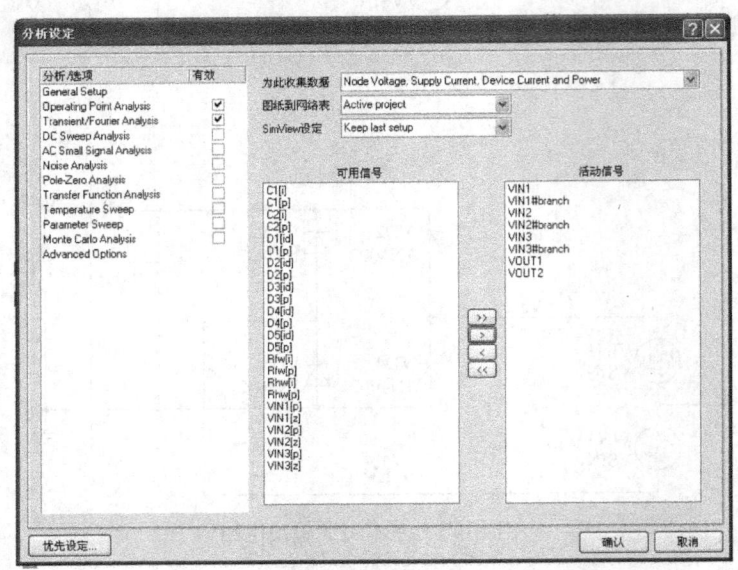

图10-23　设置好的"分析设定"对话框

8）运行仿真。单击"分析设定"对话框的 确认 按钮，运行仿真操作。之后，系统将自动显示在 Transient Analysis 标签下的波形窗口内，如图10-24所示。

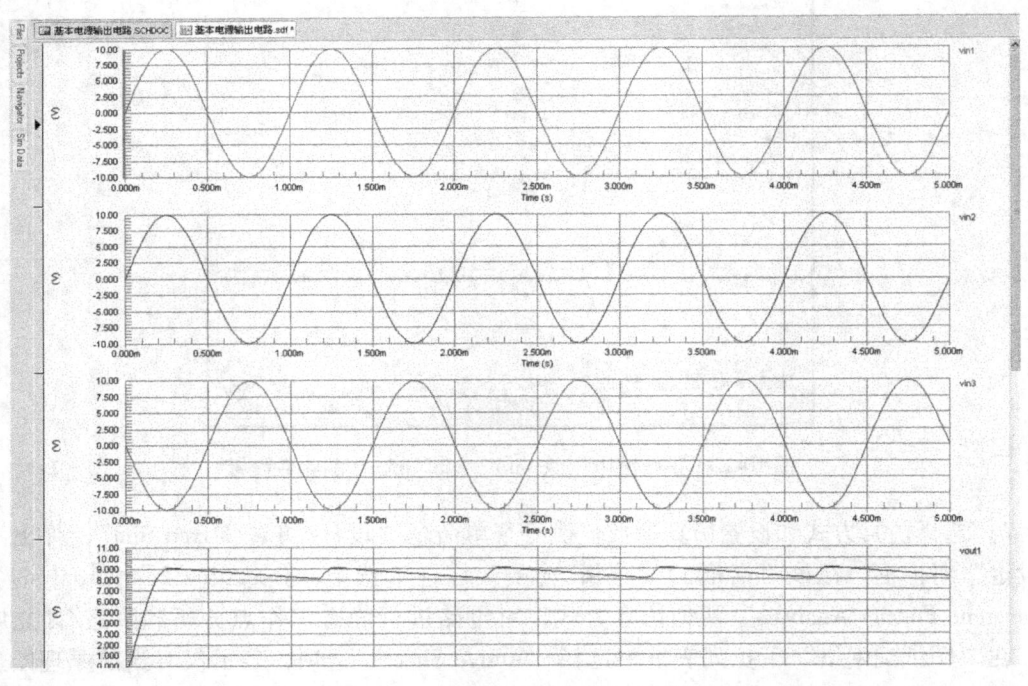

图10-24　"Transient Analysis"标签下的波形窗口

9）本例中要显示的波形为 8 个，由于屏幕所限，当前屏幕中只显示了 4 个，另外 4 个没有显示出来，这就给我们比较判断带来了困难。此时可对窗口中的波形进行必要的调整操作。波形窗口提供了一些波形分析工具。常用的方法如下：

① 调整窗口中波形的个数。执行菜单命令"工具/文档选项"，弹出如图 10-25 所示的"文档选项"对话框。在该对话框的"可视图个数"下拉列表框中可选择显示波形的个数。如果选择了"All"选项，单击 [确认] 按钮后，波形窗口中将显示所有的波形，如图 10-26 所示。

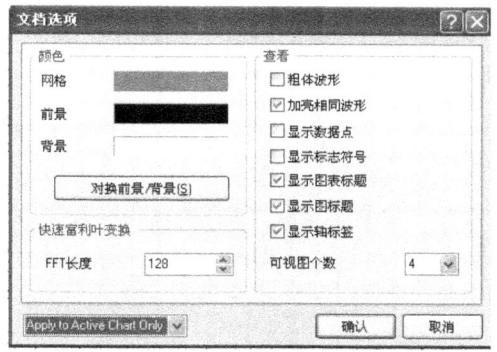

图 10-25 "文档选项"对话框

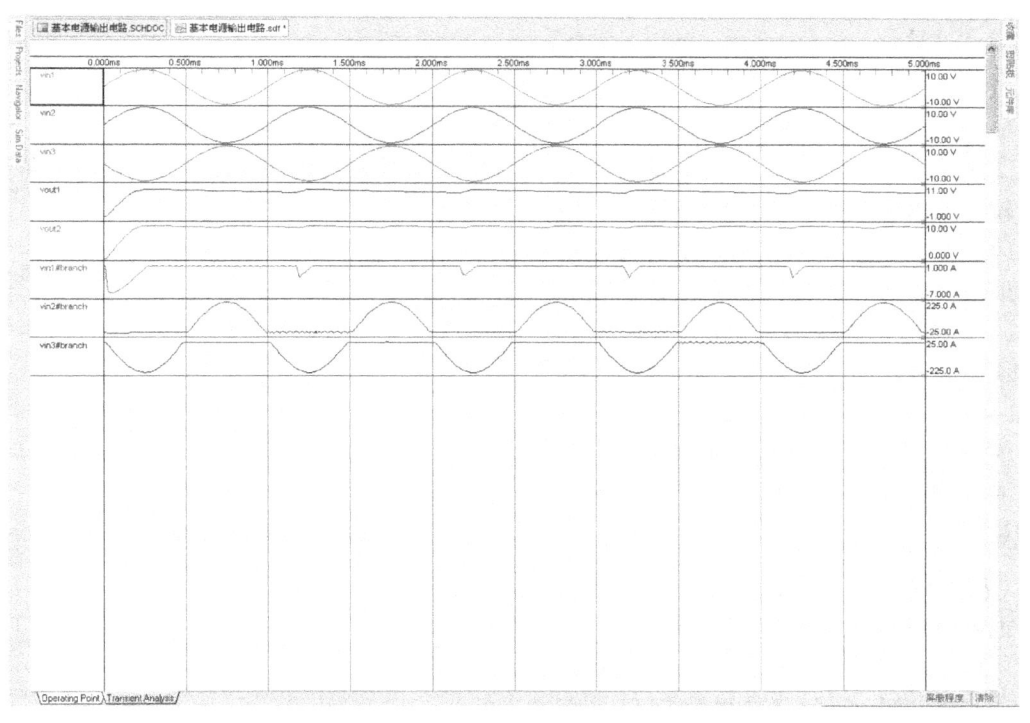

图 10-26 显示所有波形的窗口

从图 10-26 中可以看出所有波形都被显示出来了，但波形较为紧密，没有占满整个屏幕，不利于我们观察。此时可用鼠标拖拽图形的"时间"轴将其进行放大调整，调整后的波形如图 10-27 所示。

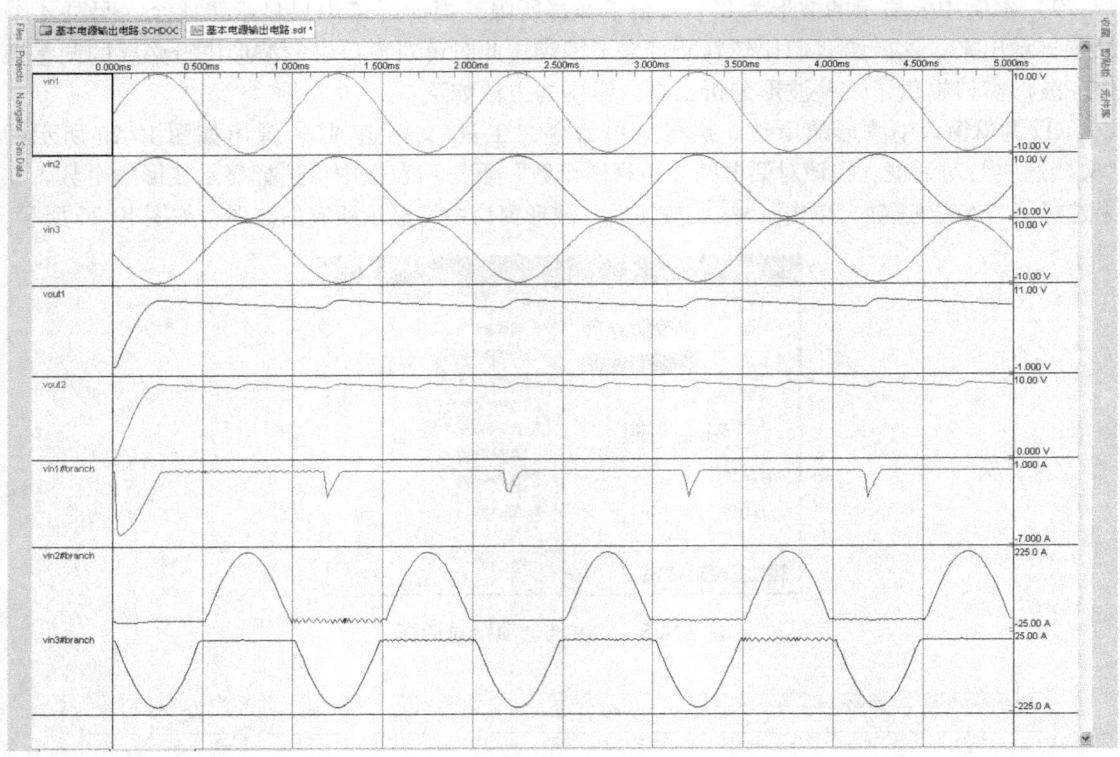

图 10-27　调整后的波形

② 叠加显示波形。为了更好地进行波形比较，可以将几个波形叠加在同一个波形栏内。方法是将光标移到想要叠加波形（例如 vin1 波形）的波形栏内，单击鼠标右键，在弹出的菜单中选择"Add Wave To Plot..."命令，弹出如图 10-28 所示的"Add Wave To Plot"对话框。在该对话框的"波形"栏中选择要叠加到选中波形中的波形（例如 vout1 波形），之后单击 建立 按钮，将输出波形与输入波形叠加。"波形叠加"可直接添加要叠加的波形，也可以对信号进行运算处理后添加，进行何种运算可选中信号后添加函数对话框内的函数进行选择。这里我们只是将 Vout1 波形添加到 Vin1 波形中，不作任何运算。叠加后的波形如图 10-29 所示。

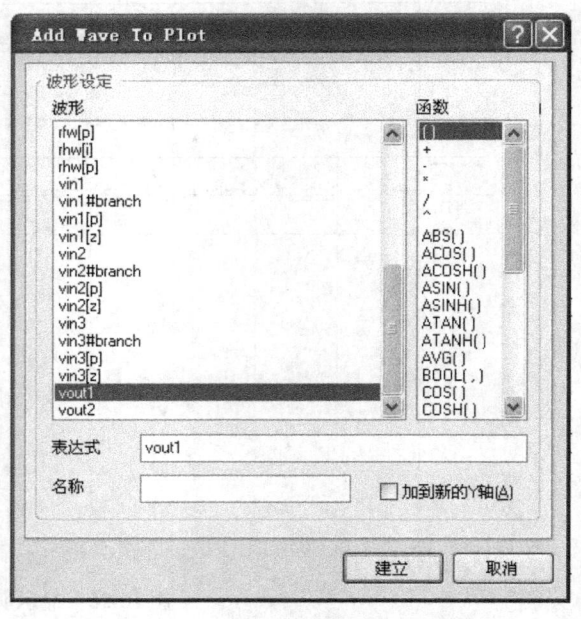

图 10-28　"Add Wave To Plot"对话框

叠加后的波形看起来不容易比较，我们可以设置显示波形个数来调整一下，调整后如图 10-30 所示。波形可以根据颜色来区分，波形的颜色和波形名称的颜色是一致的。

第10章 电路的信号仿真

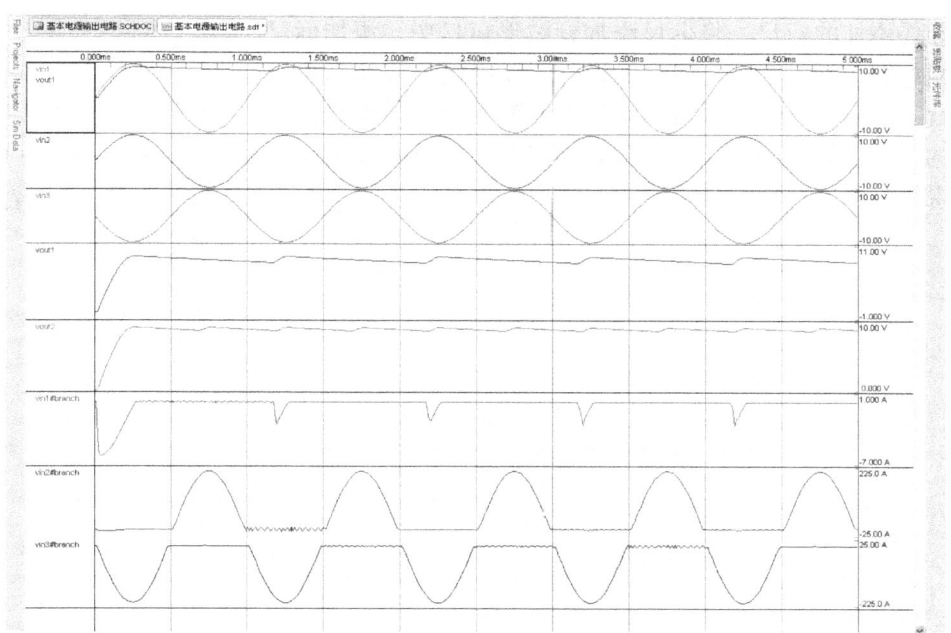

图 10-29　叠加后的波形显示

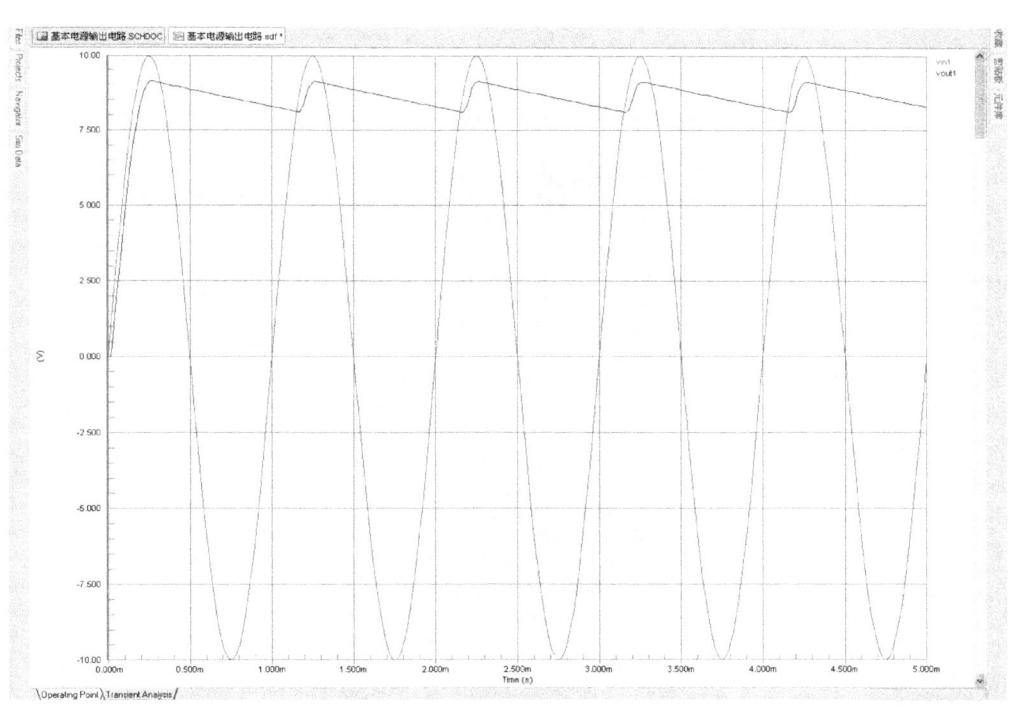

图 10-30　调整显示后的效果

③ 波形的测量。为了精确测量波形中某个点的坐标值，可以为波形添加标尺。系统提供了两个标尺：CursorA 和 CursorB。添加方法是：选择要添加标尺的波形，将光标移到要添加标尺波形的名称（例如"vout1"）上，单击鼠标右键，在弹出的如图 10-31 所示的右键菜

单中选择要添加的标尺,将标尺添加到波形窗口中,添加标尺后的界面如图 10-32 所示。移动鼠标,可以将标尺移动到测量点的位置。然后可以打开测量结果栏查看测量结果。单击仿真面板中的"Sim Data"选项卡,可以打开如图 10-33 所示的标尺测量结果栏,从中查看测量结果。

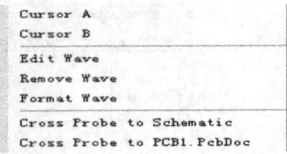

图 10-31　添加标尺右键菜单

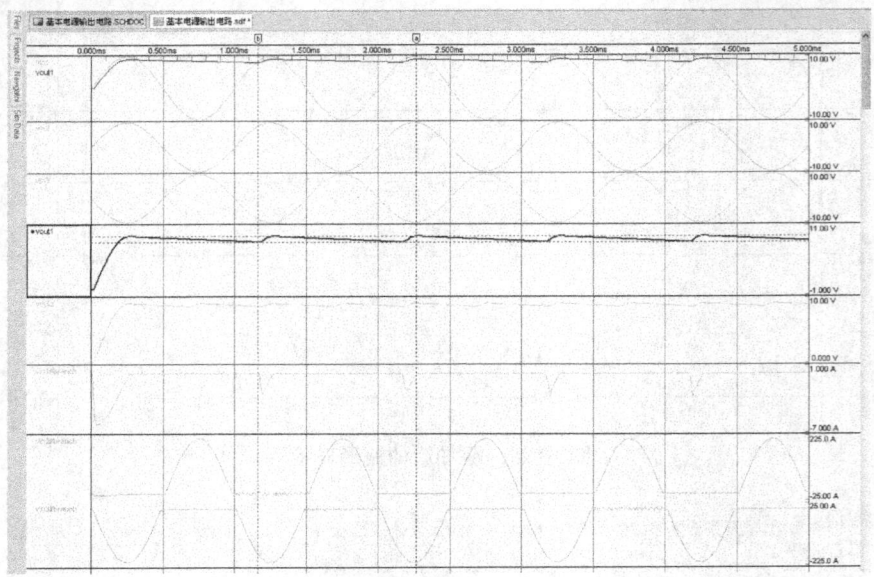

图 10-32　添加了标尺后的波形

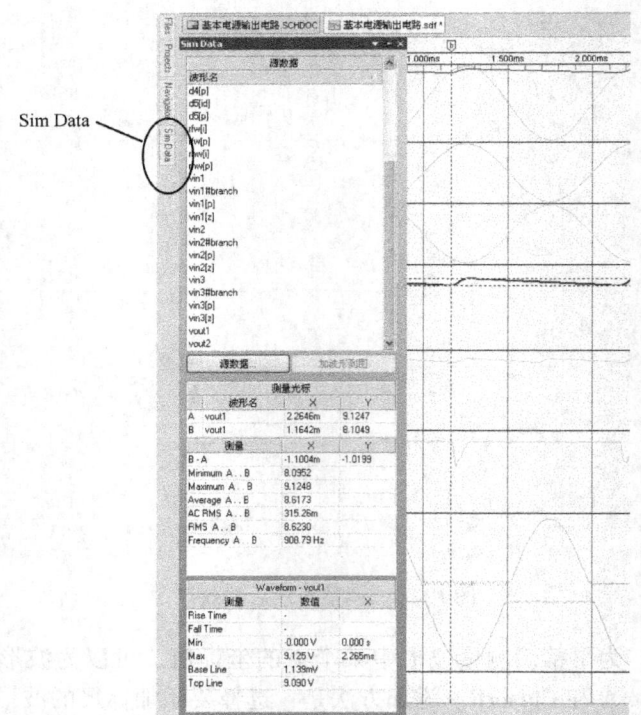

图 10-33　标尺测量结果栏

④ 仿真结果分析。从标尺测量结果中我们可以得到相关的数据，例如标尺之间的距离，时间等。我们可以根据仿真原理图所需参数进行相应的标尺选择和标尺位置选择。根据得到的数据就可以进行分析了。单击波形显示窗口中的 Operating Point 选项卡。可以查看该电路的一些静态参数，本例中显示的具体参数如图 10-34 所示。

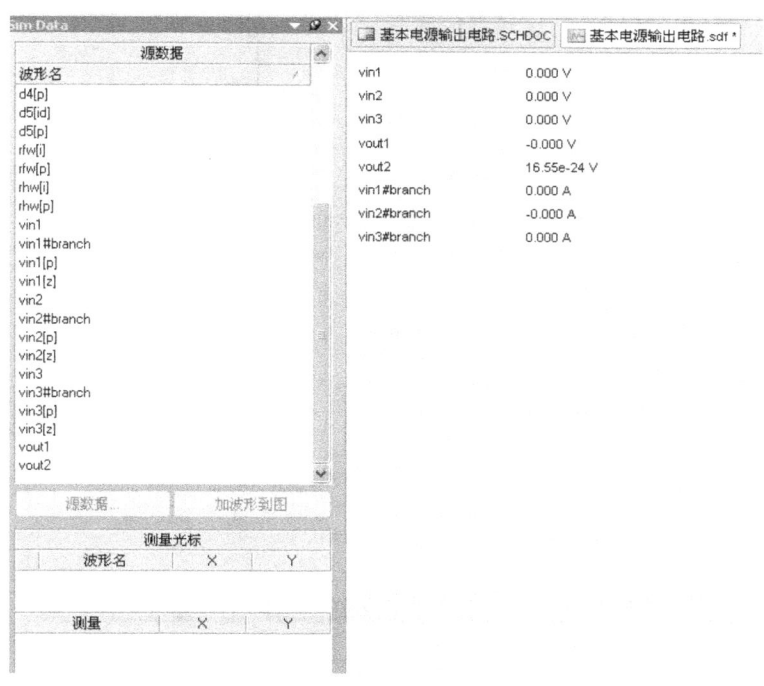

图 10-34 Operating Point 显示内容

本节通过实例介绍了 Protel DXP 2004 软件对模拟电路的仿真，该软件同样可以实现对数字电路的仿真，其方法步骤都是一样的，如果在仿真过程中找不到带有仿真属性的所需元器件，可以在网络上下载相关的仿真元件库，如果没有就自己动手制作。

本 章 小 结

本章通过实例讲述了在 Protel DXP 2004 中进行电路仿真的过程。主要内容有：电路仿真的基本步骤、电路仿真环境参数设置、对电路进行静态工作点分析、瞬态分析、参数扫描分析、交流小信号分析等。

通过本章的学习，对电路信号仿真应有一个全面的了解，能进行一般的电路仿真分析，为电路板设计提供理论依据。

思 考 题

1. 简述电路仿真的一般过程。
2. Protel DXP 2004 中的电压仿真源有哪些？电流仿真源有哪些？
3 简述 Protel DXP 2004 中常用的电路仿真类型。

练 习 题

1. 对图 10-35 所示的晶体管放大电路进行仿真分析，计算放大电路的放大倍数，测出晶体管的静态工作点。图中直流电源 V1 的电压值设置为 12V；正弦电压源 V2 的参数设置如图 10-36 所示。

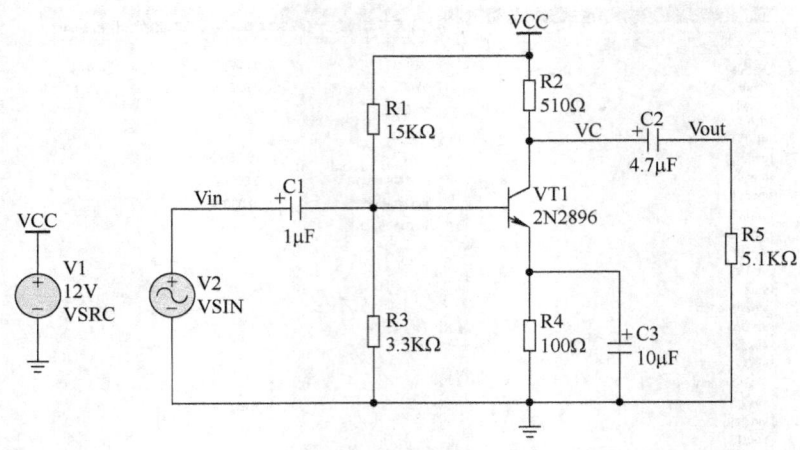

图 10-35　晶体管放大电路

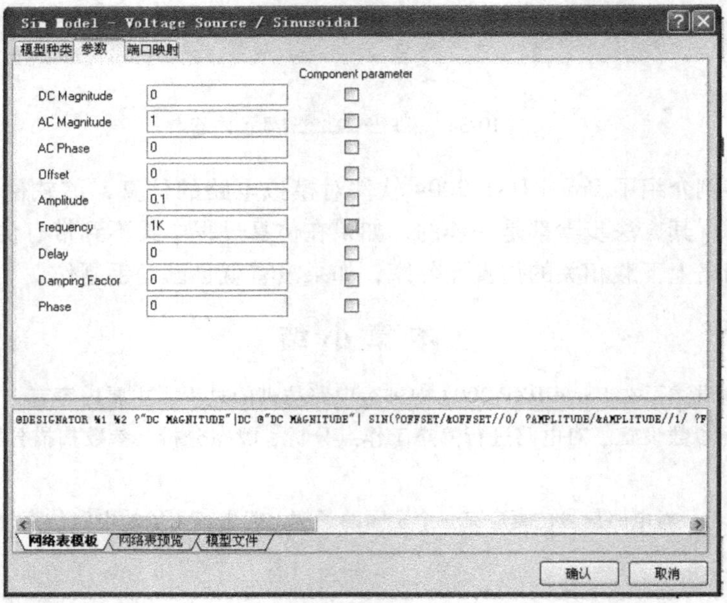

图 10-36　V2 参数设置

2. 对图 10-37 所示的 555 定时电路进行仿真分析，利用瞬态分析方法得到电路的输出波形。元器件的参数设置如图 10-37 所示。

此题中的 555 定时器在元件库中没有仿真模型，需要自己制作，制作 555 元件仿真模型的参数如下：

第10章 电路的信号仿真

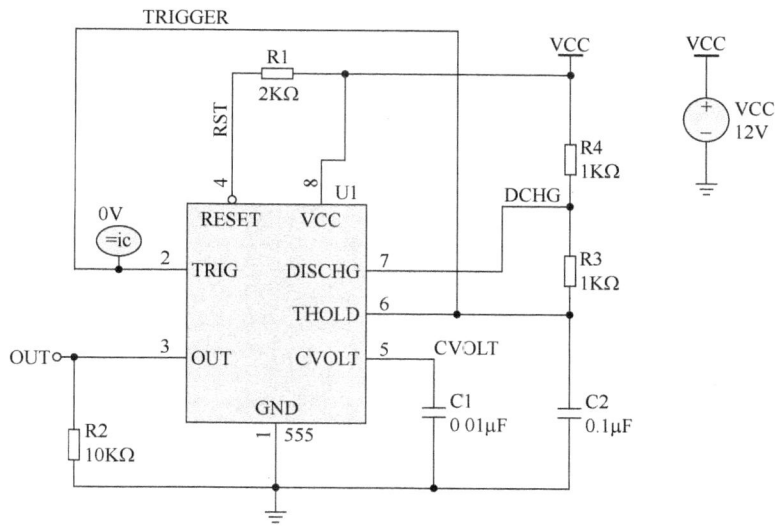

图 10-37　555 定时电路

* 555 MCE

* Sngl Timer (Macromodel) pkg: DIP8 1, 2, 3, 4, 5, 6, 7, 8

* Connections:

*　　　　　　Gnd

*　　　　　｜　Trig

*　　　　　｜　｜　Out

*　　　　　｜　｜　｜　Reset

*　　　　　｜　｜　｜　｜　Ctrl

*　　　　　｜　｜　｜　｜　｜　Thresh

*　　　　　｜　｜　｜　｜　｜　｜　Dischg

*　　　　　｜　｜　｜　｜　｜　｜　｜　VCC

*　　　　　｜　｜　｜　｜　｜　｜　｜　｜

.SUBCKT 555　　1　2　3　4　5　6　7　8

EREF 15 1 8 1.5

GSOURCE 8 3 8 26 12.5E-3

GSINK 3 1 26 1 67E-3

VD1 8 27 DC .8

VD2 28 1 DC .85

VREF 30 1 DC 1.2

C1 29 1 700E-15

RREF2 30 1 100E3

RREF 15 1 100E3

ROUT 3 1 100K

R1 6 1 500E9

R2 2 1 500E9

R3 8 5 75E3

R4 5 9 75E3

R5 9 1 75E3
R6 10 11 1E3
R7 13 14 1E3
R8 8 12 150E3
R9 4 8 500E9
R10 20 19 1E3
R11 16 17 1E3
R12 8 18 150E3
R13 8 21 150E3
R14 22 23 1E3
R15 8 26 150E3
R16 24 25 1E3
R19 7 1 500E9
R20 29 26 1E6
D1 1 11 DMOD
D2 12 11 DMOD
D3 12 14 DMOD
D4 1 14 DMOD
D5 18 17 DMOD
D6 1 17 DMOD
D7 18 19 DMOD
D8 1 19 DMOD
D9 21 14 DMOD
D10 21 25 DMOD
D11 1 23 DMOD
D12 18 23 DMOD
D13 26 25 DMOD
D14 1 25 DMOD1
D15 3 27 DMOD
D16 28 3 DMOD
E1 10 1 6 5 1000
E2 13 1 2 9 1000
E3 16 1 15 12 1000
E4 22 1 15 21 1000
E5 24 1 15 18 1000
E7 20 1 4 30 1000
M1 7 29 1 1 MOSMOD
.**MODEL** MOSMOD NMOS（LEVEL=1 KP=1 VTO=1 RD=5）
.**MODEL** DMOD D（RS=1E−6）
.**MODEL** DMOD1 D（RS=1E−6 IS=1E−9）
.ENDS 555

3. 利用 Protel DXP 2004 的仿真功能分析图 10-38 所示的比例运算放大电路的以下功能：

（1）输入频率为 1kHz、振幅为 1V 的正弦波，求输出端的波形，并计算放大倍数。

（2）当元器件 R2 的值在 1~10KΩ 内变化时，分析电路的放大倍数与 R2 的关系。

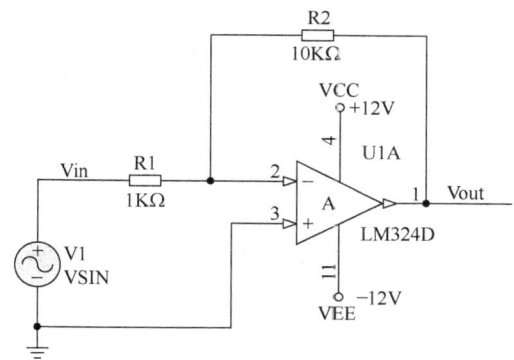

图 10-38　比例运算放大电路

4. 利用 Protel DXP 2004 的仿真功能分析图 10-39 所示的继电器吸合电路的输入输出关系。参数设置如图所示。

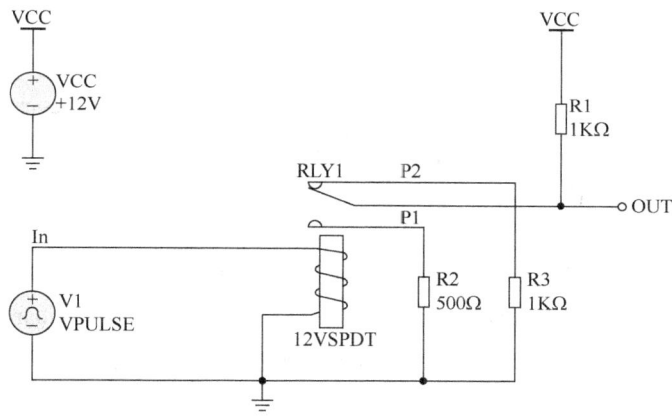

图 10-39　继电器吸合电路

第 11 章 PLD 及 VHDL 语言简介

PLD 是可编程逻辑器件的简称，FPGA 是现场可编程门阵列的简称，两者的功能基本相同。VHDL 为标准硬件描述语言。Protel DXP 2004 可作为 FPGA 设计的前端工具，全面支持 FPGA 的设计，用 Protel DXP 2004 的原理图编辑器就可以进行 FPGA 的设计输入，还能实现原理图和 VHDL 混合输入，并提供了强大的 VHDL 仿真和综合功能。本章将对 PLD 及 VHDL 语言做一简要介绍。

11.1 PLD 的概念和分类

随着电子技术的发展，日趋完善的 ASIC（专用集成电路）技术使数字系统的设计可以直接面向用户需求，根据系统行为和功能要求，自上而下地完成描述、综合、优化和仿真，直接生成器件。

由于任意一个组合逻辑都可以用"与-或"表达式来描述，因此出现了可编程序逻辑器件（Programmabel Logic Device，简称 PLD）。典型的 PLD 由一个"与"门阵列和一个"或"门阵列组成，能以乘积的形式完成大量的组合逻辑功能，但由于其结构过于简单，只能实现规模较小的电路。

由于 PLD 只能实现规模较小的电路，为了弥补它的不足，Altera 和 Xilinx 分别推出了 CPLD（Complex Programmabel Logic Device）和 FPGA（Field Programmabel Gate Array）。它们都具有体系结构和逻辑单元灵活、集成度高及适用范围广等特点，兼容了 PLD 和通用门阵列的优点，可实现较大规模的电路设计以及实时在线检查和灵活编程。

常见的可编程序逻辑器件有 FPGA、CPLD、EPLD、GAL、PAL、PLA、和 PROM 等。从结构上可将其分为两大类：

PLD：通过改变内部电路的逻辑功能来编程。

FPGA：通过改变内部连线的布线来编程。

从集成密度上又可以分成低密度可编程序逻辑器件（LDPLD）和高密度可编程序逻辑器件（HDPLD）。

11.2 PLD 的设计步骤

通常情况下，PLD 的设计包括以下步骤：
1）选择合适的语法类型；
2）创建源文件；
3）陈述方程式；
4）选择目标器件；
5）定义引脚；

6）编辑源文件。

11.3　VHDL 语言简介

随着 EDA（电子设计自动化）技术的发展，使用硬件描述语言设计 PLD/FPGA 成为一种趋势。目前最主要的硬件描述语言是 VHDL、CUPL 和 Verilog HDL。下面简单介绍一下 VHDL 语言。

VHDL（VHSIC Hardware Decription Language）中 VHSIC（Very High Speed Integrated Circuit）是电子设计自动化的关键技术之一，是要求用形式化方法来描述硬件系统。电子系统 VHDL 的设计描述等级分为以下四个等级：

1）行为级；
2）RTL 级（Register Transfer Level）；
3）逻辑门级；
4）版图级。

VHDL 描述硬件实体的结构如下图 11-1 所示。

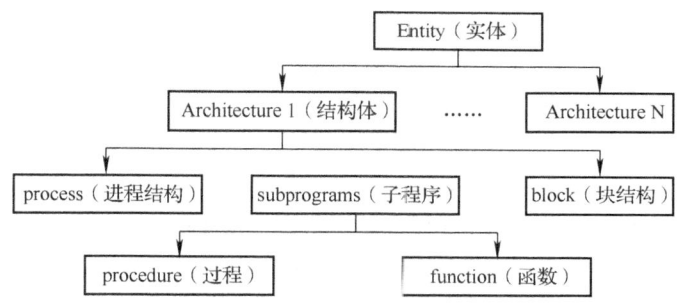

图 11-1　VHDL 描述硬件实体的结构

VHDL 程序包括实体（Entity）、结构体（Architecture）、配置（Configuration）、包集合（Package）和库（Library）五个部分。其中前 4 个部分是可分别编译的源设计单元。一个完整的 VHDL 设计项目至少包括一个实体和结构体的定义。实体用于描述设计系统的外部接口信号，结构体用于描述系统的行为、系统数据的流程或系统组织结构形式。设计实体是 VHDL 程序的基本单元，是电子系统的抽象。简单的实体可以是一个与门电路，复杂的实体可以是一个微处理器或一个数字系统。下面我们以半加器的 VHDL 描述为例，介绍 VHDL 语言中的要素。

```
LIBRARY   IEEE;
USE IEEE.STD_LOGIC_1164.ALL;
USE IEEE.STD_LOGIC_UNSIGNE.ALL;

ENTITY   h_adder IS
    PORT (a, b: IN STD_LOGIC;
        co, so: OUT STD_LOGIC );
    END ENTITY h_adder;
```

```
ARCHITECTURE fh1 OF h_adder IS
    SIGNAL   abc: STD_LOGIC_VECTOR (1 DOWNTO 0);
BEGIN
    abc <= a&b;
PROCESS (abc)
    BEGIN
CASE abc IS
    WHEN "00"    => so <= '0'; co <= '0';
    WHEN "01"    => so <= '1'; co <= '0';
    WHEN "10"    => so <= '1'; co <= '0';
    WHEN "11"    => so <= '0'; co <= '1';
    WHEN OTHERS  => NULL;
    END CASS;
    END PROCESS;
END ARCHITECTURE fh1;
```

设计实体用 ENTITY 来标识，结构体由 ARCHITECTURE 来标识。系统设计中的实体提供该设计系统的公共信息，结构体定义了各个模块的操作特性。一个设计实例必须包括一个结构体，也可以是多个结构体。

1. 实体

实体作为一个设计实体的组成部分，其功能是对这个设计实体与外部电路进行接口描述，实体是设计体的表层设计单元，说明部分规定了设计单元的输入输出接口信号或引脚，它是设计实体对外的一个通信界面。实体的一般格式为：

ENTITY 实体名 IS
    [GENERIC (类型表);]
    [PORT (端口表);]
    [BEGIN
    [实体语句部分;]
END ENTITY 实体名;

2. 端口说明

端口说明是对设计实体与外部接口的描述，是设计实体和外部环境动态通信的通道，其功能对应于电路符号的引脚，其中包括对每一接口的输入输出模式和数据类型的定义。端口说明的一般格式为：

PORT (端口名：端口方向 数据类型；

   ⋮

端口名：端口方向 数据类型；)

其中方向有：IN、OUT、INOUT、BUFFER 和 LINKAGE。IN 信号只能被引用，不能被赋值；OUT 信号只能被赋值，不能被引用；BUFFER 信号可以被引用，也可以被赋值。也就是说 IN 不可以出现在 <= 或：= 的左边；OUT 不可以出现在 <= 或：= 的右边；BUFFER 可以出现在 <= 或：= 的两边。

例如：

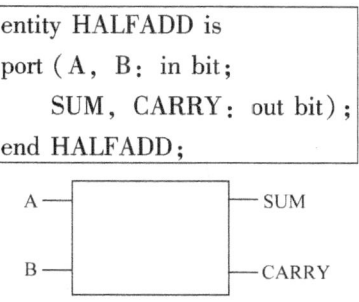

```
entity HALFADD is
port (A, B: in bit;
    SUM, CARRY: out bit);
end HALFADD;
```

端口说明只是定义了实体的接口的输入输出模式和数据类型，其内部结构将由 Architecture（结构体）来描述。

3. 结构体

结构体是实体所定义的设计实体的一部分。结构体描述设计实体的内部结构和外部设计实体端口间的逻辑关系。结构体由以下部分组成：

1）对数据类型、常数、信号、子程序和元器件等元素的说明部分。
2）描述实体逻辑行为的、以各种不同的描述风格表达的功能描述语句。
3）以元器件例化语句为特征的外部元件端口间的连接。

结构体的一般格式为：

ARCHITECTURE 结构体名 OF 实体名 IS
定义语句，内部信号，常数，数据类型，函数定义
BEGIN
　　[并行处理语句和 block、process、function、procedure]
END 结构体名；

例如：

```
architecture BEHAVE of HALFADD is begin
    SUM     <= A xor B;
    CARRY   <= A and B;
end BEHAVE;
```

4. 库

库是数据的集合。内含各类包定义、实体、构造体等。当 VHDL 文件被编译后，编译的结果储存在特定的目录下，这个目录的逻辑名称即 Library，此目录下的内容亦即是这个 Library 的内容。

STD 库是 VHDL 的标准库。IEEE 库是 VHDL 的标准库的扩展。

5. 包集合

包集合（Package）属于库结构的一个层次，存放信号定义、常数定义、数据类型、元件语句、函数定义和过程定义。Package Body 具有独立对端口（port）的 package。configuration（配置）描述层与层之间的连接关系以及实体与构造体之间关系。

对于 VHDL 对象、操作符、数据类型以及顺序语句等，这里就不多介绍了。读者可以参考相关书籍进行学习。

11.4 基于原理图的 FPGA 设计

CPLD 和 FPGA 的原理图设计是常用的一种设计方法。原理图的输入可控性好，效率高，设计方法也有很多，例如基于 VHDL 语言的设计、基于 C 语言的设计等。下面我们以图 11-2 所示的 7 位汉明码纠错电路原理图为例介绍如何创建一个基于原理图的 FPGA 设计。具体操作步骤如下：

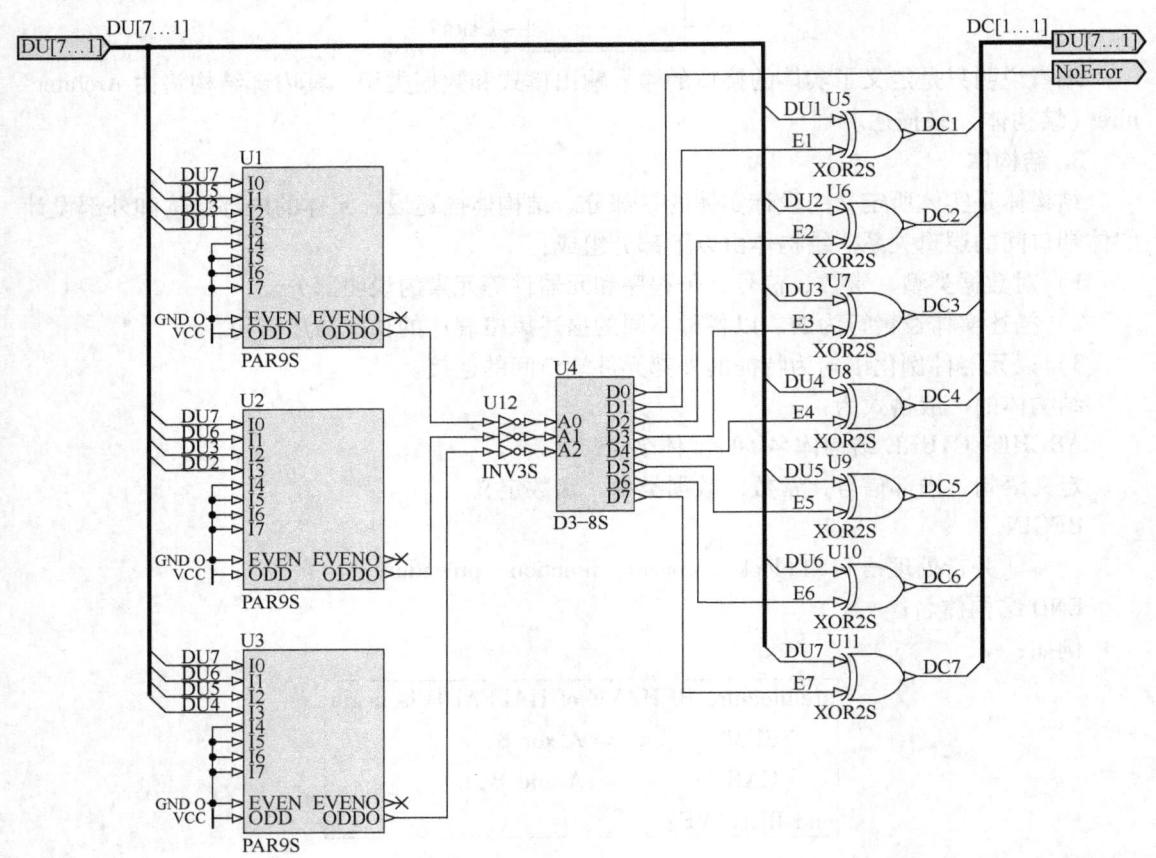

图 11-2　7 位汉明码纠错电路原理图

（1）创建项目文件　运行软件，执行菜单命令"文件/创建/项目/FPGA 项目"，系统自动创建一个默认名为"FPGA_Project1. PrjFpg"的项目文件。重新命名该项目文件为"Error Correcting For 7bit Hamming Code. PrjFpg"，并保存。这里要注意，保存文件的文件名一般不以中文命名，在编写 VHDL 语言的时候不识别中文，编译的时候有中文就会报错。

（2）创建原理图文件　打开工作区面板上的 Projects 选项卡，可以看到刚创建的项目文件"Error Correcting For 7bit Hamming Code. PrjFpg"。移动光标到该项目文件名称上单击鼠标右键，从系统弹出的快捷菜单中执行菜单命令"追加新文件到项目中/原理图"，在该项目文件中创建一个原理图文档,将其重新命名为"Error Correcting For 7bit Hamming Code.SchDoc"并保存。

(3) 添加元件库 在原理图编辑界面中执行菜单命令"设计/追加/删除库文件",或打开窗口右侧工作区面板上的"元件库"选项卡,将"C:\Program Files\Altium2004\Library\Fpga"目录下的"FPGA Generic.IntLib"库添加到库文件中,如图 11-3 所示。

(4) 放置元器件 在元件库"FPGA Genertic.IntLib"中找到元器件"PAR9S、XOR2S、INV3S、D3_8S",将它们放置到工作平面上。

(5) 放置端口 单击"配线"工具栏中的 按钮,或执行菜单命令"放置/端口",分别放置四个端口到工作平面上,并设置各端口的 I/O 类型如下:端口 DU [7…1] 的 I/O 类型为"Input";端口 DC [7…1] 和端口 NoError 的 I/O 类型为"Output"。

(6) 绘制电路原理图 按照图 11-1 所示的电气连接关系,完成 7 位汉明码纠错的电路原理图。

(7) 生成网络表 执行菜单命令"设计/文档的网络表/EDIF for PCB",之后系统自动生成一个名为"Error Correcting For 7bit Hamming Code.EDF"的网络表文件。在文件夹"Generated"中找到并打开该文件,如图 11-4 所示。

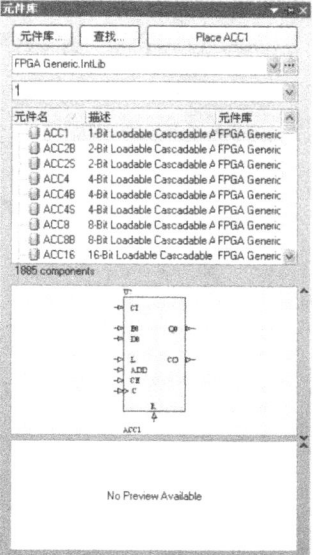

图 11-3 添加了"FPGA Generic.IntLib"后的元件库面板

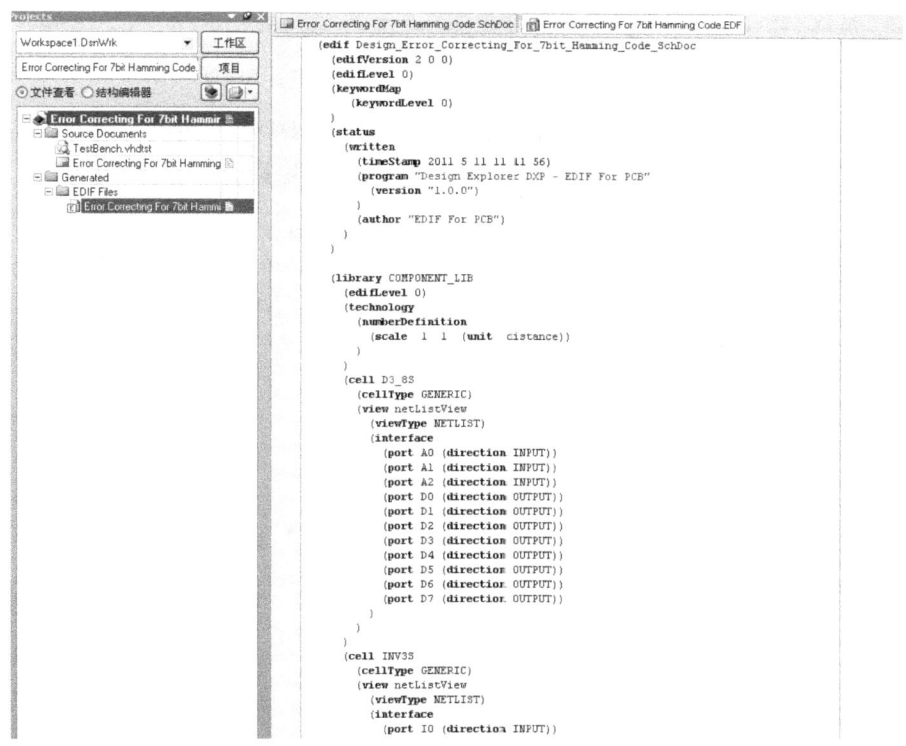

图 11-4 打开的网络表文件"Error Correcting For 7bit Hamming Code.EDF"

(8) 创建 VHDL 测试平台　执行菜单命令"文件/创建/其他/VHDL 测试工作台",系统将创建一个名为"VHDLTestbench1.VHDTST"的 VHDL 测试工作台文档,将其重新命名为"Code.VHDTST"并保存。保存后界面如图 11-5 所示。

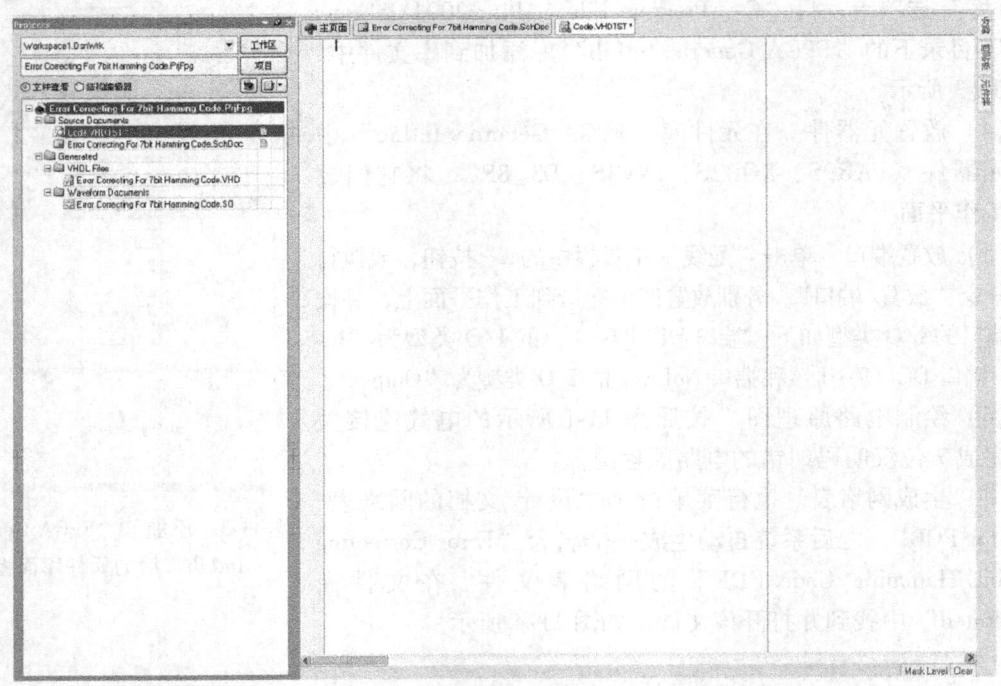

图 11-5　保存文档后的界面

(9) 在工作区内输入测试平台程序　打开"Code.VHDTST"文档,输入 VHDL 代码,即测试平台程序,如图 11-6 所示,然后保存。(对于不同电路,程序不同,用户可自行编写)。

程序如下:

－－ *run to time 70 ns*

Library *IEEE* ;
Use *IEEE* . *std_logic_1164* . all ;
Use *IEEE* . *std_logic_textio* . all ;

Library *work* ;
use *work* . all ;

Library *std* ;
Use *std* . *textio* . all ;

entity main_tb is

第11章 PLD及VHDL语言简介

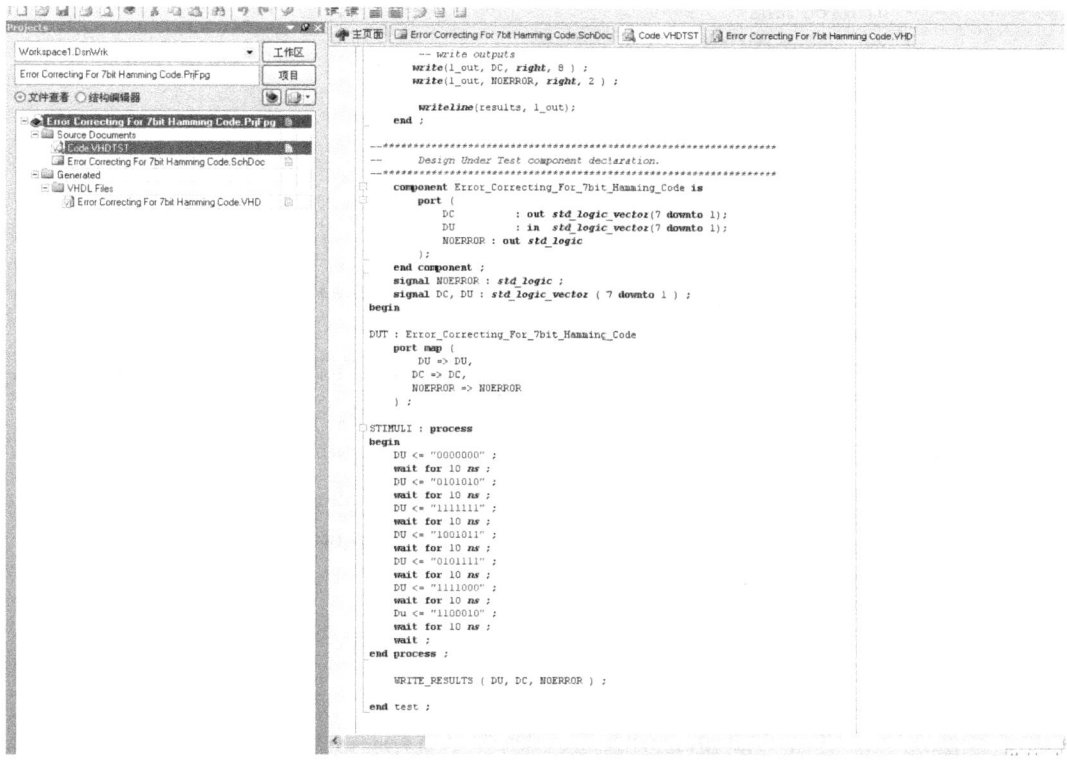

图11-6 输入测试平台程序的界面

end ;

architecture test of main_tb is
— — **
— —   Write Results into file.
— — **
file RESULTS : *text* open **WRITE_MODE** is " results. txt" ;

procedure WRITE_RESULTS (
   DU   : *std_logic_vector* (7 downto 1);
   DC   : *std_logic_vector* (7 downto 1);
  NOERROR : *std_logic*
) is
  variable l_out : *line* ;
 begin
  write (l_out, now, *right* , 15, *ps*);
  — — write inputs

```vhdl
        write (l_out, DU, right , 8 );
        -- write outputs
        write (l_out, DC, right , 8 );
        write (l_out, NOERROR, right , 2 );

        writeline (results, l_out);
    end ;

-- ****************************************************************
--          Design Under Test component declaration.
-- ****************************************************************
    component Error_Correcting_For_7bit_Hamming_Code is
        port (
                DC              : out std_logic_vector (7 downto 1);
                DU              : in  std_logic_vector (7 downto 1);
                NOERROR : out std_logic
        );
    end component ;
    signal NOERROR : std_logic ;
    signal DC, DU : std_logic_vector ( 7 downto 1 );
begin

DUT : Error_Correcting_For_7bit_Hamming_Code
    port map (
        DU  => DU,
        DC  => DC,
        NOERROR => NOERROR
    );

STIMULI : process
begin
    DU <= " 0000000" ;
    wait for 10 ns ;
    DU <= " 0101010" ;
    wait for 10 ns ;
    DU <= " 1111111" ;
    wait for 10 ns ;
    DU <= " 1001011" ;
    wait for 10 ns ;
```

DU <= " 0101111" ;
wait for 10 ns ;
DU <= " 1111000" ;
wait for 10 ns ;
Du <= " 1100010" ;
wait for 10 ns ;
wait ;
end process ;

WRITE_RESULTS（DU, DC, NOERROR）；

end test ；

（10）执行菜单命令"项目管理/项目管理项"，系统弹出"Options for FPGA Project Error Correcting For 7bit Hamming Code.PrjFpg"对话框，打开其中的"仿真"选项卡，设置该选项卡中的各选项。注意要在"SDF 选项"中"SDF 实例"栏内输入编写的测试平台程序文件名，如图 11-7 所示。之后单击对话框中的 确认 按钮。

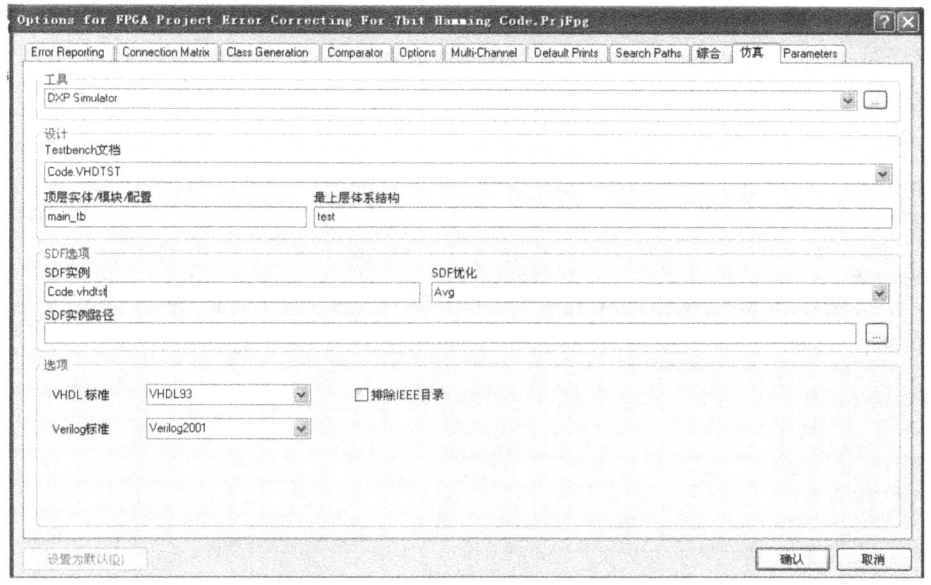

图 11-7 "仿真"选项卡的设置

（11）设备优先选择项 执行菜单命令"工具/FPGA 优先选择项"，系统弹出如图 11-8 所示的"优先设定"对话框。

在该对话框的 FPGA 文件夹中包括 5 个选项可进行设置：
General：用于设置与"库选择项"有关的一般选项。
Simulation Compliler：用于设置与仿真编译有关的选项。
Simulation Debugger：用于设置与仿真调试有关的选项。

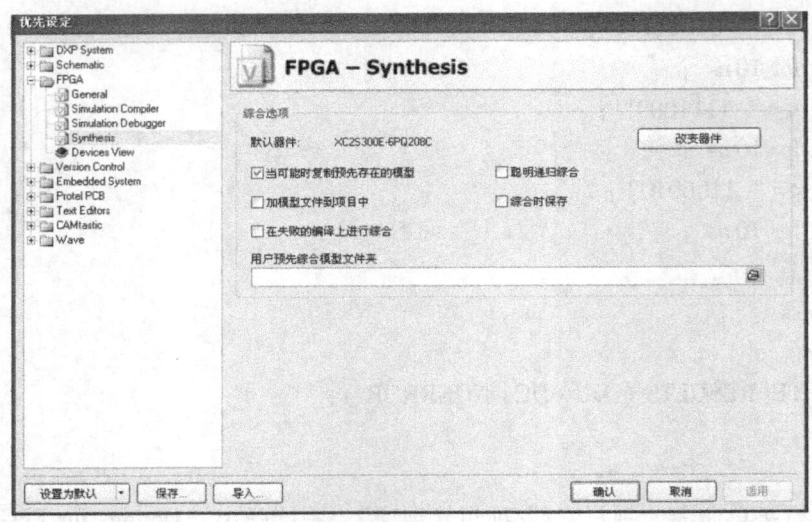

图 11-8 "优先设定"对话框

Synthesis：用于设置综合选项。

Devices View：用于设置与装置有关的选项。

（12）编译程序　设置好各选项后执行菜单命令"仿真器/仿真"，系统开始对项目进行编译。编译结束后，如果正确，将弹出"编辑仿真信号"对话框，如图 11-9 所示。如果没有弹出该对话框，说明代码有错误，可以打开右下角的"System"选项卡中的"Messages"面板查看错误。改正后再按前面过程执行。

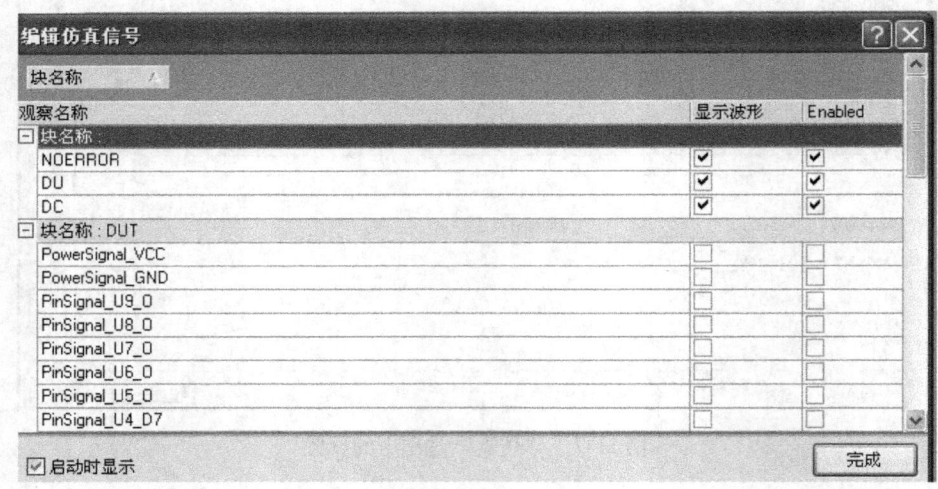

图 11-9 "编辑仿真信号"对话框

（13）设置观察对象　在该对话框的"Enabled（使能）"复选框中设置要仿真的信号，在"显示波形"复选框中设置要实现的波形，设置效果如图 11-9 所示。

（14）生成仿真波形文件　设置完成后，单击 完成 按钮，关闭对话框，系统弹出"仿真"对话框，并自动生成仿真波形文件"Error Correcting For 7bit Hamming Code.SO"，如图 11-10 所示。

第11章 PLD及VHDL语言简介

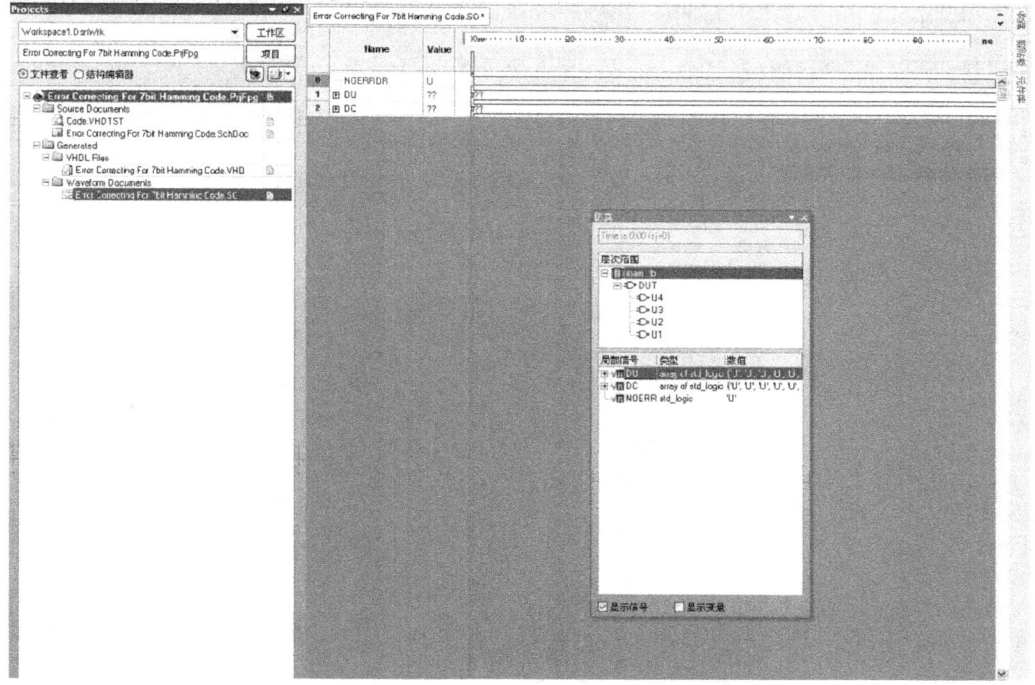

图 11-10 "仿真"对话框和生成的波形文件

（15）设置步长　执行菜单命令"仿真器/执行"，系统弹出"Enter time step"对话框，此项设置时间步长。本例设置"步长"为"100.00"，单位为"ns"，如图 11-11 所示。

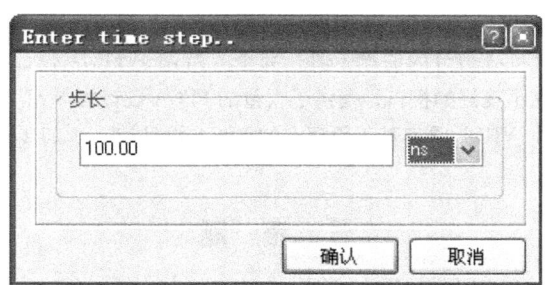

图 11-11 "Enter time step"对话框

（16）开始仿真　设置完以后，单击 确认 按钮，系统开始仿真，仿真结果如图 11-12 所示。

我们可根据所选参数判断该设计是否正确。有了软件的验证，可以为硬件设计提供更加准确的信息。

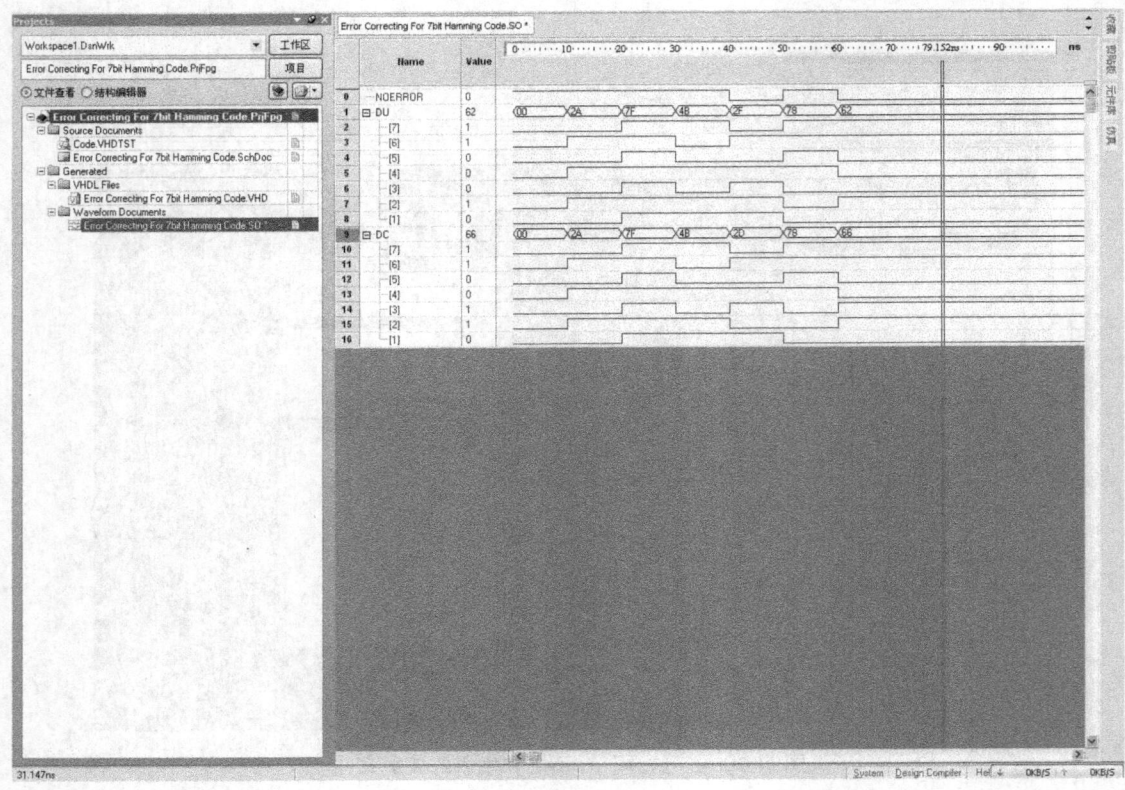

图 11-12 仿真结果界面

本 章 小 结

本章简要介绍了 PLD 概念、设计步骤，VHDL 语言的基本结构及基于原理图的 FPGA 设计。

Protel DXP 2004 可作为 FPGA 设计的前端工具，完全支持用于 FPGA 设计的图形描述、VHDL 语言描述，并与 Altera 及 Xilinx 建立了良好的接口，提供了大量的 FPGA 设计宏单元。

通过本章学习可使读者对 VHDL 语言基于原理图的 FPGA 设计有一个初步的了解，为今后进一步的学习和实践奠定基础。

思 考 题

1. 简述 PLD 和 FPGA 的含义及英文全称。
2. VHDL 的含义？VHDL 程序包含哪几部分？各部分的作用？

练 习 题

1. 上机练习 FPGA 项目的创建、保存和打开。
2. 练习 FPGA 元件库的安装并熟悉里面的元器件。
3. 根据图 11-13 所给出的 16 位半加器电路原理图，设计一个 FPGA 项目，并测试该电路。
VHDL 的参考代码如下：
－－ run to time 90ns

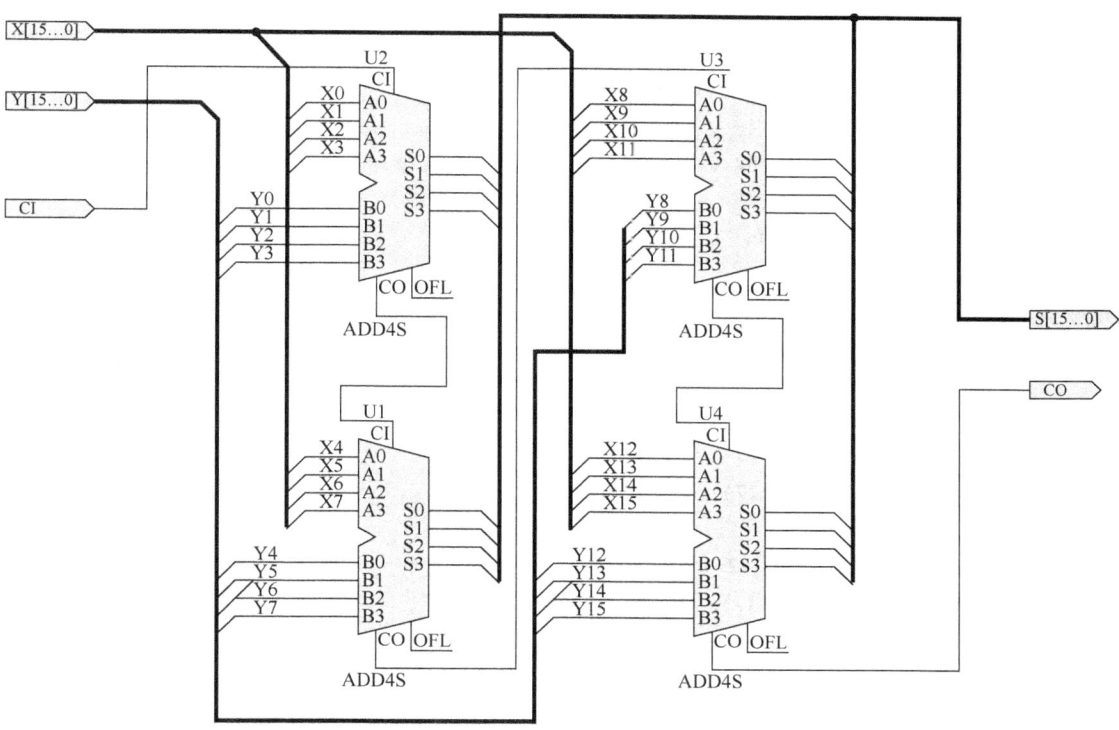

图 11-13　16 位半加器

Library *IEEE* ;
Use　　*IEEE . std_logic_1164* . all;
Use　　*IEEE . std_logic_textio* . all;

Library *work* ;
Use *work* . all;

Library *STD* ;
use　　*std . textio* . all;

entity main_tb is
end main_tb;

architecture test of main_tb is

- - ****************************
- - *Write Results into file.*
- - ****************************
　　　file RESULTS : *text* open *WRITE_MODE* is" results. txt" ;

　　　procedure WRITE_RESULTS (

```vhdl
        CI  : std_logic ;
        X   : std_logic_vector (15 downto 0);
        Y   : std_logic_vector (15 downto 0);
        CO  : std_logic ;
        S   : std_logic_vector (15 downto 0)
    ) is
            variable l_out : line ;

   begin
   write (l_out, now, right , 15, ps );
       - - write inputs
   write (l_out, CI, right , 2);
   write (l_out, x, right , 17);
   write (l_out, y, right , 17);
       - - write outputs
   write (l_out, CO, right , 2);
   write (l_out, S, right , 17);
   writeline (RESULTS, l_out);
   end;
- - *******************************************
- - Design Under Test component declaration.
- - *******************************************
    component X_16bitadder is
        Port (
        CI: in std_logic ;
        CO: out std_logic ;
        S: out std_logic_vector (15 downto 0);
        X: in std_logic_vector (15 downto 0);
        Y: in std_logic_vector (15 downto 0)
     );
end component;

signal CI, CO: std_logic ;
signal S, X, Y: std_logic_vector (15 downto 0);

begin
- - *********************************
- -   Design Under Test.
- - *********************************
 DUT: X_16bitadder

    port map (
        CI => CI,
```

```vhdl
            X   => X,
            Y   => Y,
            CO  => CO,
            S   => S
            );
STIMUL: process
    begin
        CI <= '0';
        X <= " 1111111100000000";
        Y <= " 1010101010101010";
        wait for 10ns ;
        X <= " 0010101101001101";
        wait for 10ns ;
        CI <= '1';
        wait for 10ns ;
        Y <= " 1100000110111111";
        wait for 10ns ;
        X <= " 0001010111100010";
        wait for 10ns ;
        CI <= '0';
        wait for 10ns ;
        X <= " 1101101100001000";
        wait for 10ns ;
        X <= " 1110101101000000";
        wait for 10ns ;
        CI <= '1';
        wait for 10ns ;
        Y <= " 1100010101010001";
        wait for 10ns ;
        wait ;
    end process;

            WRITE_RESULTS (CI, X, Y, CO, S);
end test;
```

附录1　常用元器件及元器件生产商

常用元器件	元件库名称	元器件生产公司
555 系列元器件	TI Analog Timer Circuit. IntLib	
D/A 转换器	TI Converter Digital to Analog. IntLib	
A/D 转换器	TI Converter Analog to Digital. IntLib	
SN74LS138 元器件	TI Logic Decoder Demux. IntLib	Texas Instruments
逻辑电路 74 系列元器件	TI Logic Flip-Flop. IntLib	德州仪器 美国 半导体
逻辑门电路（1）74 系列元器件	TI Logic Gate 1. IntLib	
逻辑门电路 74（2）系列元器件	TI Logic Gate 2. IntLib	
TL 系列功放块	TI Operational Amplifier. IntLib	
双向可控硅	Teccor Discrete TRIAC. IntLib	Teccor Electronics
可控硅	Teccor Discrete SCR. IntLib	美国泰科电子
LM555 元器件	ST Analog Timer Circuit. IntLib	
2N 系列晶体管	STai Discrete BJT. IntLib	
集成运放系列元器件	ST Operational Amplifier. IntLib	
计数器系列元器件	ST Logic Counter. IntLib	
74 系列触发器	ST Logic Flip-Flop. IntLib	
逻辑转换器	ST Logic Switch. IntLib	ST Microelectronics
74 系列逻辑锁存器	ST Logic Latch. IntLib	意法半导体
40 系列逻辑寄存器	ST Logic Register. IntLib	
TL、LM38 系列电压源	ST Power Mgt Voltage Reference. IntLib	
40 系列电压调节器	ST Logic Special Function. IntLib	
78、LM317 系列电源块	ST Power Mgt Voltage Regulator. IntLib	
仿真信号源	Simulation Sources. IntLib	Simulation
仿真电压信号源	Simulation Voltage Source. INTLIB	
74 系列逻辑计数器	ON Semi Logic Counter. IntLib	ON Semiconductor
晶振	ON Semi Logic Counter. IntLib	安森美半导体
LM38、48 系列功率放大器	NSC Audio Power Amplifier. IntLib	
LM555 系列定时器	NSC Analog Timer Circuit. IntLib	
晶体管	NSC Analog Timer Circuit. IntLib	
IN 系列二极管	NSC Discrete Diode. IntLib	National Semiconductor
IN 系列稳压管	NSC Discrete Diode. IntLib	美国国家半导体公司
CD40 系列逻辑计数器	NSC Logic Counter. IntLib	
74 系列逻辑计数器	NSC Logic Counter. IntLib	
78 系列电源模块	NSC Power Mgt Voltage Regulator . IntLib	

常用元器件及元器件生产商

（续）

常用元器件	元件库名称	元器件生产公司
晶体管	Motorola Discrete BJT. IntLib	Motorola 摩托罗拉公司
1N 系列稳压管	Motorola Discrete Diode. IntLib	
场效应晶体管	Motorola Discrete JFET. IntLib	
MOS 管元件库	Motorola Discrete MOSFET. IntLib	
可控硅	Motorola Discrete SCR. IntLib	
双向可控硅	Motorola Discrete TRIAC. IntLib	
LM 系列电源	Motorola Power Mgt Voltage Regulalor. IntLib	
粘贴式电容	KEMET Chip Capacitor . IntLib	KEMET Electronics 美国基美公司
可控硅	IR Discrete SCR . IntLib	International Rectifier 美国国际整流器公司
二极管	IR Discrete Diode. IntLib	
存储器	Dallas Microcontroller 8-Bit. IntLib	Dallas Semiconductor 达拉斯半导体公司
晶体管	FSC Discrete BJT. IntLib	FairchildSemiconductor 飞兆半导体公司
二极管	FSC Discrete Diode. IntLib	
IN 系列二极管	FSC Discrete Rectifier. IntLib	
40 系列触发器	FSC Logic Flip-Flop. IntLib	
74LS 系列逻辑锁存器	FSC Logic Latch. IntLib	
晶振	C-MAC MicroTechnology . IntLib	C-MAC Micro Technology

注：表中所列元件库按照生产公司名称都可以在 Protel DXP 软件的"Library"文件夹下找到。

附录 2　Miscellaneous Devices. IntLib 库中元器件及其封装

Comment	Footprint	Comment	Footprint
Op Amp	CAN-8/D9.4	MOSFET-2GN	SFM-T5/X1.4V
Motor	RB5-10.5	MOSFET-2GP	SOT143
Motor Servo	RAD-0.4	MOSFET-N	BCY-W3/B.8
Motor Step	DIP-6	MOSFET-N3	SFM-T5/X1.4V
Battery	BAT-2	MOSFET-N4	SOT343/P1.3
Cap	RAD-0.3	MOSFET-P	BCY-W3/B.8
Cap Feed	VR4	MOSFET-P4	DSO-G3
Cap2	CAPR5-4X5	NMOS-2	SFM-T3/A4.7V
Cap Pol1	RB7.6-15	NMOS-2	SFM-T3/A4.7V
Cap Pol2	POLAR0.8	NPN1	BCY-W3/B.7
Cap Pol3	CC2012-0805	NPN2	BCY-W3
Cap Semi	CC3216-1206	Photo NPN	SFM-T2 (3) /X1.6V
Cap Var	CC3225-1210	Photo PNP	SFM-T2 (3) /X1.6V
Circuit Breaker	SPST-2	ADC-8	TSSO5x6-G16
1N4007	DIO10.46-5.3x2.8	DAC-8	TSSO5x6-G14/X.3
Bridge1	E-BIP-P4/D10	Opto TRIAC	SIP-P4/A7.5
Bridge2	E-BIP-P4/X2.1	Optoisolator2	SO-G5/P.95
D Schottky	DSO-C2/X2.3	TLP521-1	DIP-4
D Varactor	SO-G3/Z3.3	Coax	BCY-W3
Diode	DSO-C2/X3.3	Jumper	RAD-0.2
Diode 1N914	DIO7.1-3.9x1.9	Tranzorb	DIO10.2-7X2.7
Diode 1N4001	DIO10.46-5.3x2.8	Relay	DIP-P5/X1.65
Diode 1N4002	DIO10.46-5.3x2.8	Relay-DPDT	DIP-P8/E10
Diode 1N4003	DIO10.46-5.3x2.8	Relay-SPDT	DIP-P5/X1.65
Diode 1N4004	DIO10.46-5.3x2.8	Relay-SPST	DIP-P4
Diode 1N4005	DIO10.46-5.3x2.8	Speaker	PIN2
Diode 1N4006	DIO10.46-5.3x2.8	PMOS-2	SFM-T3/A4.7V
Diode 1N4007	DIO10.46-5.3x2.8	PNP	SO-G3/C2.5
Diode 1N4148	DIO7.1-3.9x1.9	PNP1	BCY-W3/B.8
Diode 1N4149	DIO7.8-4.6x2	PNP2	BCY-W3
Diode 1N4150	DIO7.1-3.9x1.9	PNP3	BCY-W3
Diode 1N4448	DIO7.1-3.9x1.9	PUT	CAN-3/D5.6
Diode 1N5400	DIO18.84-9.6x5.6	QNPN	SO-G3/C2.5
Diode 1N5401	DIO18.84-9.6x5.6	SCR	SFM-T3/E10.7V
Diode 1N5402	DIO18.84-9.6x5.6	Triac	SFM-T3/A2.4V

Diode 1N5404	DIO18.84-9.6x5.6	UJT-N	CAN-3/Y1.4
Diode 1N5406	DIO18.84-9.6x5.6	UJT-P	CAN-3/Y1.5
Diode 1N5407	DIO18.84-9.6x5.6	Res Adj1	AXIAL-0.7
Diode 10TQ035	SFM-T2（3）/X1.7V	Res Adj2	AXIAL-0.6
Diode 11DQ03	DIO10.46-5.3x2.8	Res Bridge	SFM-T4/A4.1V
Diode 18TQ045	SFM-T2（3）/X1.7V	Res Pack1	SO-G16
Diode BAS16	SO-G3/C2.5	Res Pack2	DIP-16
Diode BAS21	SO-G3/C2.5	Res Pack3	SO-G16/Z8.5
Diode BAS70	SO-G3/C2.5	Res Pack4	SSO-G16/X.4
Diode BAS116	SO-G3/C2.5	Res Semi	AXIAL-0.5
Diode BAT17	SO-G3/C2.5	Res Tap	VR3
Diode BAT18	SO-G3/C2.5	Res Varistor	R2012-0805
Diode BBY40	SO-G3/X.9	Res1	AXIAL-0.3
D Tunnel1	DSO-F2/D6.1	Res2	AXIAL-0.4
D Tunnel2	DIODE-0.4	Res3	C1608-0603
Photo Sen	PIN2	RPot	VR5
Dpy 16-Seg	LEDDIP-18ANUM	RPot SM	POT4MM-2
Dpy Amber-CA	LEDDIP-10/C5.08RHD	Res Thermal	R2012-0805
Dpy Amber-CC	LEDDIP-10/C5.08RHD	SW DPDT	SO-G6/P.95
Dpy Blue-CA	LEDDIP-10/C15.24RHD	SW-6WAY	SW-7
Dpy Blue-CC	LEDDIP-10/C15.24RHD	SW-12WAY	DIP-13（14）
Dpy Green-CC	LEDDIP-10/C5.08RHD	SW-DIP4	DIP-8
Dpy Overflow	LEDDIP-12（14）/7.62OVF	SW-DIP8	DIP-16-KEY
Dpy Red-CA	LEDDIP-10/C5.08RHD	SW DIP-2	DIP-4
Dpy Red-CC	LEDDIP-10/C5.08RHD	SW DIP-3	DIP-6
Dpy Yellow-CA	LEDDIP-10/C5.08RHD	SW DIP-4	SO-G8
Dpy Yellow-CC	LEDDIP-10/C5.08RHD	SW DIP-5	DIP-10/D14.5
Lamp	PIN2	SW DIP-6	DIP-12/SW
Lamp Neon	PIN2	SW DIP-7	DIP-14
LED0	LED-0	SW DIP-8	DIP_SW_8WAY_SMD
LED1	LED-1	SW DIP-9	DIP-18
LED2	DSO-F2/D6.1	SW-DPDT	DPDT-6
Neon	PIN2	SW-DPST	DPST-4
Antenna	PIN1	SW-PB	SPST-2
Fuse 1	PIN-W2/E2.8	SW-SPDT	TL36WW15050
Fuse Thermal	PIN-W2/E2.8	SW-SPST	SPST-2
Inductor	INDC1005-0402	Trans	TRANS
Inductor Adj	AXIAL-0.8	Trans Adj	TRF_4
Inductor Iron	AXIAL-0.9	Trans BB	TRF_8
Inductor Iron Adj	AXIAL-1.0	Trans CT	TRF_5
Inductor Iron Dot	DIODE SMC	Trans CT Ideal	TRF_5
Inductor Isolated	SOD123/X.85	Trans Cupl	TRF_4

LED3	SMD _ LED	Trans Eq	TRF_ 4
Bell	PIN2	Trans Ideal	TRF_ 4
Buzzer	ABSM-1574	Trans3	TRF_ 6
Meter	RAD-0.1	Trans3 Ideal	TRF_ 6
Mic1	PIN2	Trans4	TRF_ 8
Mic2	PIN2	Trans4 Ideal	TRF_ 8
2N3904	BCY-W3/E4	PLL	SSO-G8/P.65
2N3906	BCY-W3/E4	Tube6L6GC	VTUBE-7
9013	BCY-W3	Tube 6SN7	VTUBE-8
Diac-NPN	SFM-T3/X1.6V	Tube 12AU7	VTUBE-9
Diac-PNP	SOT89	Tube 12AX7	VTUBE-9
IGBT-N	SFM-F3/Y2.3	Tube 5879	VTUBE-9
IGBT-P	SFM-F3/B1.5	Tube 7199	VTUBE-9
JFET-N	SFM-T3/A6.6V	Tube Triode	VTUBE-5
JFET-P	SO-F3/Y.75R	Volt Reg	SIP-G3/Y2
MESFET-N	CAN-3/D5.9	XTAL	BCY-W2/D3.1
MESFET-P	CAN-3/D5.9		

附录 3 Miscellaneous Connectors.IntLib 库中元器件及其封装

Comment	Footprint	Comment	Footprint
COAX-F	MCX5.08-H5	Header 15X2	HDR2X15
CON EISAE	CARD1.27-2V188	Header 15X2A	HDR2X15_CEN
Connector 14	CHAMP1.27-2H14A	Header 15X2H	HDR2X15H
Connector 15	050DSUB0.762-4H15	Header 16	HDR1X16
Connector 20	CHAMP1.27-2H20	Header 16H	HDR1X16H
Connector 26	CHAMP1.27-2H26	Header 16X2	HDR2X16
Connector 30	050DSUB1.27-2H30	Header 16X2A	HDR2X16_CEN
Connector 34	050DSUB1.27-2H34	Header 16X2H	HDR2X16H
Connector 36	CHAMP1.27-2H36	Header 17	HDR1X17
Connector 40	050DSUB1.27-2H40	Header 17H	HDR1X17H
Connector 48	050DSUB1.27-2H48	Header 17X2	HDR2X17
Connector 50	CHAMP1.27-2H50	Header 17X2A	HDR2X17_CEN
Connector 60	050DSUB1.27-V60	Header 17X2H	HDR2X17H
Connector 68	CHAMP1.27-2H68	Header 18	HDR1X18
Connector 80	CHAMP1.27-2V80	Header 18H	HDR1X18H
Connector 96	050DSUB1.27-H96	Header 18X2	HDR2X18
Connector 100	CHAMP1.27-2H100	Header 18X2H	HDR2X18H
D Connector 9	DSUB1.385-2H9	Header 19	HDR1X19
D Connector 15	DSUB1.385-2H15	Header 19H	HDR1X19H
D Connector 25	DSUB1.385-2H25A	Header 19X2	HDR2X19
Edge Con 22	PIN22	Header 19X2H	HDR2X19H
Edge Con 44	PIN44	Header 20	HDR1X20
Edge Con 50	PIN50	Header 20H	HDR1X20H
Header 2	HDR1X2	Header 20X2	HDR2X20
BNC	BNC_RA CON	Header 20X2H	HDR2X20H
COAX-M	MMCX2.54-V5	Header 22	HDR1X22
Header 2H	HDR1X2H	Header 22H	HDR1X22H
Header 2X2	HDR2X2	Header 22X2	HDR2X22
Header 2X2H	HDR2X2H	Header 22X2H	HDR2X22H
Header 3	HDR1X3	Header 24	HDR1X24
Header 3H	HDR1X3H	Header 24H	HDR1X24H
Header 3X2	HDR2X3	Header 24X2	HDR2X24
Header 3X2A	HDR2X3_CEN	Header 24X2H	HDR2X24H
Header 3X2H	HDR2X3H	Header 25	HDR1X25
Header 4	HDR1X4	Header 25H	HDR1X25H

Header 4H	HDR1X4H	Header 25X2	HDR2X25
Header 4X2	HDR2X4	Header 25X2H	HDR2X25H
Header 4X2A	HDR2X4_CEN	Header 30	HDR1X30
Header 4X2H	HDR2X4H	MHDR1X2	MHDR1X2
Header 5	HDR1X5	MHDR1X3	MHDR1X3
Header 5H	HDR1X5H	MHDR1X4	MHDR1X4
Header 5X2	HDR2X5	MHDR1X5	MHDR1X5
Header 5X2A	HDR2X5_CEN	MHDR1X6	MHDR1X6
Header 5X2H	HDR2X5H	MHDR1X7	MHDR1X7
Header 6	HDR1X6	MHDR1X8	MHDR1X8
Header 6H	HDR1X6H	MHDR1X9	MHDR1X9
Header 6X2	HDR2X6	MHDR1X10	MHDR1X10
Header 6X2A	HDR2X6_CEN	MHDR1X11	MHDR1X11
Header 6X2H	HDR2X6H	MHDR1X12	MHDR1X12
Header 7	HDR1X7	MHDR1X13	MHDR1X13
Header 7H	HDR1X7H	MHDR1X14	MHDR1X14
Header 7X2	HDR2X7	MHDR1X15	MHDR1X15
Header 7X2A	HDR2X7_CEN	MHDR1X16	MHDR1X16
Header 7X2H	HDR2X7H	MHDR1X17	MHDR1X17
Header 8	HDR1X8	MHDR1X18	MHDR1X18
Header 8H	HDR1X8H	MHDR1X19	MHDR1X19
Header 8X2	HDR2X8	MHDR1X20	MHDR1X20
Header 8X2A	HDR2X8_CEN	MHDR2X2	MHDR2X2
Header 8X2H	HDR2X8H	MHDR2X3	MHDR2X3
Header 9	HDR1X9	MHDR2X4	MHDR2X4
Header 9H	HDR1X9H	MHDR2X5	MHDR2X5
Header 9X2	HDR2X9	MHDR2X6	MHDR2X6
Header 9X2A	HDR2X9_CEN	MHDR2X7	MHDR2X7
Header 9X2H	HDR2X9H	MHDR2X8	MHDR2X8
Header 10	HDR1X10	MHDR2X9	MHDR2X9
Header 10H	HDR1X10H	MHDR2X10	MHDR2X10
Header 10X2	HDR2X10	MHDR2X11	MHDR2X11
Header 10X2A	HDR2X10_CEN	MHDR2X12	MHDR2X12
Header 10X2H	HDR2X10H	Phonejack Stereo SW	ST-3150-5N
Header 11	HDR1X11	Phonejack2	JACK/6-V2
Header 11H	HDR1X11H	Phonejack2 TN	JACK/6-V3A
Header 11X2	HDR2X11	Phonejack3	JACK/6-V3
Header 11X2A	HDR2X11_CEN	Phonejack3 RN	JACK/6-V4A
Header 11X2H	HDR2X11H	Phonejack3 TN	JACK/6-V4
Header 12	HDR1X12	Plug AC Female	IEC7-2H3
Header 12H	HDR1X12H	PS2-6PIN	PS2-6PIN
Header 12X2	HDR2X12	PWR2.5	KLD-0202

Header 12X2A	HDR2X12_CEN	RCA	RCA/4.5-H2
Header 12X2H	HDR2X12H	Socket	PIN1
Header 13	HDR1X13	MHDR2X12	MHDR2X12
Header 13H	HDR1X13H	MHDR2X13	MHDR2X13
Header 13X2	HDR2X13	MHDR2X14	MHDR2X14
Header 13X2A	HDR2X13_CEN	MHDR2X15	MHDR2X15
Header 13X2H	HDR2X13H	MHDR2X16	MHDR2X16
Header 14	HDR1X14	MHDR2X17	MHDR2X17
Header 14H	HDR1X14H	MHDR2X18	MHDR2X18
Header 14X2	HDR2X14	MHDR2X19	MHDR2X19
Header 14X2A	HDR2X14_CEN	MHDR2X20	MHDR2X20
Header 14X2H	HDR2X14H	Plug	PIN1
Header 15	HDR1X15	Plug AC Male	IEC9.14-2H3
Header 15H	HDR1X15H	SMB	SMB_V-RJ45

参考文献

[1] 刘刚，彭荣群. Protel DXP 2004 SP2 原理图与 PCB 设计 [M]. 北京：电子工业出版社，2007.
[2] 毛潮土. Protel DXP 基础教程 [M]. 北京：清华大学出版社，2005.
[3] 王力. Protel DXP 库元器件手册 [M]. 北京：人民邮电出版社，2003.
[4] 陈力平. Protel DXP 设计与实训 [M]. 北京：航空工业出版社，2003.
[5] 任富民. 电子 CAD-Protel DXP 电路设计 [M]. 北京：电子工业出版社，2007.
[6] 张伟，王力，赵晶. 电路设计与制板——Protel DXP 入门与提高 [M]. 北京：人民邮电出版社，2003.
[7] 黄士生. 电子专业技能训练 [M]. 北京：中国劳动社会保障出版社，2003.
[8] 陈振源. 电子技术基础与技能 [M]. 北京：高等教育出版社，2010.

信 息 反 馈 表

尊敬的老师：

您好！为了进一步提高我社教材的出版质量，更好地为我国职业教育发展服务，欢迎您对我社的教材多提宝贵意见和建议。如贵校有相关教材的出版意向，请及时与我们联系。感谢您对我社教材出版工作的支持！

您的个人情况							
姓名		性别		年龄		职务/职称	
工作单位及部门				从事专业			
E-mail		办公电话/手机				QQ/MSN	
联系地址						邮编	
您讲授的课程情况							
序号	课程名称		学生层次、人数/年			现使用教材	
1							
2							
3							
贵校电类专业的相关情况							
1. 在哪些方面有优势、特色？特色课程有哪些？							
2. 您觉得贵校在专业基础课程中是否存在教材短缺或不适用的情况？都有哪些？							
3. 贵校老师是否有创新教材希望出版？如何联系？							
您对本教材的意见和建议							
1. 本教材错漏之处：							
2. 本教材内容和体系不足之处：							

请用以下任何一种方式返回此表（此表复印有效）：

联系人：张值胜

通信地址：100037　北京市西城区百万庄大街 22 号机械工业出版社中职教育分社

联系电话：010-88379195　　E-mail：zzs840922@126.com　　传真：010-88379181

教学资源网上获取途径

为便于教学，职业教育课程改革创新教材配有电子教案、助教课件、视频等教学资源，选择这些教材教学的老师可登录机械工业出版社教材服务网（www.cmpedu.com）网站，注册、免费下载。会员注册流程如下：

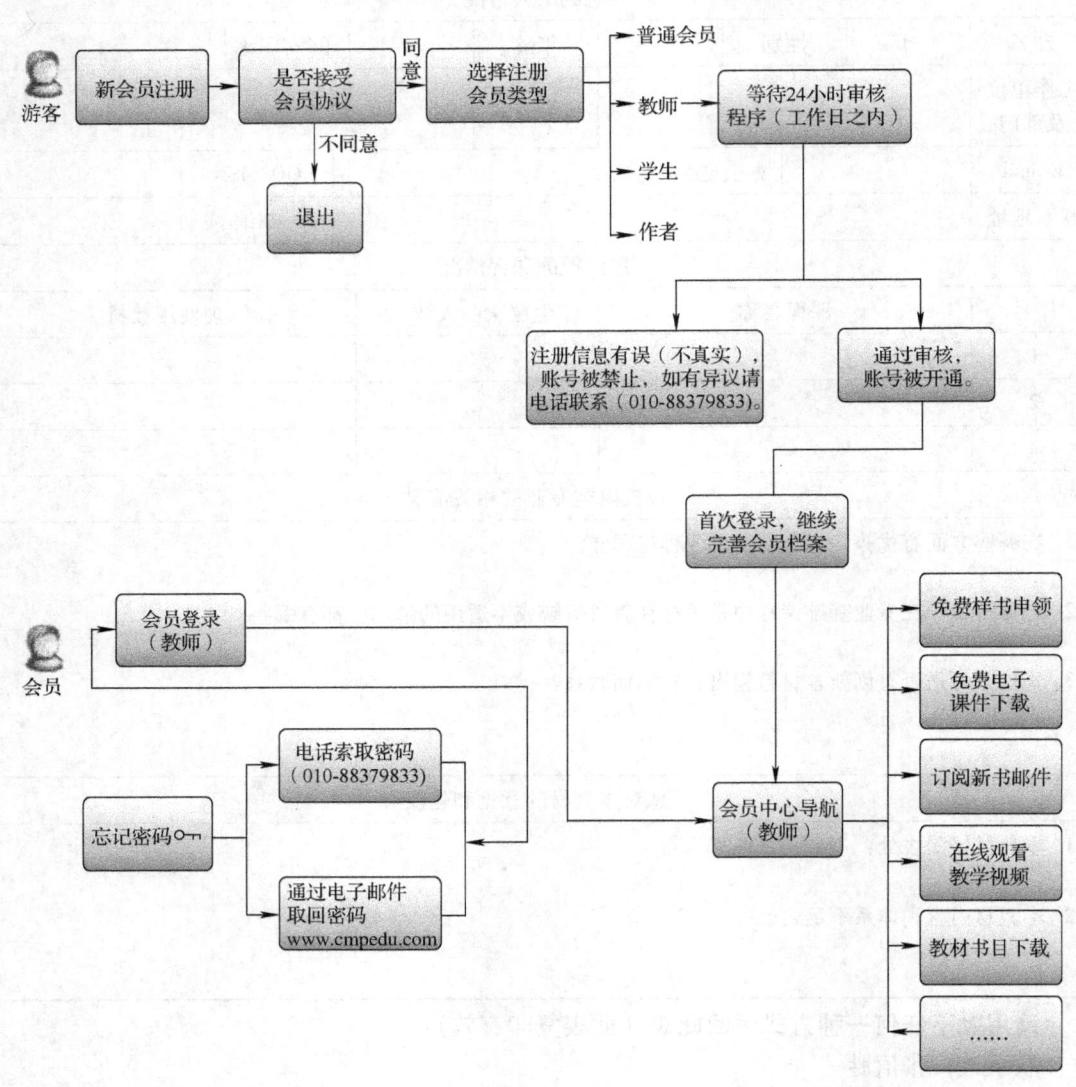

教材服务网会员注册流程图